全彩图解

智能家电芯片级维修

王红明

编著

化学工业出版社

·北京·

内容简介

本书采用全图解的方式，详细介绍了液晶电视机、空调、冰箱、洗衣机、热水器、微波炉、电压力锅、电磁炉、电烤箱、洗碗机、空气炸锅、扫地机器人等各种智能家电的易坏芯片元件、故障检测点、故障检修流程、快速诊断常见故障及故障维修实战案例等内容。另外，还介绍了典型电路的读图方法、电路板元器件检测方法及智能家电维修方法和维修思路等内容。

本书内容全面系统，注重实战，全彩图解结合大量维修案例讲解，帮助读者快速掌握智能家电的维修方法和维修技巧。同时，对重点内容配套视频辅助讲解，扫描前言中的二维码即可同步学习。

本书适合家电维修人员学习使用，也可作为职业院校、培训学校相关专业的教材。

图书在版编目（CIP）数据

全彩图解智能家电芯片级维修 / 王红明编著 . 北京 : 化学工业出版社 , 2025. 11. -- ISBN 978-7-122-48928-9

Ⅰ. TM925.07-64

中国国家版本馆 CIP 数据核字第 20259HX418 号

责任编辑：耍利娜　　文字编辑：徐卿华

责任校对：李雨晴　　装帧设计：王晓宇

出版发行：化学工业出版社

（北京市东城区青年湖南街13号　邮政编码100011）

印　　装：北京瑞禾彩色印刷有限公司

710mm×1000mm　1/16　印张18¾　字数371千字

2026年1月北京第1版第1次印刷

购书咨询：010-64518888　　售后服务：010-64518899

网　　址：http://www.cip.com.cn

凡购买本书，如有缺损质量问题，本社销售中心负责调换。

定　　价：99.00元

前言

智能家电在日常生活中非常普及，由于其使用量非常大，因此智能家电的维修需求就非常大，维修技术的要求也越来越高。掌握全面的智能家电维修技能，是成为一名合格维修人员的关键。

那么怎样才能快速成为智能家电设备维修行家呢？智能家电设备技术复杂，内部结构精密，要想达到熟练维修的目的，就需要通过系统学习来掌握智能家电设备的维修基本功（包括维修工具的使用技巧、识读维修电路图技术、电路板元器件好坏检测技术等），还需要掌握智能家电的关键故障检测点、故障检修流程、快速诊断故障的方法等，最重要的是掌握智能家电常见故障的维修技能，不断积累维修经验。鉴于此，本书结合维修案例，全面系统地介绍了智能家电的维修方法和维修技能，基本涵盖了目前市场上的主流智能家电。本书强调动手能力和实用技能的培养，手把手教你测量关键电路，并且配有大量维修实战案例，帮助读者快速全面掌握智能家电的维修技术，全面提高实战维修能力。

本书共 12 章，第 1 章主要介绍万用表的使用和电路图的识读，第 2 章介绍电路板元器件的检测方法，第 3 章介绍智能家电维修方法和常见故障检测点，第 4 ~ 12 章详细讲解了液晶电视机、智能空调、智能冰箱、智能洗衣机、智能热水器、智能微波炉、智能电压力锅、智能电磁炉、智能电烤箱、智能洗碗机、智能空气炸锅、智能扫地机等智能家电的维修技能，包括易坏芯片元件、故障检测点、故障检修流程、快速诊断故障方法及故障维修实战案例等内容。

本书主要特点如下：

1. 全彩图解，视频辅助讲解

本书采用全图解的方式讲解，直观易懂，同时对关键操作及重点内容附视频讲解，边看边学，帮助读者快速成为维修高手。

2. 内容全面，知识系统

本书内容系统全面，知识丰富。主要内容包括维修工具的使用、芯片元件好坏检测、电路图读图技能等维修基本功，以及各种智能家电的故障维修方法和维修技巧、故障维修实战案例。

3. 案例丰富，注重实用

本书以实际维修为主线，注重实战，配有大量实际操作内容，如智能家电的易坏元件、故障检测点、故障检修流程，结合大量实战案例提高读者实战能力。

由于作者水平有限，书中难免有疏漏和不足之处，恳请读者提出宝贵意见。

编著者

扫码看维修
检测视频

目录

CONTENTS

第 4 章 智能液晶电视机故障维修实战

第 5 章 智能变频空调器故障维修实战

第 6 章 智能冰箱故障维修实战

第 7 章 智能洗衣机故障维修实战

第 8 章 智能热水器故障维修实战

第 9 章 智能微波炉故障维修实战

第 10 章 智能电压力锅故障维修实战

第 11 章 智能电磁炉故障维修实战

第 12 章 智能电烤箱 / 洗碗机 / 空气炸锅 / 扫地机器人故障维修实战

第 1 章 万用表使用与电路图读图实战

在维修智能家电时，一般会用万用表来检测各种智能家电的电路板，另外，还需对照设备的电路图来帮助寻找故障元器件。因此学习智能家电故障维修时，首先应掌握万用表的使用技巧和电路图的读图技巧，本章将详细讲解这两方面的内容。

1.1 万用表的使用

万用表是一种多功能、多量程的测量仪表。万用表有很多种，目前常用的有指针万用表和数字万用表两种。万用表可测量直流电流、直流电压、交流电流、交流电压、电阻和音频电平等，是电工和电子维修中必备的测试工具。

1.1.1 数字万用表

（1）看图识数字万用表

数字万用表的最主要特征是有一块液晶显示屏。数字万用表具有显示清晰、读取方便、灵敏度高、准确度高、过载能力强、便于携带、使用方便等优点。数字万用表主要由液晶显示屏、挡位功能区、挡位选择钮、表笔插孔、三极管 / 电容插孔等组成，如图 1-1 所示。

> **提示** 有的万用表没有电源开关键，而是在功能区有个 OFF 挡，将挡位旋钮调到 OFF 挡可以实现关机。当测量电压、电阻、频率和温度时，将红表笔插 VΩHz℃插孔，测量电流时，根据电流大小将红表笔插 A 插孔或 mA 插孔。

数字万用表的挡位比较多，在表盘上可以看到很多符号和挡位，表盘上的每一个圆点都对应一个挡位。数字万用表的挡位主要分为：欧姆挡、交流电压挡、直流电压挡、交流电流挡、直流电流挡、二极管挡、三极管挡、电容挡、温度挡、蜂鸣挡等挡位。一般二极管挡和蜂鸣挡在一个挡位，需要通过 SEL/REL 按键进行切换。图 1-2 所示为数字万用表的挡位符号。

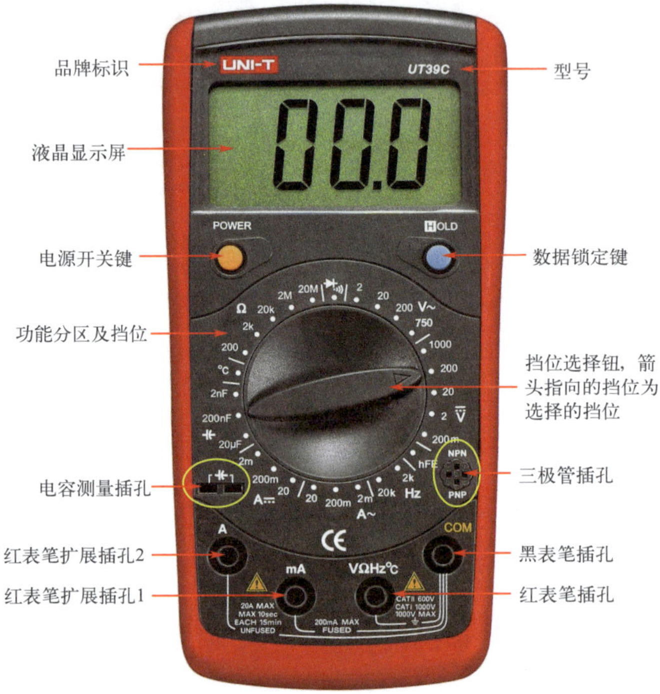

图 1-1　数字万用表

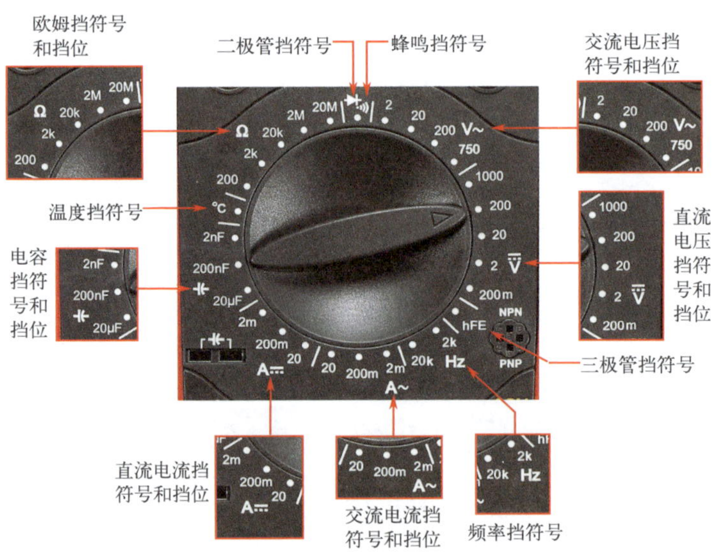

图 1-2　数字万用表的挡位符号

（2）数字万用表测量电路通断

检查电路板的线路是否发生断路故障时，可以使用数字万用表的蜂鸣挡来测量。具体方法如图 1-3 所示（不同型号的数字万用表挡位和插孔虽略有不同但用法基本相同）。

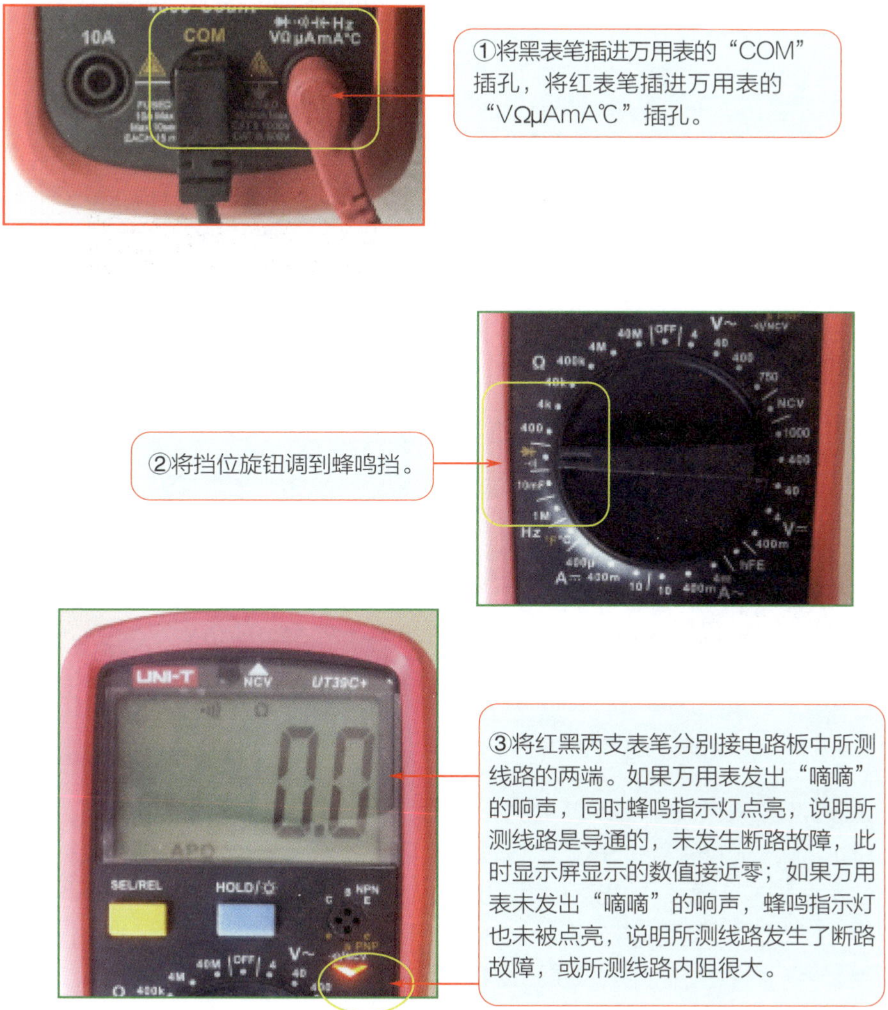

图 1-3　用数字万用表测量电路通断

（3）数字万用表测量直流电压

用数字万用表测量直流电压的方法如图 1-4 所示（不同型号的数字万用表挡位和插孔虽略有不同但用法基本相同）。

①将黑表笔插进万用表的“COM”插孔，将红表笔插进万用表的“VΩμAmA℃”插孔。

②将挡位旋钮调到直流电压挡，选择40挡（选择比估测值大的挡位即可）。

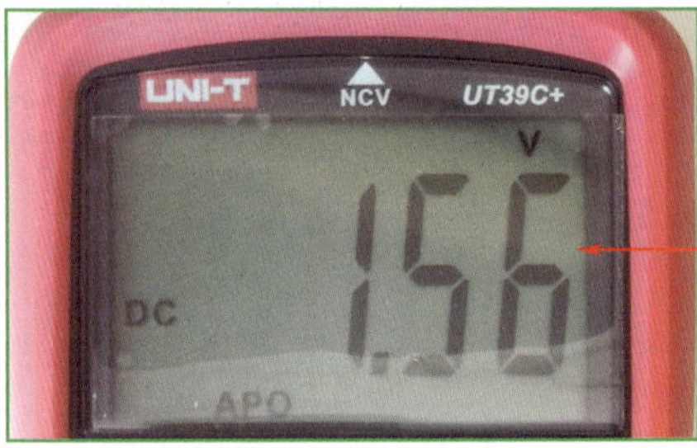

③将两表笔分别接电源的两极，正确的接法应该是红表笔接正极，黑表笔接负极。读数，若测量数值为“1.”，说明所选量程太小，需改用大量程。如果数值显示为负，说明极性接反（调换表笔）。显示屏显示的1.56V即为所测电源的电压。

图 1-4　用数字万用表测量直流电压

（4）数字万用表测量二极管

一般测量二极管时，都用数字万用表的二极管挡测量二极管的管电压，通过管电压判断二极管的好坏。通常锗二极管的管压降约为 0.15 ~ 0.3V，硅二极管的管压降约为 0.5 ~ 0.8V，发光二极管的管压降约为 1.8 ~ 2.3V。如果测量的二极管正向压降超出这个范围，则二极管损坏。如果反向压降为 0，则二极管被击穿。

用数字万用表测量二极管的方法如图 1-5 所示。

1.1.2　指针万用表

（1）看图识指针万用表

指针万用表的最主要特征是带有刻度盘和指针。指针万用表可以显示出所测电量连续变化的情况，且由于指针万用表电阻挡的测量电流较大，特别适合在路检测元器件。

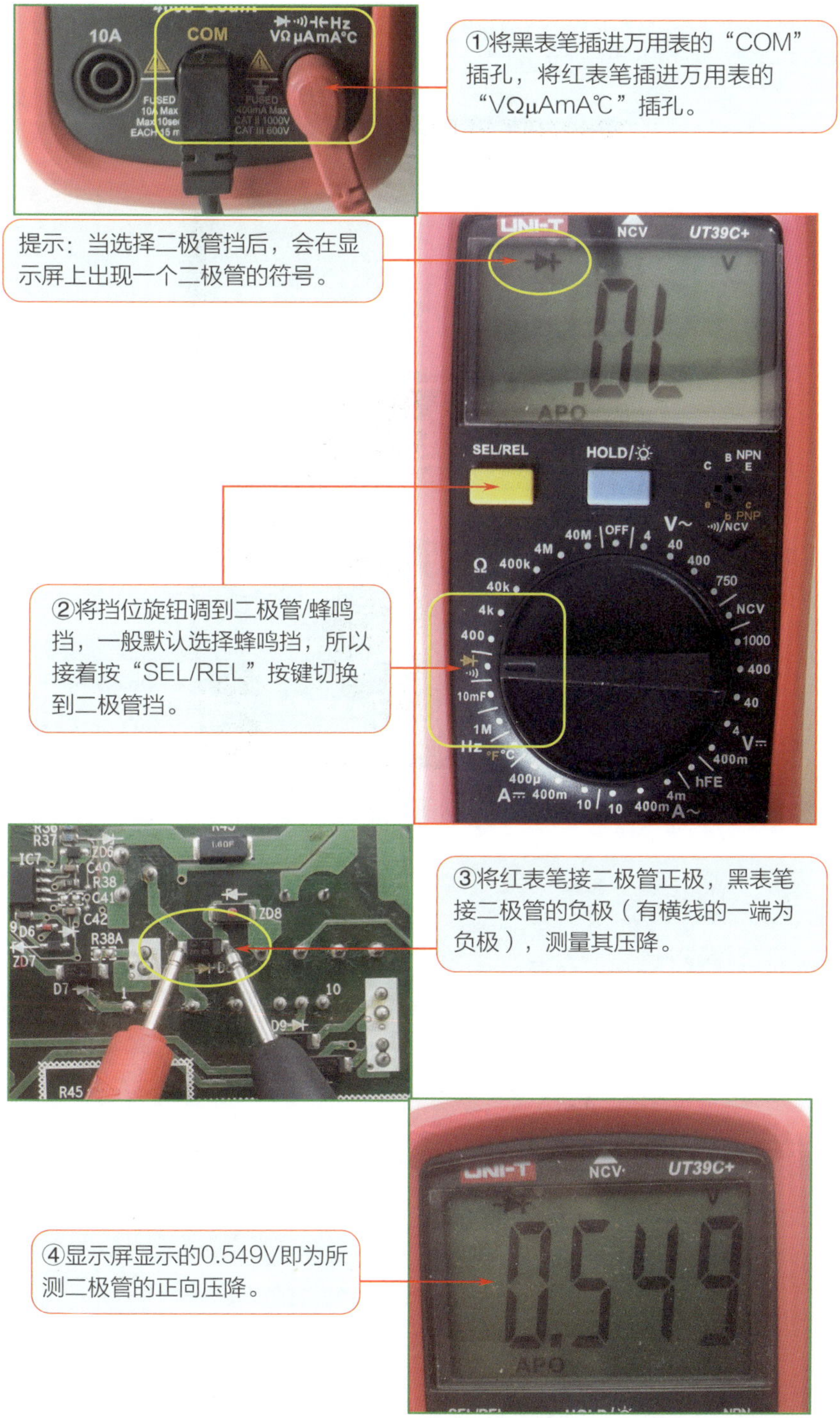

图 1-5　用数字万用表测量二极管

指针万用表主要由表盘、功能分区及量程挡位、挡位旋钮、欧姆调零旋钮、表笔插孔及三极管插孔等组成，如图 1-6 所示。

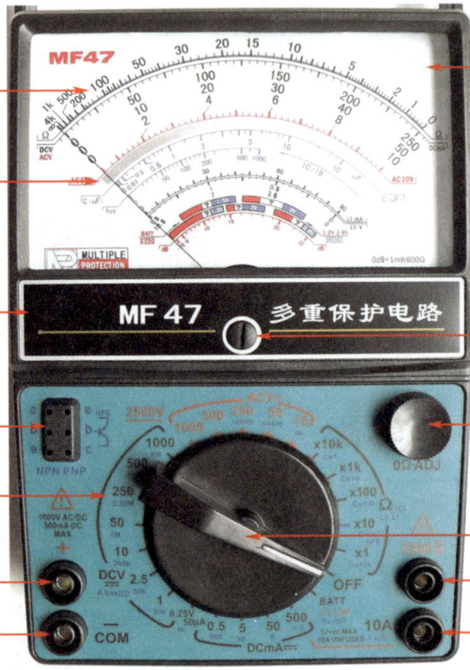

图 1-6 指针万用表

> **提示** 测量 1000V 以内电压、电阻、500mA 以内电流时，红表笔插“+”插孔；测量大于 500mA 以上电流时，红表笔插 10A 插孔；测量 1000V 以上电压时，红表笔插 2500V 插孔。

指针万用表的挡位比较多，在功能区可以看到很多功能符号和挡位。指针万用表的挡位主要分为：欧姆挡（Ω）、交流电压挡（ACV）、直流电压挡（DCV）、直流电流挡（DCmA）、电池电压检测挡（BATT）等挡位。图 1-7 所示为指针万用表的挡位符号。

图 1-8 所示为指针万用表表盘，表盘由表头指针和刻度等组成。

（2）调整指针万用表的量程

使用指针万用表测量时，第一步要选择合适的量程，这样才能保证测量的准确性。

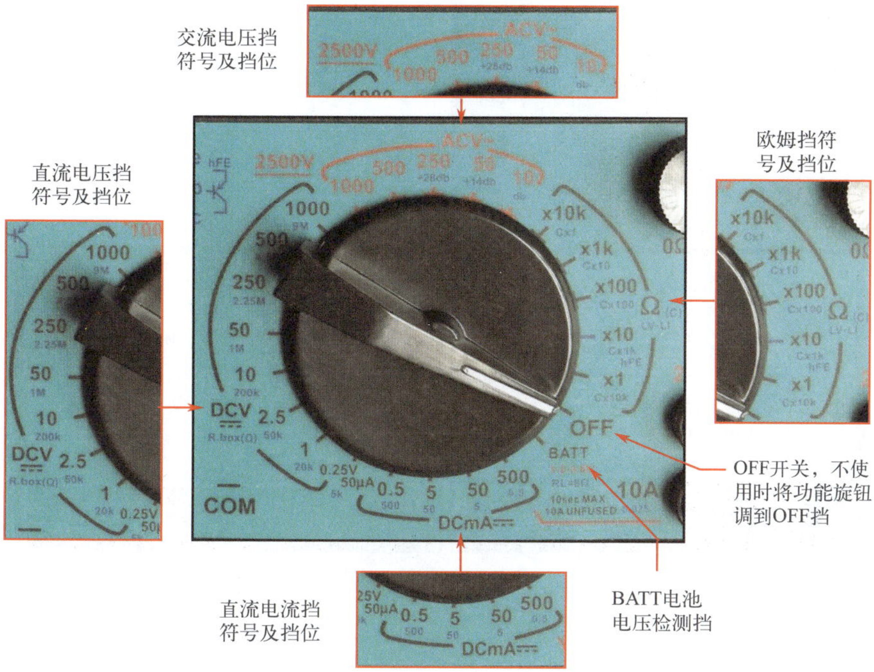

图 1-7　指针万用表的挡位符号

图 1-8　指针万用表表盘

指针万用表量程的选择方法如图 1-9 所示。

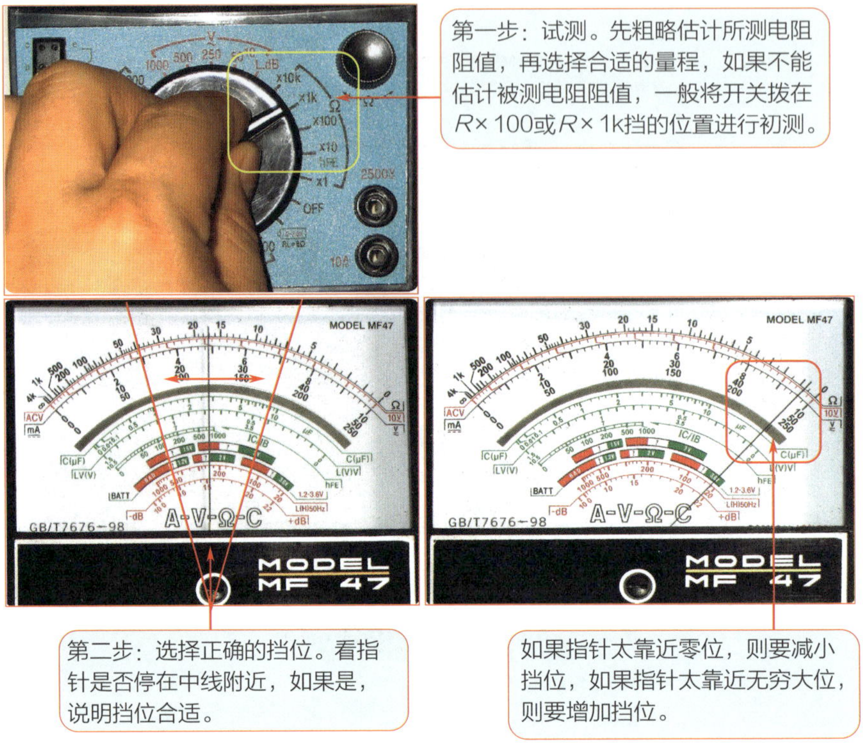

图 1-9　指针万用表量程的选择方法

（3）指针万用表欧姆调零

量程选好后在正式测量之前必须调零，如图 1-10 所示。

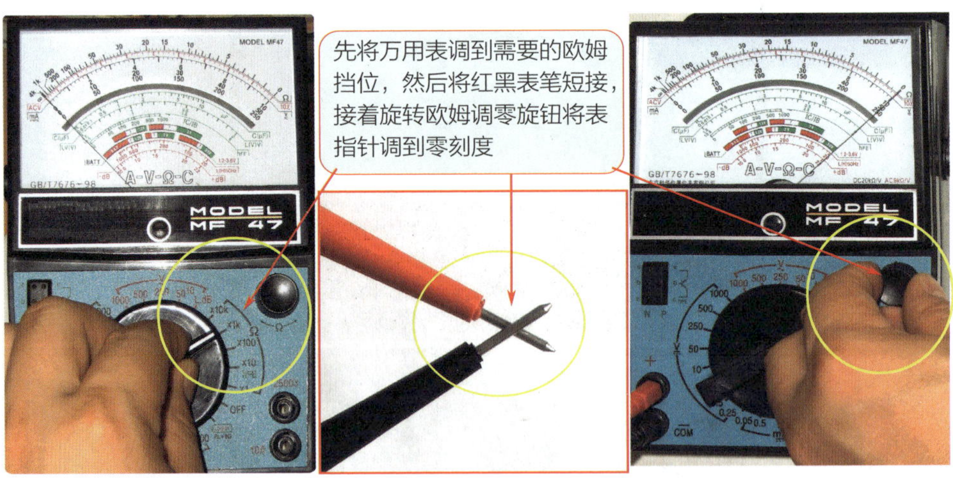

图 1-10　指针万用表的欧姆调零

注意：如果重新换挡，在测量之前也必须进行调零。

（4）指针万用表测电阻

用指针万用表测电阻的方法如图 1-11 所示。

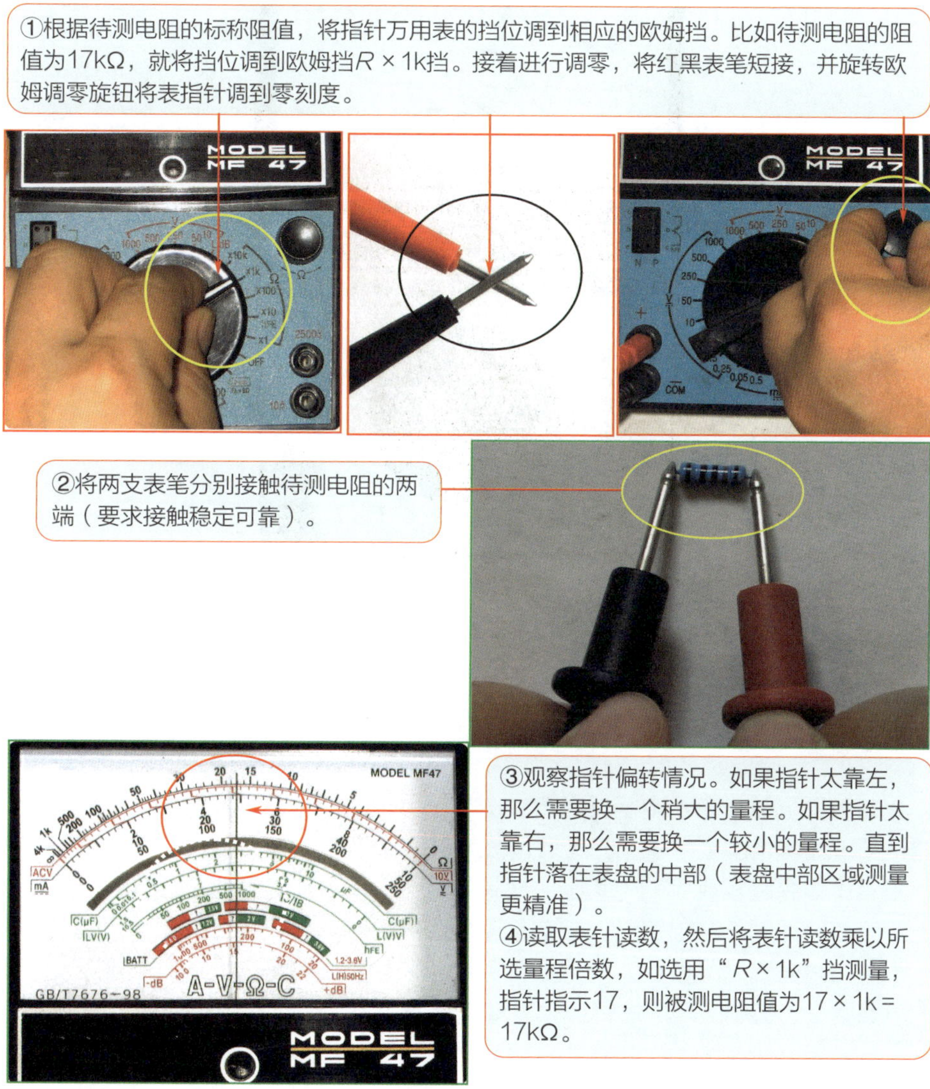

图 1-11　用指针万用表测电阻的方法

（5）指针万用表测量直流电压

测量电路的直流电压时，选择万用表的直流电压挡，并选择合适的量程。当被测电压数值范围不清楚时，可先选用较高的量程挡，不合适时再逐步选用低量程挡，使指针停在满刻度的 2/3 处附近为宜。

指针万用表测量直流电压的方法如图 1-12 所示。

图 1-12　指针万用表测量直流电压

1.2 电路图读图基础

用各种图形符号表示电阻器、电容器、开关、集成电路等元器件，再用线条把元器件和单元电路按工作原理的关系连接起来，就形成了电路图。

日常维修中经常用到的电路图主要是电路原理图，电路原理图就是用来体现电子电路工作原理的一种电路图。在电路原理图中，用符号代表各种电子元器件，并给出每个元器件的具体参数，为检测和更换元器件提供依据。另外，它还给出了产品的电路结构、各单元电路的具体形式和连接方式。

1.2.1 电路图的组成

电路图主要由元器件符号、连线、节点、注释四大部分组成，如图 1-13 所示。

① 元器件符号表示实际电路中的元件，它的形状与实际的元器件不一定相似，甚至完全不一样。但是它一般都表示出了元器件的特点，而且引脚的数目都和实际元件保持一致。

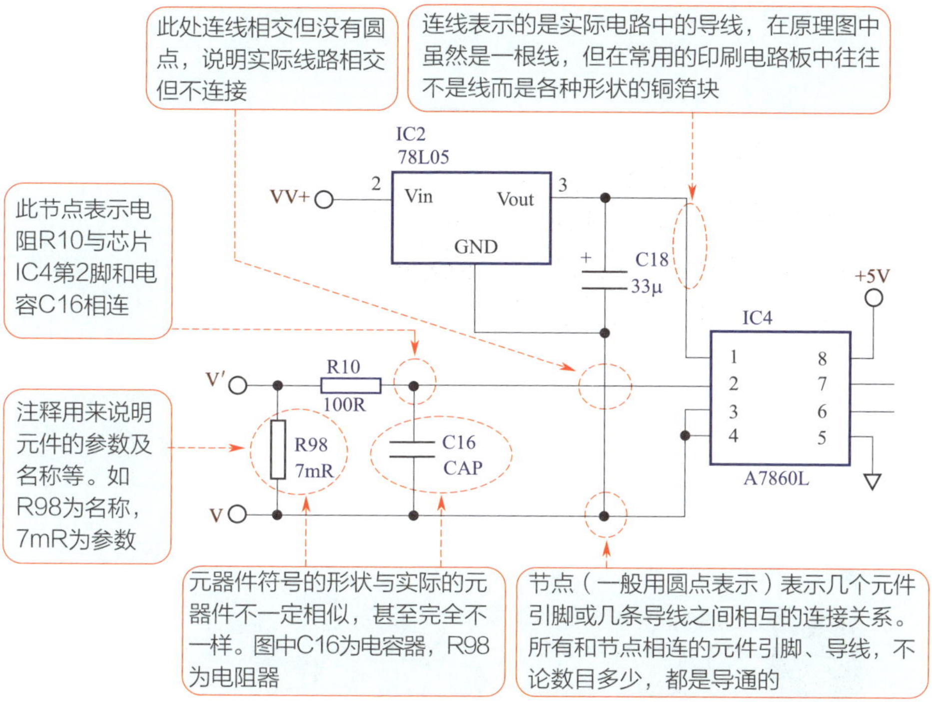

图 1-13　电路图组成元素

② 连线表示的是实际电路中的导线，在原理图中虽然是一根线，但在常用的印刷电路板中往往不是线而是各种形状的铜箔块，如收音机原理图中的许多连线在印刷电路板中并不一定都是线形的，也可以是一定形状的铜膜。还要注意，在电路原理图中总线的画法经常是采用一条粗线，在这条粗线上再分出若干支线连到各处。

③ 节点表示几个元件引脚或几条导线之间相互的连接关系。所有和节点相连的元件引脚、导线，不论数目多少，都是导通的。不可避免的，在电路中肯定会有交叉的现象，为了区别交叉相连和不连接，一般在制作电路图时，相连的交叉点加实心圆点表示，不相连的交叉点不加实心圆点或绕半圆表示，也有个别的电路图是用空心圆来表示。

④ 注释在电路图中是十分重要的，电路图中所有的文字都可以归入注释一类，它们被用来说明元件的名称、型号、参数等。

1.2.2　在电路图中查询故障元器件

在维修电路时，根据故障现象检查电路板上疑似故障的元器件，如发热较严重或有明显故障现象，则需要进一步了解元器件的功能。这时通常需要先查到元器件的编号，然后结合电路原理图了解元器件的功能和作用，进一步找到具体故障元件。具体方法如下。

① 找出电路板中疑似故障元器件，并记下电路板上元器件的文字标号（如图中的 N9）。如图 1-14 所示。

图 1-14　查看电路板中故障元器件的文字标号

② 打开电路原理图的 PDF 文件，在搜索栏中输入元器件的文字标号（N9），搜索元器件的电路图。如图 1-15 所示。

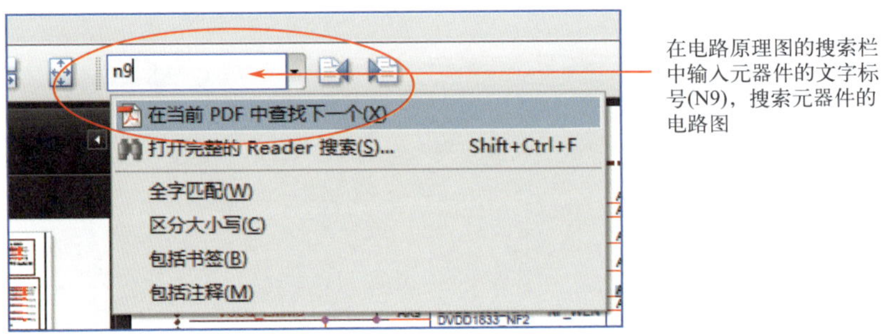

图 1-15　搜索元器件的电路图

③ 软件会自动跳到搜到的页面，可以看到 N9 元件的电路原理图。根据该元件周围线路标识判断其功能，如图中标有 SYSTEM EEPROM 和 SYSTEM_EEPROM，说明此芯片的作用是负责存储的，是一个存储系统程序的芯片。如图 1-16 所示。

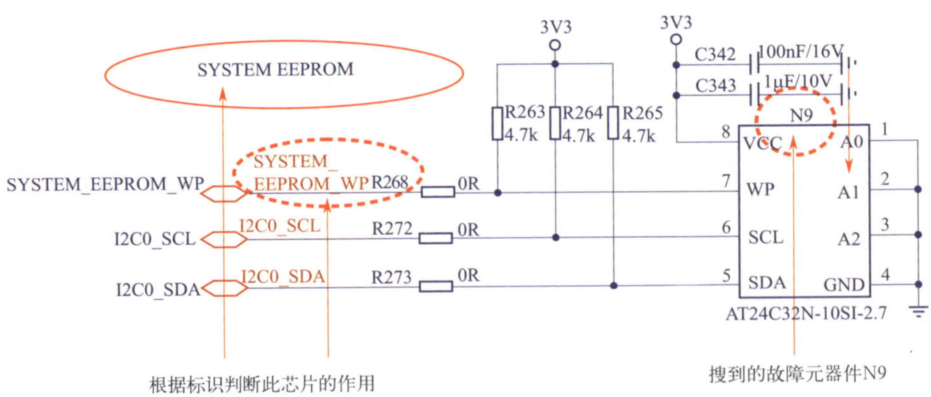

图 1-16　查询故障元件功能

1.2.3 根据电路原理图查找单元电路元器件

根据电路原理图找到故障相关电路元器件的编号（如无法开机，就查找电源电路的相关元器件），然后再在电路板上找相应元器件进行检测，方法如下。

① 根据电路原理图的目录页（一般在第一页）查找相关电路的关键词。如供电电路，就查找 SYSTEM POWER 对应的页数，为 14 页。如图 1-17 所示。

9	11	SOC:OWL
10	12	SOC:POWER (1/3)
11	13	SOC:POWER (2/3)
12	15	SOC:POWER (3/3)
13	20	NAND
14	21	SYSTEM POWER:PMU (1/3)
15	22	SYSTEM POWER:PMU (2/3)
16	23	SYSTEM POWER:PMU (3/3)
17	24	SYSTEM POWER:CHARGER
18	30	SYSTEM POWER:BATTERY CONN
19	31	SENSORS:MOTION SENSORS

要查找的供电电路

图 1-17　查找相关电路

② 打开第 14 页可以看到电源相关的电路。N89 为电源管理芯片的标号，TPS562200 为管理芯片的型号。然后在电路板中找电源电路中的元器件进行检测查找故障。如图 1-18 所示。

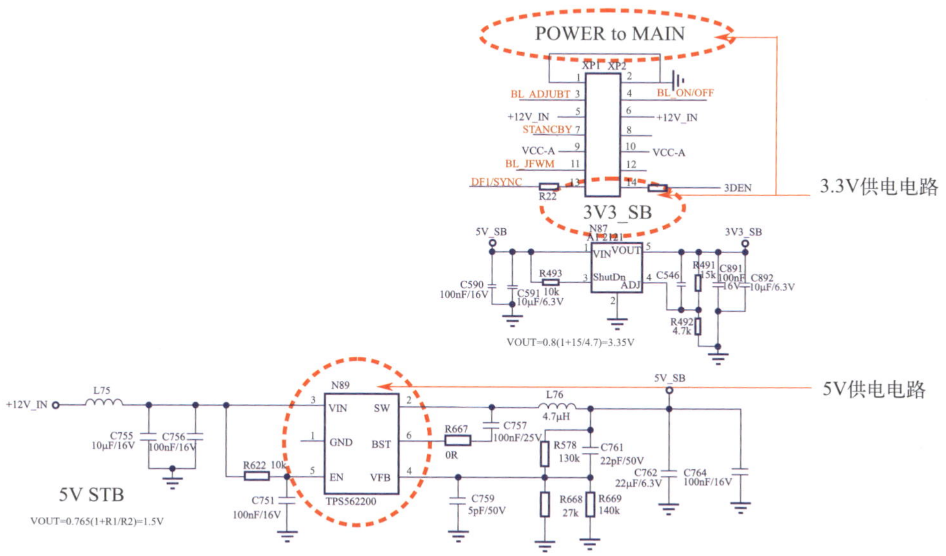

图 1-18　查找相关电路

1.3 看懂电路原理图中的各种标识

要读懂电路原理图，首先应建立图形符号与电气设备或部件的对应关系以及明确文字标识的含义，才能了解电路图所表达的功能、连接关系等。如图 1-19 所示。

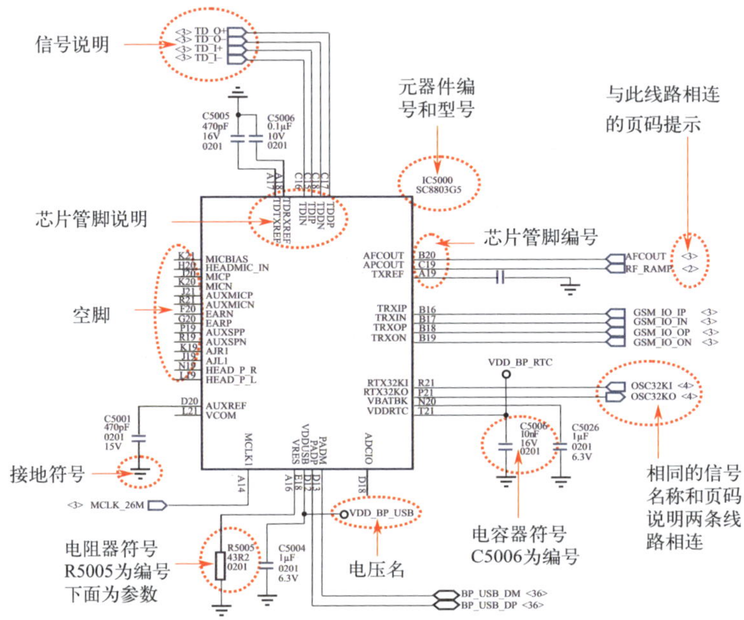

图 1-19　电路图中的各种标识

1.3.1 看懂线路连接页号提示

为了方便用户查找，在每一条非终端的线路上会标识与之连接的另一端信号的页码。根据线路信号的连接情况，可以了解电路的工作原理。如图 1-20 所示。

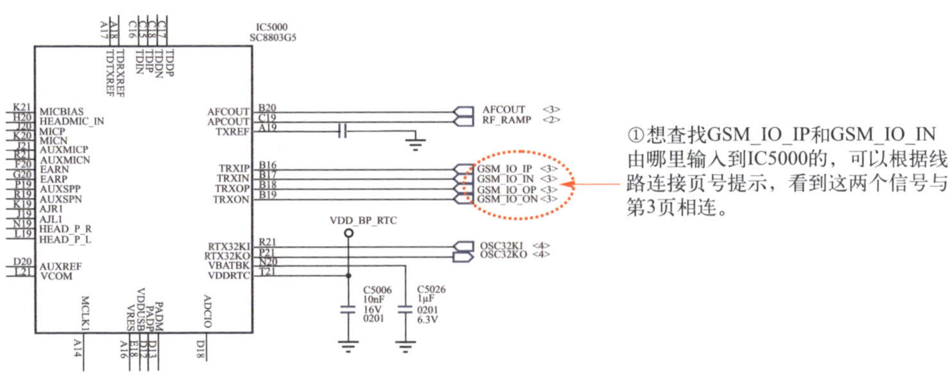

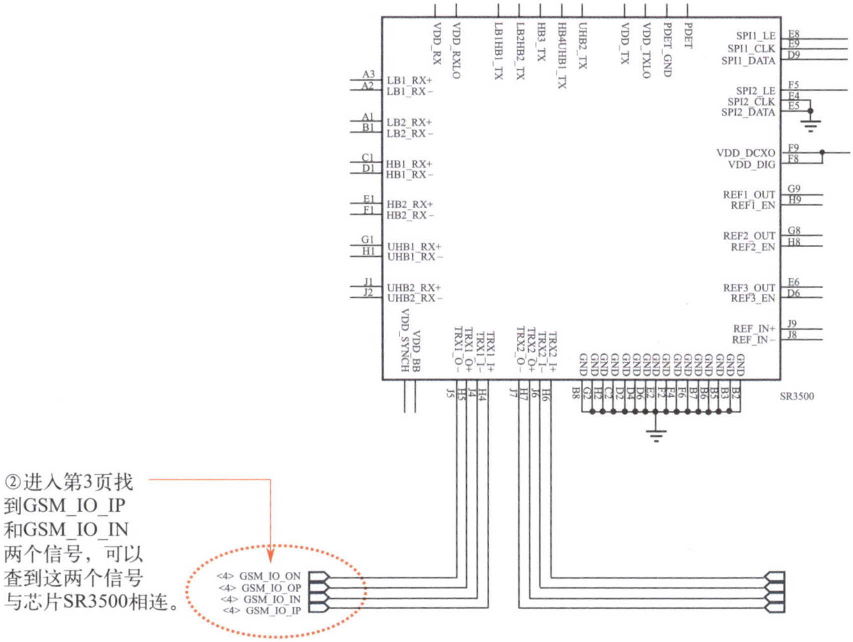

图 1-20　线路连接页号提示

1.3.2　认识电路图中的接地点

电路图中的接地点如图 1-21 所示。

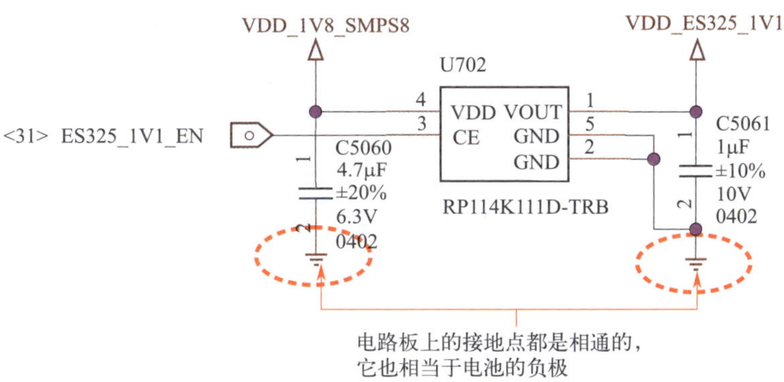

图 1-21　电路图中的接地点

1.3.3　看懂电路图中的信号说明

信号说明是对线路传输的信号进行描述。信号说明如图 1-22 所示。

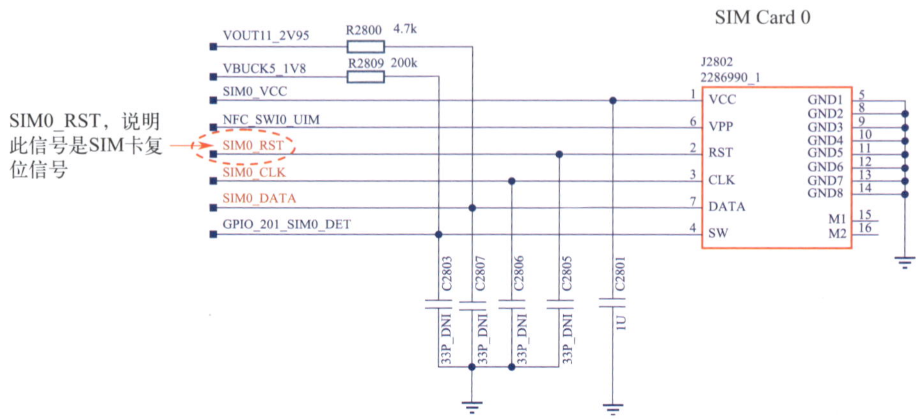

图 1-22　信号说明

1.3.4　线路化简标识

线路化简标识一般用于批量线路走线时使用。线路化简标识如图 1-23 所示。

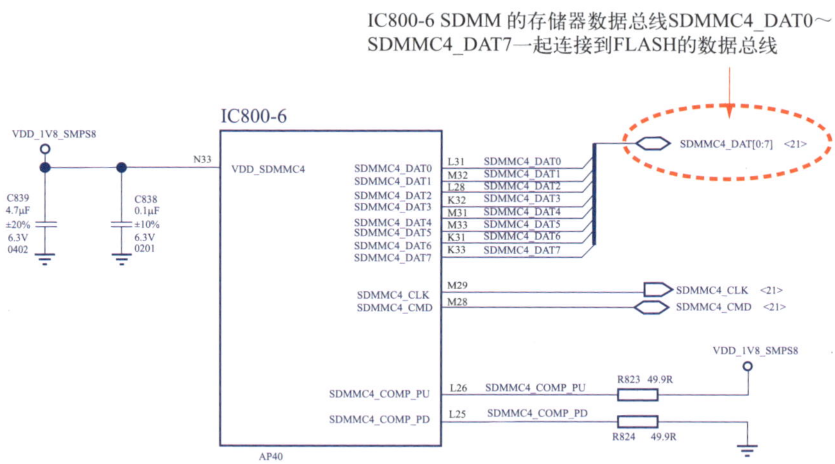

图 1-23　线路化简标识

1.3.5　看懂电路图中的元器件

（1）电阻器

电阻器一般用字母 R 表示，其在电路图中的符号如图 1-24 所示。

（2）电容器

电容器一般用字母 C 表示，其在电路图中的符号如图 1-25 所示。

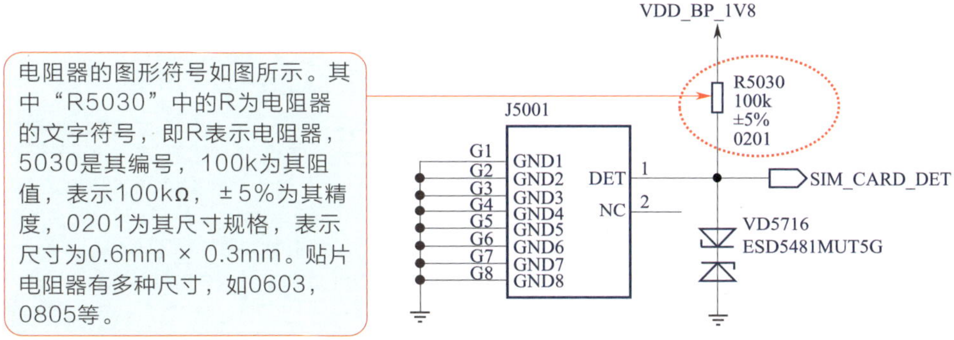

图 1-24　电路图中的电阻器

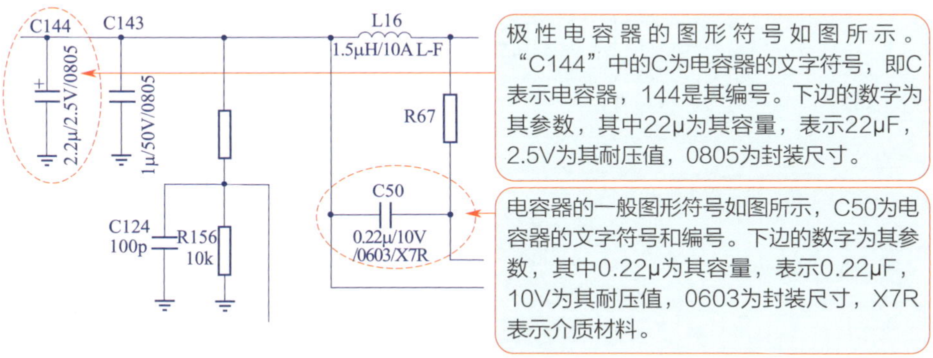

图 1-25　电路图中的电容器

（3）电感器

电感器一般用字母 L 表示，其在电路图中的符号如图 1-26 所示。

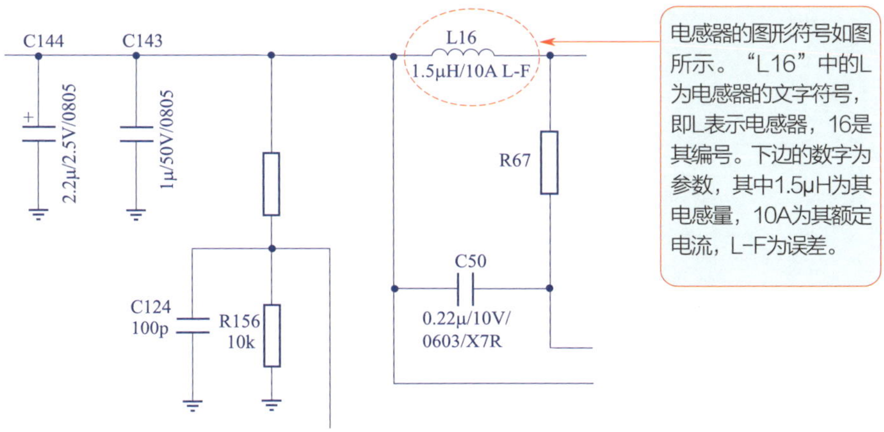

图 1-26　电路图中的电感器

（4）二极管

二极管一般用字母 VD 表示，其在电路图中的符号如图 1-27 所示。

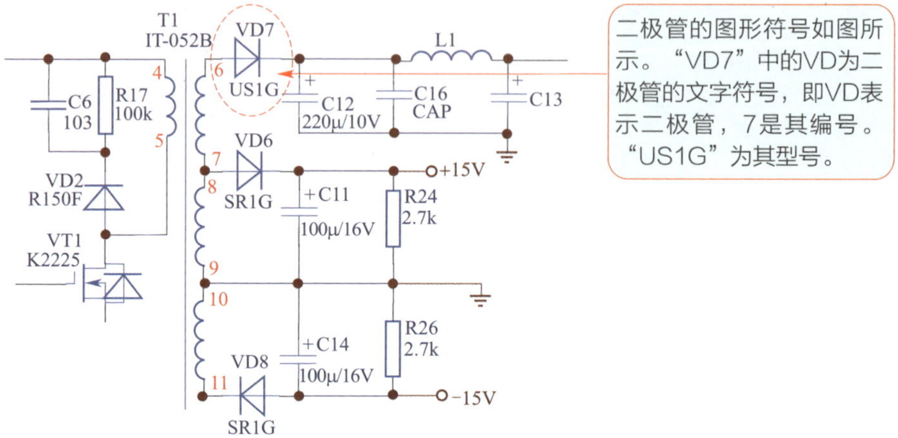

图 1-27　电路图中的二极管

（5）三极管

三极管一般用字母 VT 表示，其在电路图中的符号如图 1-28 所示。

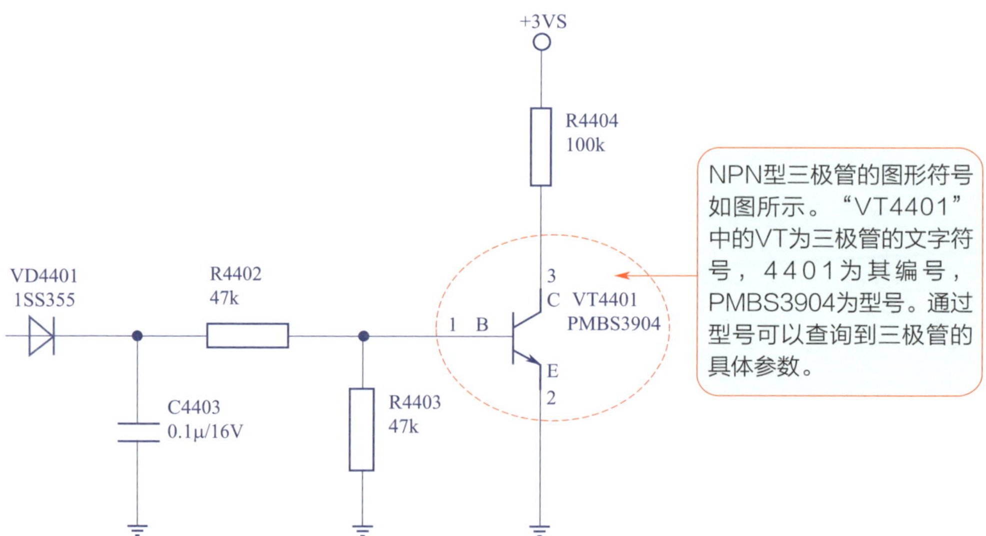

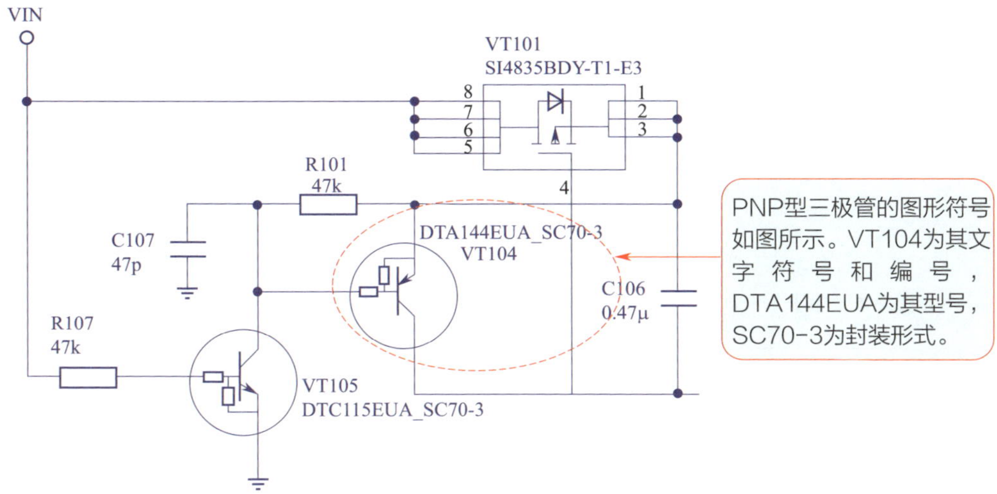

图 1-28　电路图中的三极管

（6）场效应管

场效应管一般用字母 VT 表示，其在电路图中的符号如图 1-29 所示。

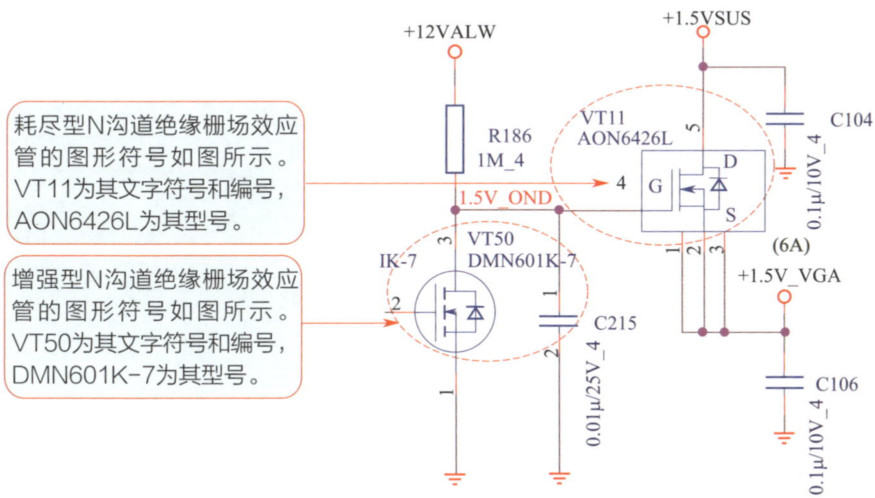

图 1-29　电路图中的场效应管

（7）变压器

变压器一般用字母 T 表示，其在电路图中的符号如图 1-30 所示。

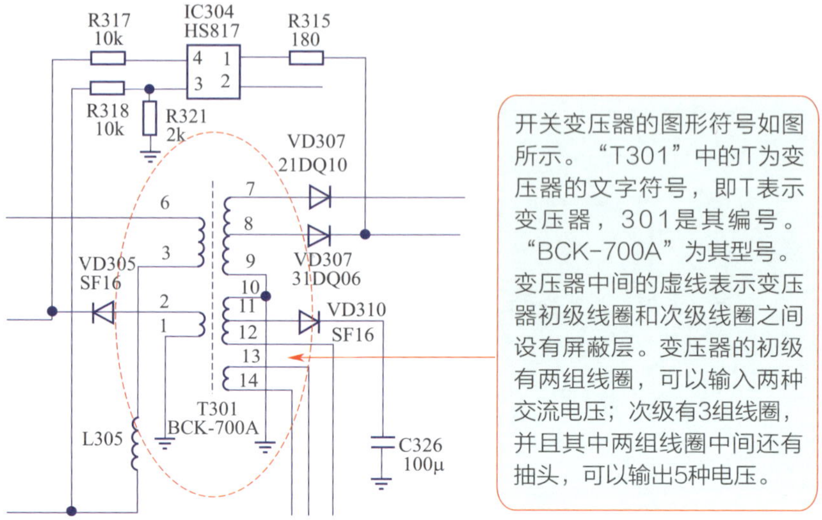

图 1-30　电路图中的变压器

（8）晶振

晶振一般用字母 X 或 Y 表示，其在电路图中的符号如图 1-31 所示。

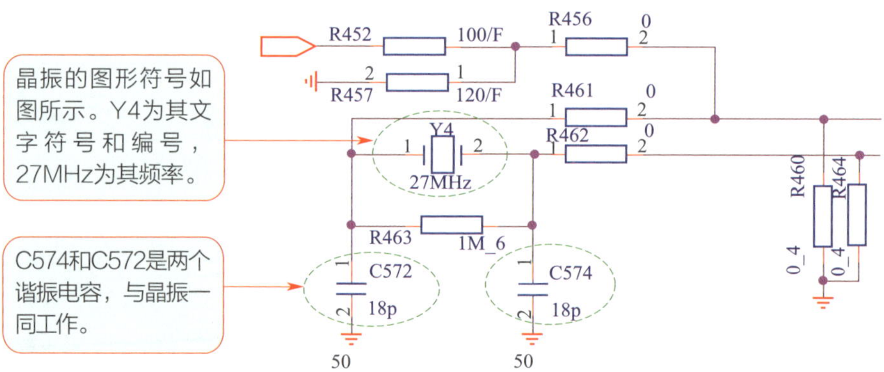

图 1-31　电路图中的晶振

（9）集成电路

集成电路一般用字母 IC 表示，其在电路图中的符号如图 1-32 所示。

（10）继电器

继电器一般用字母 K 表示，其在电路图中的符号如图 1-33 所示。

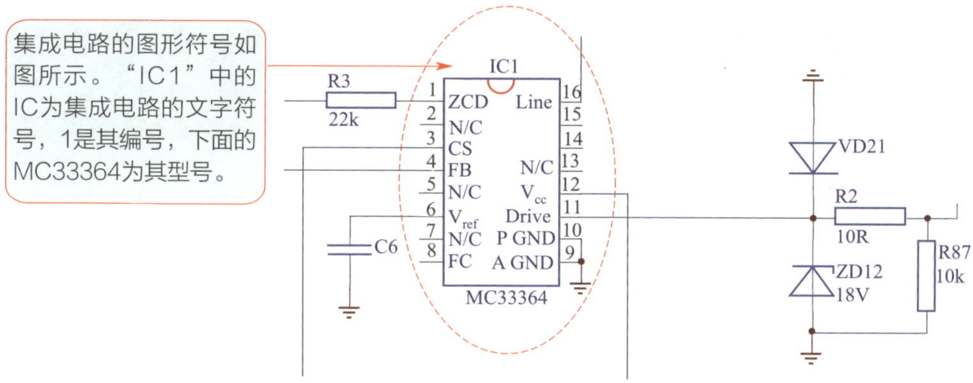

图 1-32　电路图中的集成电路

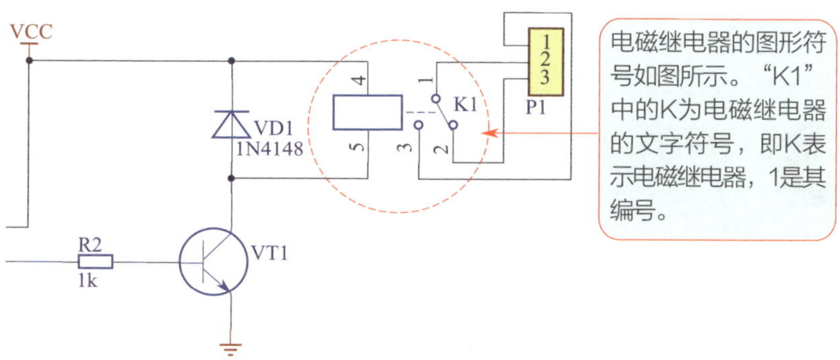

图 1-33　电路图中的继电器

第 2 章

电路板元器件好坏检测实战

电子元器件是各种电路板的基本组成部分，电路板的故障一般都是由这些基本元器件故障引起的，所以智能家电的很多故障都是这些元器件的损坏引起的。维修智能家电电路板的过程就是通过检测元器件的好坏，找到这些损坏的元器件。因此在学习智能家电电路板维修之前，应先掌握电子元器件好坏检测方法。

2.1 电阻器好坏检测

电阻器是电路元件中应用最广泛的一种，在电路中，电阻器的主要作用是稳定和调节电路中的电流和电压。

2.1.1 电阻器维修基本知识

电路板中常用电阻器，电路图中电阻器参数、图形符号、电阻器的标识，计算色环电阻器阻值等知识请扫码学习。

2.1.2 固定电阻器好坏检测

电阻器的检测相对来说要简单一些，在实际维修中，通常先用万用表两支表笔接触电阻器的两端，进行简单的测量来判断电阻器是否损坏，如图 2-1 所示。

另外，可以通过测量电阻器的实际阻值，然后与标称阻值相比较来判断电阻好坏。开始可以采用在路检测，如果不能确定测量的准确性，就将其从电路中焊下来，开路检测其阻值，如图 2-2 所示（以指针万用表为例）。

2.1.3 保险电阻器好坏检测

保险电阻器的阻值接近 0，在判断其好坏时，可以通过观察外观和测量阻值来判断，如图 2-3 所示。

①将数字万用表调到蜂鸣挡，然后将红黑表笔分别接触待测电阻器的两端进行测量。

②如果万用表发出蜂鸣声，说明电阻器可能短路（标称阻值很小的电阻和保险电阻除外）；如果没有蜂鸣声，则还需测量电阻器的实际阻值来判断好坏。

图 2-1　简单判断电阻器好坏

①将万用表调至欧姆挡并调零，然后根据被测电阻器的标称阻值来选择万用表量程（如选择 $R\times10$k挡）。

②将两表笔分别与电阻的两引脚相接即可测出实际电阻值（如图中所测阻值为200kΩ）。

③根据电阻误差等级算出误差范围。若实测值超出标称值，说明该电阻已经不能继续使用了，若仍在误差范围内，则电阻仍可继续使用。

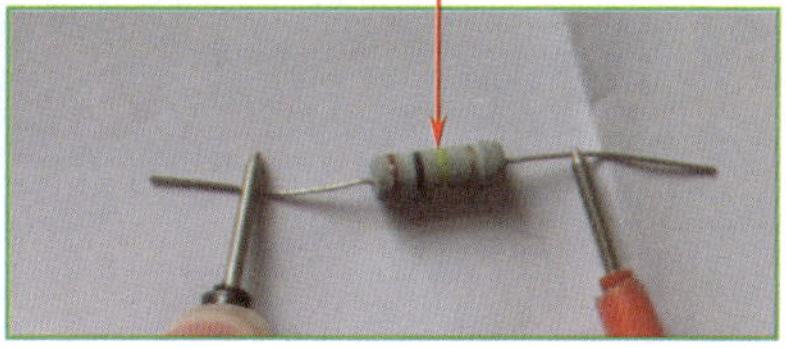

图 2-2　测量电阻器

①在电路中，多数保险电阻器的断路故障可根据观察作出判断。例如，若发现保险电阻器表面烧焦或发黑（也可能会伴有焦味），可断定保险电阻器已被烧毁

图 2-3

②检测保险电阻时，可以用数字万用表的蜂鸣挡或指针万用表的“R×1”挡来测量。若测得的阻值为无穷大，则说明此保险电阻器已经断路损坏。若测得的阻值与0接近，说明该保险电阻器基本正常。如果测得的阻值较大，则需要拆下保险电阻进行进一步测量判断。

图 2-3　保险电阻器的检测

2.1.4　压敏电阻好坏检测

压敏电阻检测方法如图 2-4 所示。

测量时，选用万用表的R×1k或R×10k挡，将两表笔分别接触压敏电阻两端测出压敏电阻的阻值，交换两表笔再测一次。若两次测得的阻值均为无穷大，说明被测压敏电阻质量合格，否则说明其漏电严重而不可使用。

图 2-4　压敏电阻器的检测方法

2.1.5　热敏电阻好坏检测

热敏电阻检测方法如图 2-5 所示。

测量时，选用指针万用表的R×1挡或数字万用表200欧姆挡，将两表笔分别接触热敏电阻两端测出热敏电阻的阻值。若测得的阻值与标称阻值一致或接近（通常为几欧姆），则被测热敏电阻正常；如果测量的阻值为无穷大或0，说明热敏电阻损坏。

图 2-5　热敏电阻检测方法

2.1.6 如何代换损坏的电阻器

电阻器代换方法如下。

① 代换电阻器时，要用相同种类、相同阻值、相同功率的电阻器代换。

② 如果手头没有同规格的电阻器更换，也可以用电阻器串联或并联的方法做应急处理。需要注意的是，代换电阻必须比原电阻有更稳定的性能、更高的额定功率，但阻值只能在标称阻值允许的误差范围内。

③ 如果手头没有同种类的电阻器，对于普通固定电阻器，可以用额定阻值、额定功率均相同的金属膜电阻器或炭膜电阻器代换；对于炭膜电阻器，可以用额定阻值及额定功率相同的金属膜电阻器代换。

2.2 电容器好坏检测

电容器也是电路中应用最广泛的元器件之一，电容器由两个相互靠近的导体极板中间夹一层绝缘介质构成，它是一种重要的储能元件。

2.2.1 电容器维修基本知识

电路板中常用电容器，电路图中电容器参数、图形符号、电容器的标识等知识请扫码学习。

2.2.2 贴片小容量电容器好坏检测

电路中的小容量电容器大多采用贴片电容器，由于其容量太小，用万用表无法测量出其具体容量，只能定性地检查其绝缘电阻，即有无漏电、内部短路或击穿现象，而不能定量地判定其质量。

小容量贴片电容器的检测方法如图 2-6 所示。

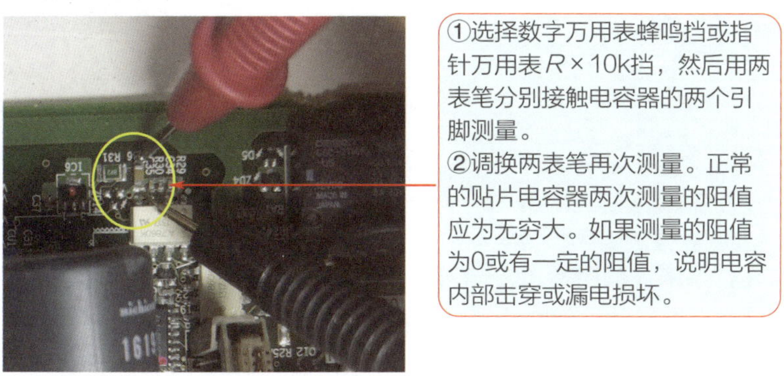

图 2-6　贴片小容量电容器的检测方法

2.2.3 大容量电容器好坏检测

对于 0.01μF 以上大容量电容器，其检测方法如图 2-7 所示。

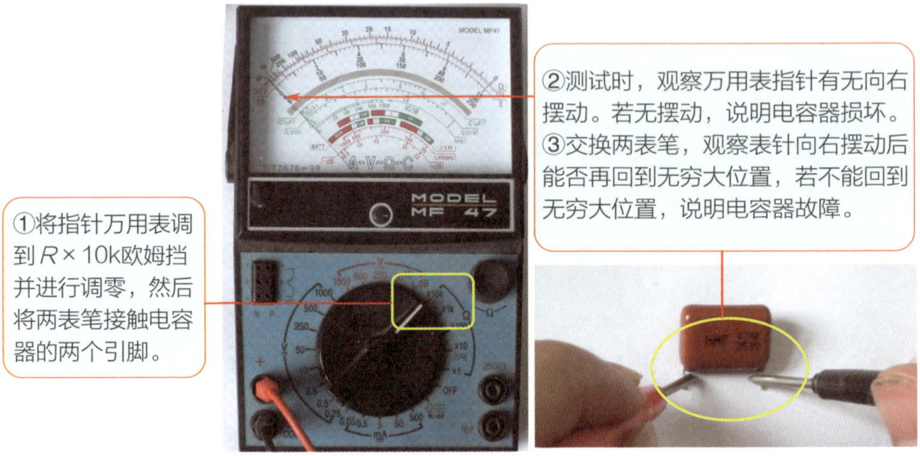

图 2-7　0.01μF 以上大容量电容器检测方法

2.2.4 数字万用表测量电容器容量

用数字万用表测量电容器容量的方法如图 2-8 所示。

图 2-8　用数字万用表测量电容器的方法

2.2.5 如何代换损坏的电容器

电容器损坏后，原则上应使用与其类型相同、主要参数相同、外形尺寸相近的电容器来更换。但若找不到同类型电容器，也可用其他类型的电容器代换。

电容器代换方法如图 2-9 所示。

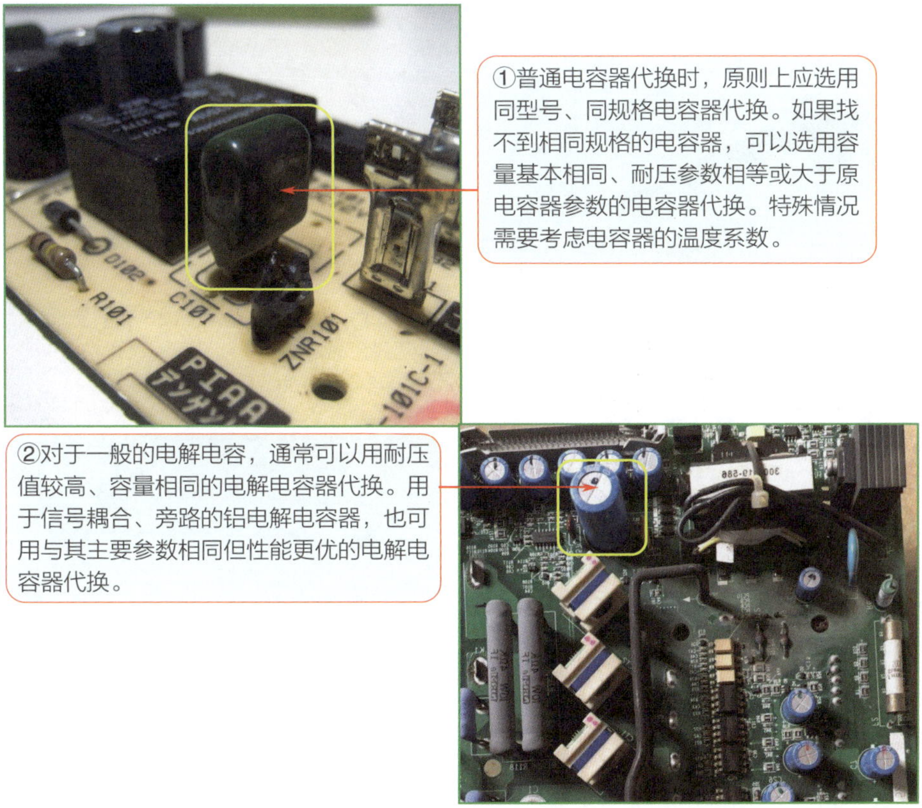

图 2-9　电容器代换方法

2.3 电感器好坏检测

电感器是一种能够把电能转化为磁能并储存起来的元器件，它主要的功能是阻止电流的变化。当电流从小到大变化时，电感阻止电流增大；当电流从大到小变化时，电感阻止电流减小。电感器常与电容器一起配合工作，在电路中主要用于滤波（阻止交流干扰）、振荡（与电容器组成谐振电路）、波形变换等。

2.3.1 电感器维修基本知识

电路板中常用电感器，电路图中电感器参数、图形符号、电感器上的标识等知识请扫码学习。

2.3.2 通过测量阻值判断电感器好坏

一般来说，电感器的线圈匝数不多，直流电阻很低，因此一般用万用表电阻挡进行测量。电感器的检测方法如图 2-10 所示。

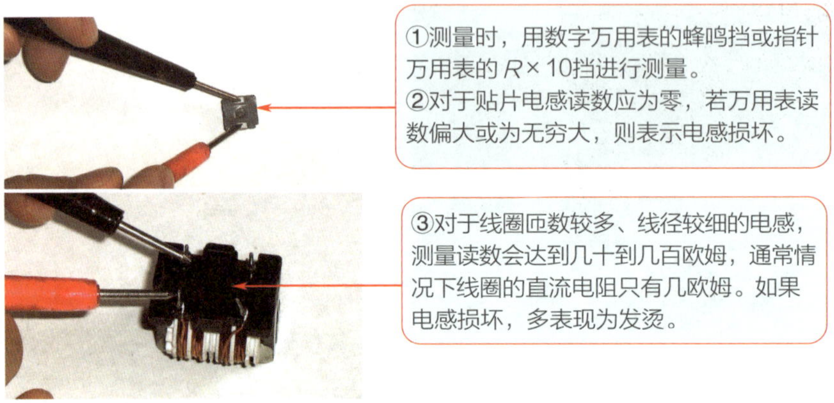

图 2-10　万用表检测电感器的方法

2.3.3 如何代换损坏的电感器

电感器损坏后，原则上应使用与其类型相同、主要参数相同、外形尺寸相近的电感器来更换。但若找不到同类型电感器，也可用其他类型的电感器代换。

代换电感器时，首先应考虑其性能参数（例如电感量、额定电流、品质因数等）及外形尺寸是否符合要求。常用电感器的代换方法如图 2-11 所示。

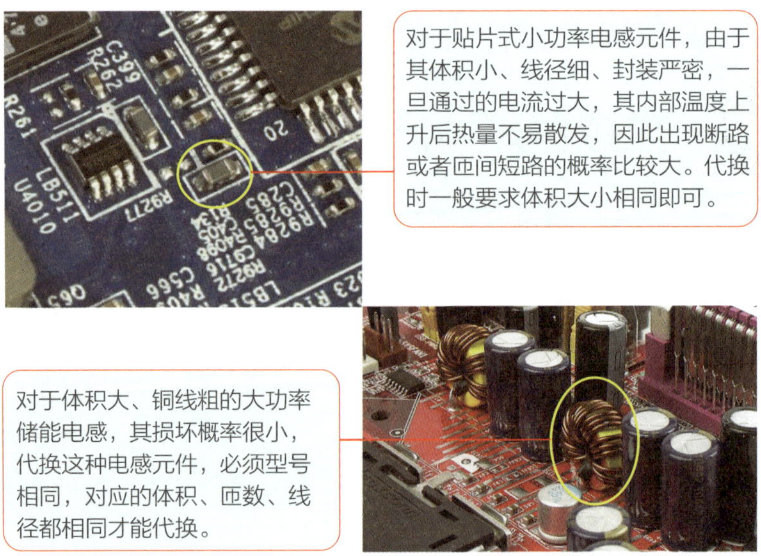

图 2-11　常用电感器的代换方法

2.4 二极管好坏检测

二极管又称晶体二极管，它是最常用的电子元件之一。它最大的特性就是单向导电性，在电路中，电流只能从二极管的正极流入，负极流出。利用二极管单向导电性，可以把方向交替变化的交流电变换成单一方向的脉冲直流电。另外，二极管在正向电压作用下电阻很小，处于导通状态，在反向电压作用下，电阻很大，处于截止状态，如同一只开关。利用二极管的开关特性，可以组成各种逻辑电路（如整流电路、检波电路、稳压电路等）。

2.4.1 二极管维修基本知识

电路板中常用二极管，电路图中二极管参数、图形符号等知识请扫码学习。

2.4.2 通过测量管电压判断二极管好坏

二极管的检测主要是利用二极管的单向导电特性，即二极管正向电阻小、反向电阻大。检测时，将指针万用表调到 $R\times1k$ 欧姆挡，然后将两支表笔接触二极管的两端，测量二极管的正、反向阻值。如果测得的正、反向电阻值都很小，则说明二极管内部已击穿短路或漏电损坏；如果测得的正、反向电阻值均为无穷大，则说明该二极管已开路损坏。

除了通过测量二极管的正、反向阻值来判断其好坏外，还可以通过测量二极管的管电压来判断二极管好坏。下面用数字万用表的二极管挡来对二极管进行检测，其方法如图 2-12 所示。

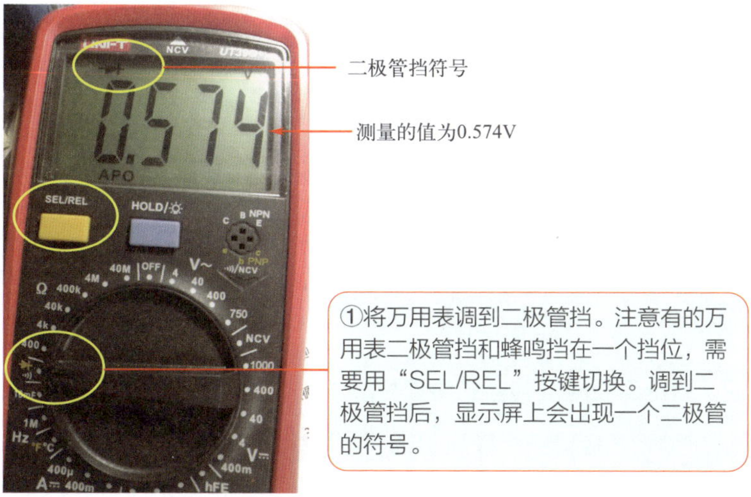

图 2-12

图 2-12　用数字万用表对二极管进行检测的方法

2.4.3　如何代换损坏的二极管

当二极管损坏后，可以用同型号的二极管更换。如果没有同型号的二极管，可以用参数相近的其他型号的二极管来代换。

2.5　三极管好坏检测

三极管又称为晶体三极管，三极管具有电流放大作用，是电子电路的核心元件。三极管是一种电流控制型半导体器件，其作用是把微弱信号放大成幅值较大的电信号。

三极管是在一块半导体基片上制作两个相距很近的 PN 结，两个 PN 结把整块半导体分成三部分，中间部分是基区，两侧部分是发射区和集电区，排列方式有 PNP 和 NPN 两种。

三极管按材料分有锗管和硅管两种，而每一种又有 NPN 和 PNP 两种结构形式，但使用最多的是硅 NPN 和锗 PNP 两种三极管。

2.5.1　三极管维修基本知识

电路板中的三极管、电路图中三极管参数和图形符号等知识请扫码学习。

2.5.2　通过测量阻值判断三极管好坏

通过测量三极管各引脚阻值来检测三极管好坏如图 2-13 所示。

①利用三极管内PN结的单向导电性，检查各极间PN结的正反向电阻值。如果相差较大说明管子是好的，如果正反向电阻值都大，说明管子内部有断路或者PN结性能不好。如果正反向电阻都小，说明管子极间短路或者被击穿。

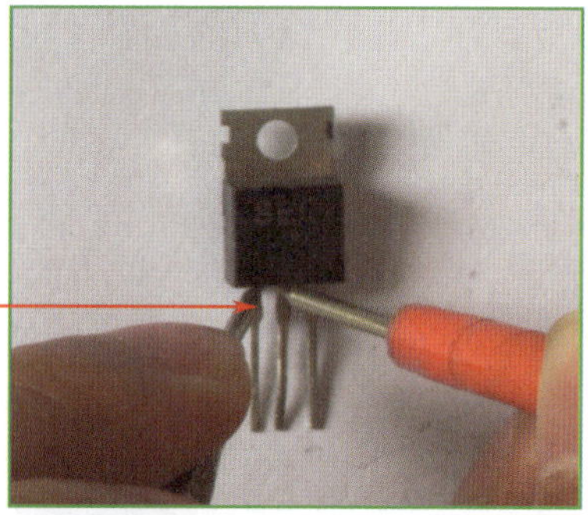

②测PNP小功率锗管时，选择万用表$R\times 100$挡，红表笔接集电极，黑表笔接发射极，相当于测三极管集电结承受反向电压时的阻值，高频管读数应在50kΩ以上，低频管读数应在几千欧到几十千欧范围内。测NPN锗管时，表笔极性相反。

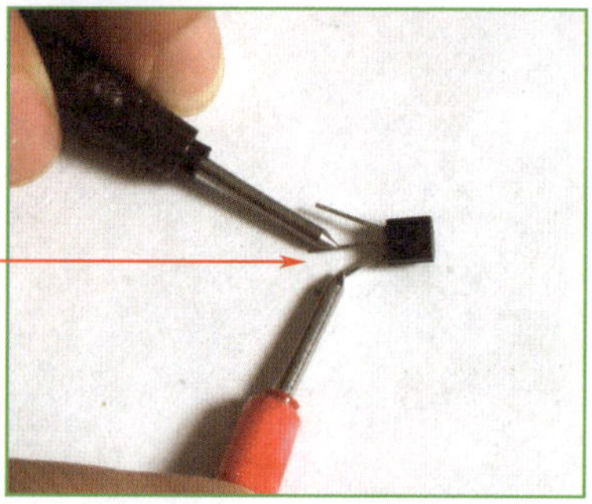

③测NPN小功率硅管时，选择万用表$R\times 1$k挡，黑表笔接集电极，红表笔接发射极。由于硅管的穿透电流很小，阻值应在几百千欧以上，一般表针不动或者微动。

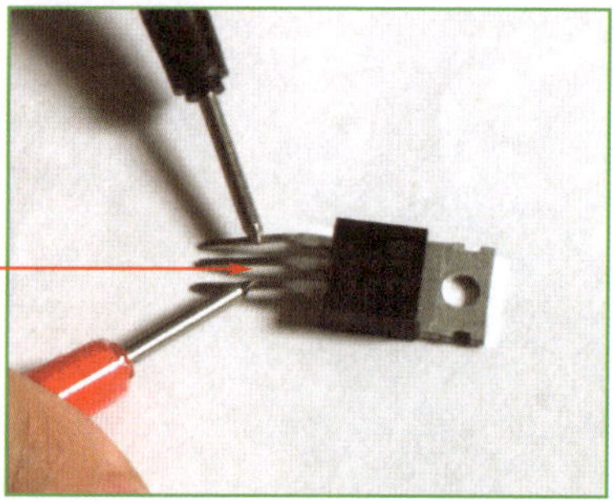

④测大功率三极管时，由于PN结大，一般穿透电流值较大。用万用表$R\times 10$挡测量集电极与发射极间反向电阻，应在几百欧以上。

图 2-13　测量三极管的阻值

诊断方法：如果测得阻值偏小，说明管子穿透电流过大。如果测试过程中表针缓缓向低阻方向摆动，说明管子工作不稳定。用手捏管壳，如果阻值减小很多，说明管子热稳定性很差。

2.5.3 如何代换损坏的三极管

三极管的代换方法如图 2-14 所示。

当三极管损坏后，最好选用同类型（材料相同、极性相同）、同特性（参数值和特性曲线相近）、同外形的三极管替换。如果没有同型号的三极管，则应选用耗散功率、最大集电极电流、最高反向电压、频率特性、电流放大系数等参数相同的三极管代换。

图 2-14 三极管的代换方法

2.6 场效应管好坏检测

场效应晶体管简称场效应管，是一种用电压控制电流大小的器件，即利用控制输入回路的电场效应来控制输出回路的电流，场效应管带有 PN 结。

2.6.1 场效应管维修基本知识

电路板中常用的场效应管、电路图中场效应管参数和图形符号等知识请扫码学习。

2.6.2 数字万用表检测场效应管好坏

用数字万用表检测场效应管的方法如图 2-15 所示。

2.6.3 指针万用表检测场效应管好坏

用指针万用表检测场效应管的方法如图 2-16 所示。

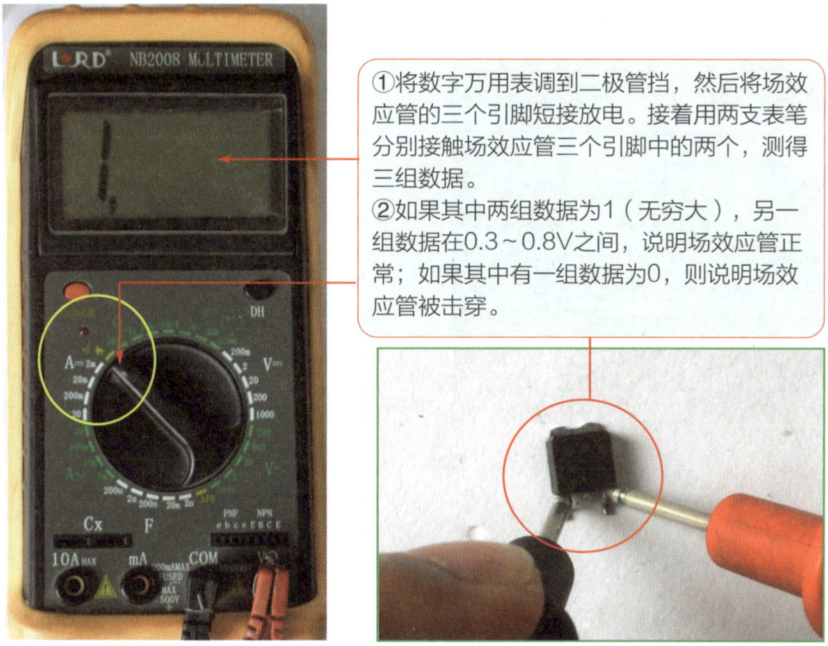

图 2-15　用数字万用表检测场效应管的方法

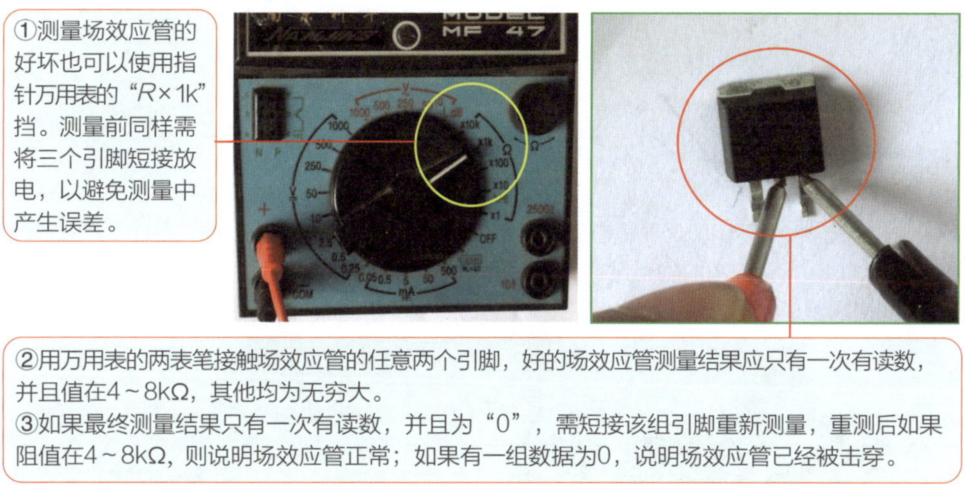

图 2-16　用指针万用表检测场效应管的方法

2.6.4　如何代换损坏的场效应管

场效应管代换方法如图 2-17 所示。

①场效应管损坏后，最好用同类型、同特性、同外形的场效应管更换。如果没有同型号的场效应管，则可以采用其他型号的场效应管代换。

②一般N沟道的用N沟道的场效应管代换，P沟道的用P沟道的场效应管进行代换。

③功率大的可以代换功率小的场效应管。小功率场效应管代换时，应考虑其输入阻抗、低频跨导、夹断电压或开启电压、击穿电压等参数；大功率场效应管代换时，应考虑击穿电压（应为功放工作电压的两倍以上）、耗散功率（应达到放大器输出功率的0.5~1倍）、漏极电流等参数。

图 2-17　场效应管代换方法

2.7 变压器好坏检测

变压器是利用电磁感应的原理来改变交流电压的装置，它可以把一种电压的交流电转换成相同频率的另一种电压的交流电。变压器主要由初级线圈、次级线圈和铁芯（磁芯）组成。其中开关电源电路中主要使用的是开关变压器。

2.7.1 变压器维修基本知识

电路板中常用变压器、电路图中变压器参数和图形符号等知识请扫码学习。

2.7.2 通过观察来判断变压器好坏

通过观察来判断变压器好坏的方法如图 2-18 所示。

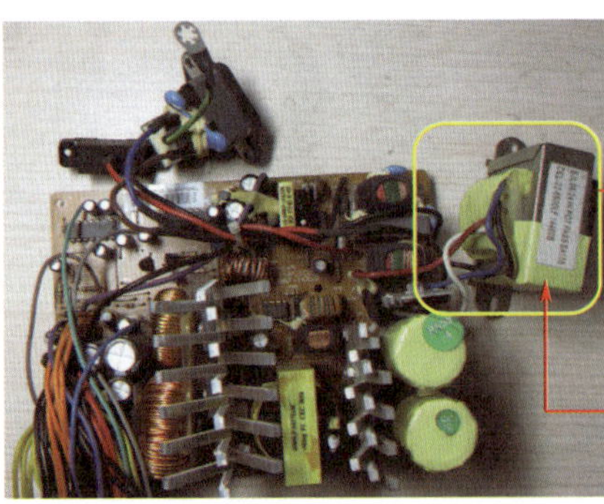

①首先检查变压器外表是否有破损，线圈引线是否断裂、脱焊，绝缘材料是否有烧焦痕迹，铁芯紧固螺杆是否有松动，硅钢片有无锈蚀，绕组线圈是否有外露等。如果有这些现象，则说明变压器有故障。

②空载加电后几十秒之内用手触摸变压器的铁芯，如果有烫手的感觉，则说明变压器存在短路。

图 2-18　通过观察来判断变压器好坏的方法

2.7.3 通过检测变压器绝缘性判断变压器好坏

通过检测变压器绝缘性判断变压器好坏的方法如图 2-19 所示。

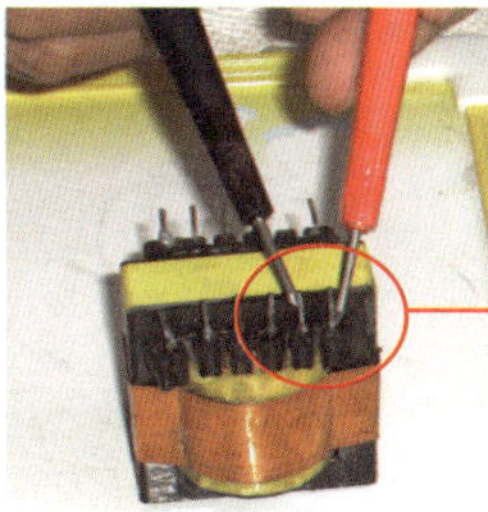

①测试变压器绝缘性时，将指针万用表的挡位调到 $R\times10$k挡。然后分别测量铁芯与初级、初级与各次级、铁芯与各次级、静电屏蔽层与初次级、次级各绕组间的电阻值。

②如果万用表指针均指在无穷大位置不动，说明变压器正常。否则，说明变压器绝缘性能不良。

图 2-19　通过检测绝缘性判断变压器好坏的方法

2.7.4 通过检测变压器线圈通断判断变压器好坏

通过检测线圈通断判断变压器好坏的方法如图 2-20 所示。

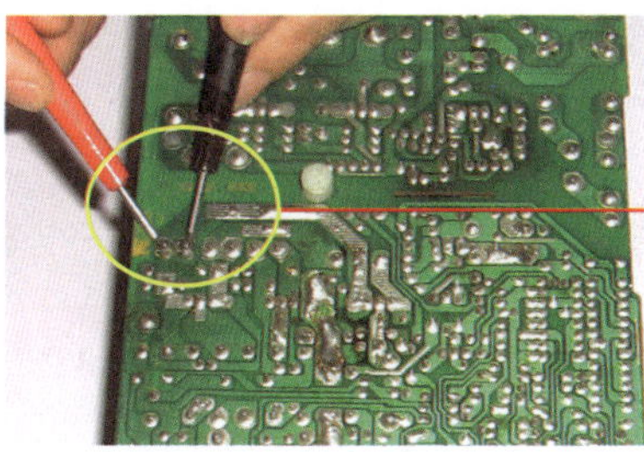

①如果变压器内部线圈发生断路，说明变压器损坏。检测时，将指针万用表调到 $R\times1$挡进行测试。

②如果测量某个绕组的电阻值为无穷大，则说明此绕组有断路性故障。

图 2-20　通过检测线圈通断判断变压器好坏的方法

2.7.5 如何代换损坏的变压器

电源变压器的代换方法如图 2-21 所示。

①若电源变压器损坏，则可以选用铁芯材料、输出功率、输出电压相同的电源变压器代换。选择电源变压器时，要与负载电路相匹配，电源变压器应留有功率余量，输出电压应与负载电路供电部分的交流输入电压相同。

②对于电源电路，可选用“E”型铁芯电源变压器。对于高保真音频功率放大器的电源电路，则应选用“C”型变压器或环型变压器。

图 2-21　电源变压器的代换方法

第 3 章

智能家电维修方法和故障检测点

在维修智能家电之前，最好掌握一些常用的维修方法和常见的故障检测点等知识，以便快速查找故障原因。本章将对智能家电常用维修方法和常见故障检测点进行详细讲解。

3.1 智能家电常用维修方法

电路板的维修方法有很多，如测电阻法、测电压法等，下面介绍一些常用的维修方法。

3.1.1 观察法

观察法是电路板维修中最基本、最直接和最重要的一种方法，主要通过观察电路板的外观以及电路板上的元器件是否异常来检查故障，如图 3-1 所示。

维修电路板时，首先观察电路板上的电容是否有鼓包、漏液或严重损坏；电阻、电容引脚或焊点是否有异常，表面是否烧焦；芯片是否开裂，电路板上的铜箔是否烧断；各个接口插头、插槽、插座是否歪斜；查看是否有金属导电物掉进电路板上的缝隙里面；查看电路板上各条线路是否有短路、断路。

图 3-1 电路板中爆裂的电容器

3.1.2 串联灯泡法

串联灯泡法是指将一个 60W/220V 的灯泡串接在电源电路板的熔断电阻（保

险管）的两端，然后通过灯泡亮度判断电路板是否有短路故障，这种方法同时还可以防止测试时发生“炸板”的现象。串联灯泡法如图 3-2 所示。

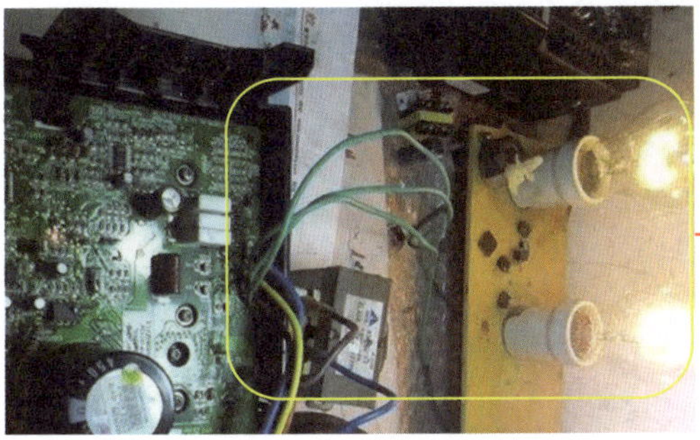

当给串入灯泡的电源电路通电后，由于灯泡有大约800Ω的阻值，可以起到一定的限流作用，不至于立即使电路板中有短路的电路元器件烧坏。如果灯泡很亮，说明电源电路有短路现象。接下来根据判断排除短路故障，排除时根据灯泡的亮度判断故障位置，如果故障排除，灯泡的亮度会变暗。最后，再更换熔断电阻就可以了。

图 3-2　串联灯泡法

3.1.3　测电压法

测量电压也是电路维修过程中常用且有效的方法之一。正常工作时，电路中各点的工作电压表征了一定范围内元器件、电路工作的情况，当出现故障时电压必然发生改变。电压检查法即使用万用表查出电压异常情况，并根据电压的变化情况和电路的工作原理作出推断，找出具体的故障原因，如图 3-3 所示。

电压检查法的原理是通过检测电路中某些测试点有无工作电压、电压是偏大还是偏小，判断电压变化的原因，这个原因也就是故障的原因。正常工作时，电路各部分的工作电压值是唯一的，当电路出现开路、短路、元器件性能变化等情况时，电压值必然会有相应的变化，电压检查法就是检测电压变化情况并加以分析。

图 3-3　使用万用表检测元器件电压

3.1.4　测电阻法

测电阻法是电路维修过程中常用的方法之一，它主要是通过测量元器件的阻值来大致判断芯片和元器件的好坏，以及电路中是否存在严重短路和断路的情况。短路和断路是电路故障的常见形式。短路通过阻值异常降低的方法判断，断路则通过阻值异常升高的方法来判断。判断电路或元器件是否短路的粗略办法是使用万用表蜂鸣挡。测试时在阻值小于 20Ω 时蜂鸣器会发出声音。图 3-4 所示为万用表测量元器件电阻。

一般小阻值元件，如保险、线圈等可以通过蜂鸣挡来判断好坏。如果蜂鸣器没有发出声音，则可能是元器件存在断路故障。对于大功率三极管、MOS管等元器件，其故障多为短路，可以用万用表蜂鸣挡进行检测。如果发出蜂鸣声，则说明存在短路故障。同样，对于各组电源正负极之间也要测量有无短路。对于各个集成芯片对电源端的短路问题，可以用万用表蜂鸣挡，测试各芯片引脚对电源的正负端之间有无短路。

图 3-4　万用表测量元器件电阻

3.1.5　替换法

替换法就是用好的元器件替换怀疑有问题的元器件，若故障消失，说明判断正确，否则需要进一步检查、判断。

采用替换法时应重点检测替换故障率最高的元器件，且在替换元器件前，应先检测一下此元器件的供电电压，看是否由于供电问题引起元器件不工作，排除元器件的供电问题后再使用替换法。

3.2　智能家电故障检测点

在检查智能家电故障时，要重点检测电路中故障率较高的元器件，这样可以快速找到故障原因。下面介绍智能家电常见故障检测点。

3.2.1　故障检测点 1：熔断电阻

当智能家电电路板遭到大电流冲击时（如发生电路短路故障），会将熔断电阻（保险管）烧断，从而保护电路中其他元器件。检测时，可以通过测量熔断电阻是否发生断路故障来判断其好坏，如图 3-5 所示。

3.2.2　故障检测点 2：整流二极管 /PFC 二极管 / 稳压二极管

在检测智能家电电路中的整流二极管、PFC 二极管或稳压二极管时，可以通过测量二极管的管电压或电阻值来判断其好坏，如图 3-6 所示。

将万用表调到蜂鸣挡，然后将两支表笔接熔断电阻（保险管）两端测量。正常阻值应接近0，如果阻值为无穷大，说明熔断电阻已经烧断损坏。

图 3-5　熔断电阻好坏检测

将数字万用表调到二极管挡，然后将红表笔接二极管的正极、黑表笔接负极测量管电压。正常值为0.4～0.7V；如果测量的值为0，说明二极管击穿损坏；如果测量值为无穷大，说明其内部断路损坏。

图 3-6　二极管好坏检测

3.2.3　故障检测点 3：整流桥堆

智能家电电路中的整流滤波电路一般采用整流桥堆（单相整流桥堆）进行整流，检测整流桥堆时可以通过测量整流桥堆引脚电压或内部整流二极管压降来判断其好坏，如图 3-7 所示。

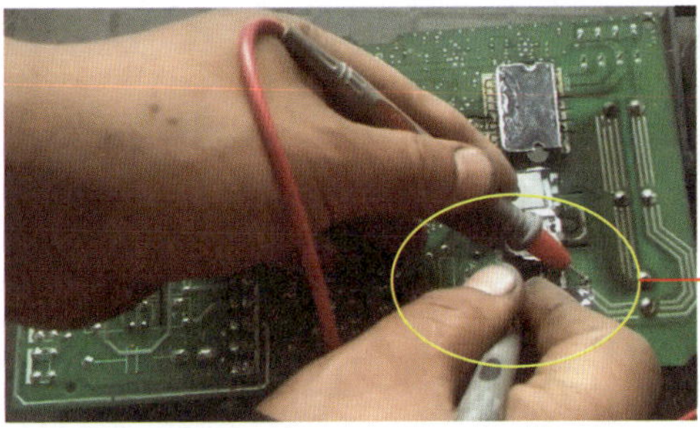

测量时将红表笔接整流桥的第4脚（负极），黑表笔分别接第2脚和第3脚，测量压降值；再将黑表笔接第1脚（正极），红表笔分别接第2脚和第3脚，再次测量两个压降值。如果4次测量的压降值都在0.5～1V，说明整流桥堆正常，有一组值不正常，则说明整流桥堆损坏。

图 3-7　整流桥堆好坏检测

3.2.4　故障检测点 4：滤波电容

智能家电电路的整流滤波电路中的滤波电容容易出现鼓包、漏液、短路、容量下降等问题。检测滤波电容时，可以通过测量滤波电容的阻值来判断其好坏，如图

3-8 所示。

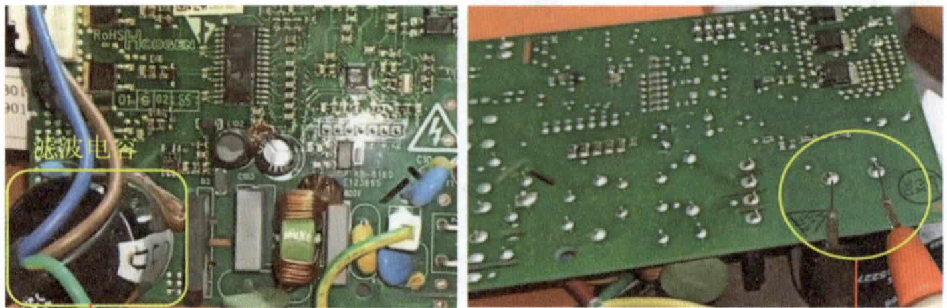

①用数字万用表的蜂鸣挡（或指针万用表的 $R\times1k$挡）在路测量。
②先对电容器进行放电（在两个引脚间串接一个阻值较大的电阻），然后将万用表的两支表笔接滤波电容的两个引脚进行测量。
③如果测量的阻值为0，说明滤波电容被击穿损坏。
④如果阻值不断变化，最后变成无穷大，说明滤波电容基本正常。如果想准确测量电容器好坏，可以拆下电容器测量其电容量来判断其好坏。

图 3-8 滤波电容好坏检测

3.2.5 故障检测点 5：开关管 /PFC 开关管

智能家电电路中的开关管 /PFC 开关管是比较容易损坏的元器件。当怀疑开关管有问题时，可以通过测量开关管引脚间的阻值或管压降来判断其好坏，如图 3-9 所示。

开关管发生故障时，一般都是被击穿。因此可以通过测量引脚间阻值来判断其好坏。将数字万用表调到蜂鸣挡，然后用两支表笔分别测量三个引脚中的任意两个，如果测量的阻值为0，则蜂鸣器发出报警声，说明开关管有故障。

图 3-9 开关管好坏检测

提示 另外还可以测量开关管源极（S）和漏极（D）之间的压降。将数字万用表调到二极管挡，然后将红表笔接 S 极，黑表笔接 D 极，测量压降。正常值应为 0.4 ~ 0.7V。如果压降不正常，则说明开关管损坏。

3.2.6 故障检测点 6：热敏电阻

检测智能家电电路的热敏电阻时，可以通过测量热敏电阻的阻值来判断其好坏，如图 3-10 所示。

一般开关电源电路中采用10Ω左右的热敏电阻（具体阻值查看热敏电阻标注）。测量时，将数字万用表挡位调到200挡，两支表笔接热敏电阻的两个引脚，测量其阻值。如果阻值为无穷大，说明热敏电阻烧断损坏；如果电阻为0，说明热敏电阻短路损坏。

图 3-10　热敏电阻好坏检测

3.2.7　故障检测点 7：电源控制芯片

电源控制芯片（PWM）好坏检测方法如图 3-11 所示（以 UC3842 为例）。

①首先应判断一下开关电源的电源控制芯片是处在工作状态还是已经损坏。判断方法为：加电测量UC3842的第7脚（VCC工作电源）和第8脚（VREF基准电压输出）电压，若第8脚有+5V电压，且第1、2、4、6脚也有不同的电压，则说明芯片已起振，处于正常工作状态。

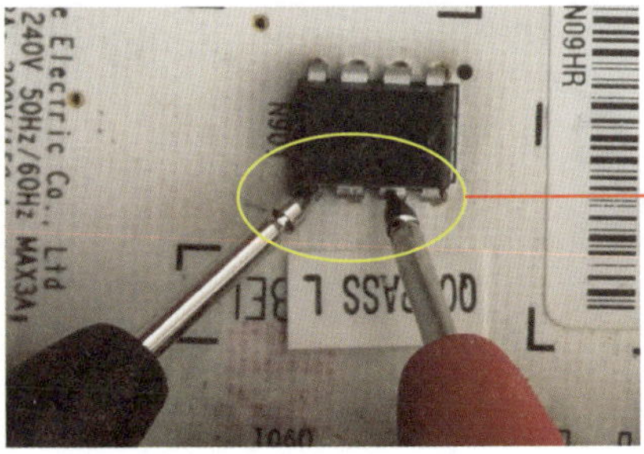

②若第7脚电压低（芯片启动后，第7脚电压由第8脚的恒流源提供），其余引脚无电压，则UC3842芯片可能损坏。断电的情况下，用数字万用表20k挡测量UC3842芯片第6、7脚，第5、7脚，第1、7脚间的阻值（一般在10kΩ左右）。如果阻值很小（几十欧）或为0，则说明UC3842芯片损坏。

图 3-11　PWM 控制器好坏检测

3.2.8　故障检测点 8：集成式电源控制芯片

有些智能家电电路采用集成式电源控制芯片，即集成开关管和电源控制电路的芯片。集成式电源控制芯片好坏检测方法如图 3-12 所示。

断电并用万用表二极管挡检测集成式电源控制芯片的VDD端与S端间的管电压。正常为0.5V左右，如果为0，则是击穿损坏。接着测量芯片连接的二极管的管电压，正常也为0.5V左右。然后用万用表电阻挡测量电源控制芯片连接的取样电阻是否有短路或断路故障，滤波电容是否被击穿。如果有问题，则更换故障元器件。

图 3-12　集成式电源控制芯片好坏检测

3.2.9　故障检测点 9：开关变压器

开关变压器是智能家电电路中的重要元器件之一，当怀疑开关变压器有问题时，可以通过检测开关变压器绕组的阻值及变压器绝缘性来判断其好坏，如图 3-13 所示。

①通过检测变压器的绝缘性来判断变压器好坏。先将指针万用表调到欧姆挡 $R\times10$k挡，然后分别测量：铁芯与初级、初级与各次级、铁芯与各次级、静电屏蔽层与初次级、次级各绕组间的电阻值。如果万用表指针均指在无穷大位置不动，说明变压器正常。否则，说明变压器绝缘性能不良。
②通过检测变压器内部绕组是否断路判断变压器好坏。检测时，将指针万用表调到欧姆挡 $R\times1$挡，然后测量各个绕组的阻值。如果某个绕组的阻值为无穷大，则说明此绕组有断路故障。

图 3-13　开关变压器好坏检测

3.2.10　故障检测点 10：快恢复二极管

在智能家电电路的输出电路中，快恢复二极管是易坏元器件之一（快恢复二极管中集成了两个整流二极管），在检测快恢复二极管时，可以通过测量快恢复二极管的管电压来判断其好坏，如图 3-14 所示。

3.2.11　故障检测点 11：TL431 精密稳压器

稳压电路中精密稳压器（如 TL431）有着非常重要的作用，如果稳压器损坏，通常会造成输出电压不正常。常见精密稳压器引脚如图 3-15 所示，精密稳压器好坏判断方法如图 3-16 所示。

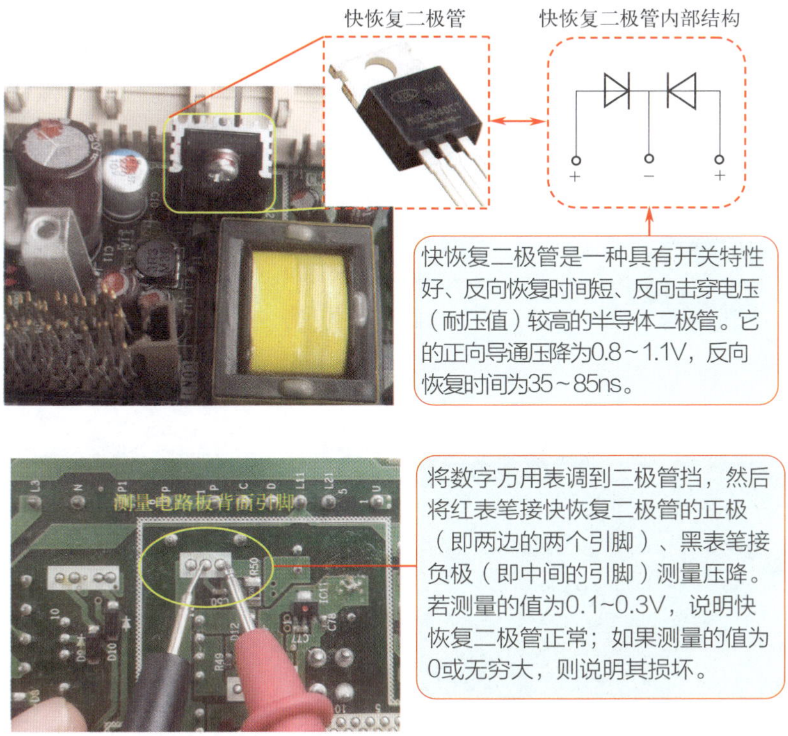

图 3-14　快恢复二极管好坏检测

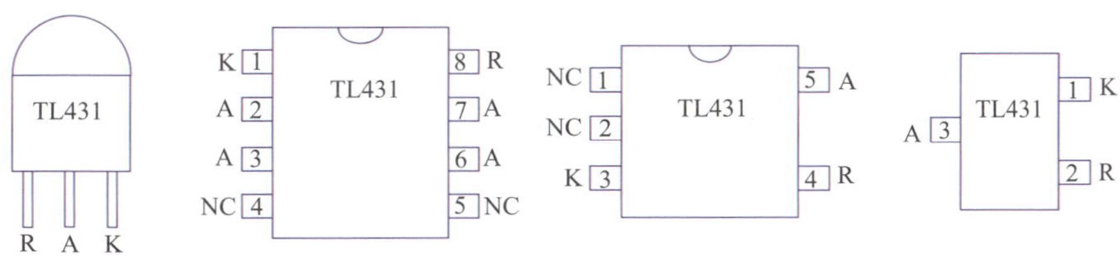

图 3-15　常见精密稳压器引脚

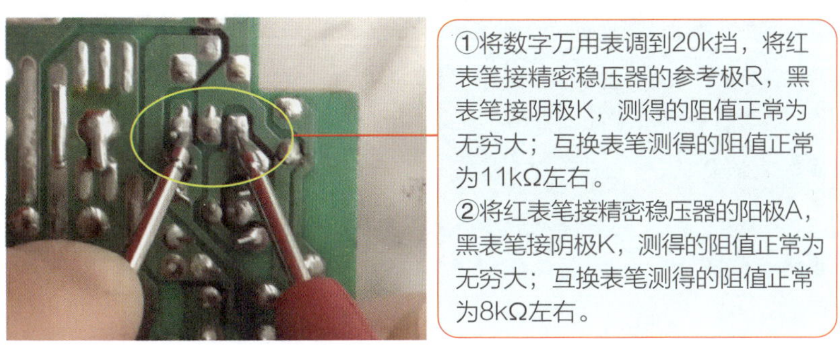

图 3-16　检测精密稳压器

3.2.12 故障检测点 12：光耦合器

检测智能家电电路的光耦合器时，可以通过测量其内部的发光二极管的管电压是否正常来判断，如图 3-17 所示。

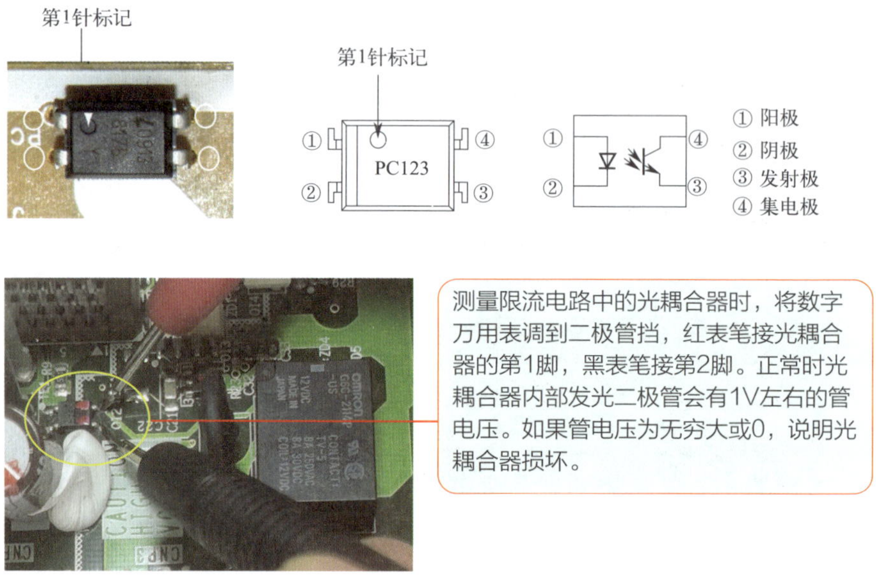

图 3-17　检测光耦合器

3.2.13 故障检测点 13：继电器

正常的伺服驱动器在开机上电时，会听见继电器吸合的声音——“啪哒”或“哐”的一声，如果没有声音，则说明继电器有问题。检测继电器时，可以通过测量继电器线圈和触点的阻值来判断，如图 3-18 所示。

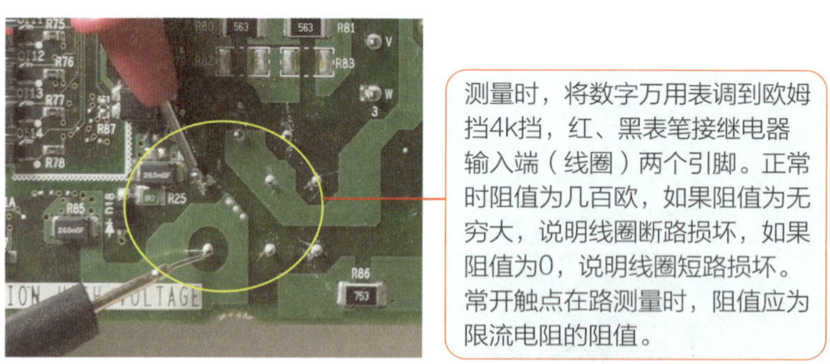

图 3-18　检测继电器

3.2.14　故障检测点 14：IGBT 变频管

检测变频冰箱变频电路中的 IGBT 变频管时，可以通过测量 IGBT 变频管连接的二极管的管电压来简单判断其是否有问题。检测方法如图 3-19 所示。

①将数字万用表调到二极管挡，然后将红表笔接IGBT变频管E极，黑表笔接C极，测量管压降，正常值应为0.5V左右。如果测量的值为无穷大，说明IGBT变频管有断路故障；如果测量的阻值为0，说明IGBT变频管有击穿短路或漏电故障。

②对调红黑两支表笔，即黑表笔接IGBT变频管E极，红表笔接IGBT变频管C极，反向测量，正常值应为无穷大。如果测量的值为0或很小，则说明IGBT变频管有短路故障。

图 3-19　检测 IGBT 变频管

3.2.15　故障检测点 15：IPM 模块

有些变频冰箱的变频电路中采用的是 IPM 模块，IPM 模块中集成了六只 IGBT 变频管、驱动电路、检测电路等。检测 IPM 模块时，可以通过测量模块内部变频管连接的二极管的管电压来简单判断 IPM 模块是否有问题，检测方法如图 3-20 所示。

①在断电的情况下，将万用表调到二极管挡，将黑表笔接IPM模块P引脚，红表笔分别接U、V、W引脚，正常值应为0.45V左右，且各相大致相同。如果测量的值为无穷大，则说明IPM模块内部上桥三个IGBT管有断路故障；如果测量的阻值为0，则说明IPM模块内部上桥三个IGBT管有击穿短路或漏电故障。接下来对调红黑两支表笔，即红表笔接P引脚，黑表笔分别接U、V、W引脚，反向测量，正常值应为无穷大。

②然后将红表笔接N引脚，黑表笔分别接U、V、W引脚，正常值应为0.45V左右，且各相大致相同。如果测量的值为无穷大，则说明IPM模块内部下桥三个IGBT管有断路故障；如果测量的阻值为0，则说明IPM模块内部下桥三个IGBT管有击穿短路或漏电故障。接下来对调红黑两支表笔，即黑表笔接N引脚，红表笔分别接U、V、W引脚，反向测量，正常值应为无穷大。

图 3-20　检测 IPM 模块

第 4 章

智能液晶电视机故障维修实战

智能液晶电视机中故障率最高的是开关电源电路，其次是液晶显示屏，因此要重点掌握开关电源电路及液晶显示屏等常见故障的维修诊断技巧。本章将重点讲解液晶电视机开关电源电路的易坏芯片元件、故障检测点、故障检修流程、常见故障维修和故障维修实战案例等内容。

4.1 智能液晶电视机电路板易坏芯片元件

智能液晶电视机电路板易坏元器件主要有整流二极管、熔断电阻（保险管）、滤波电容、开关管、取样电阻、PWM 电源控制芯片、开关变压器、光耦合器、精密稳压器、电感、稳压器等，如图 4-1 所示。

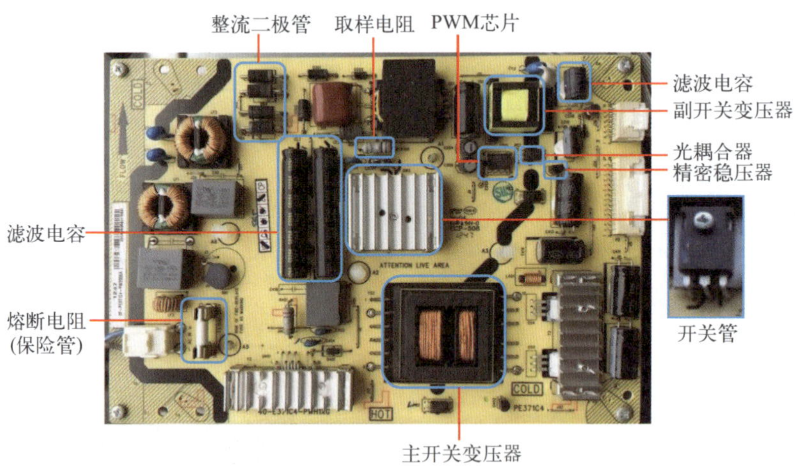

图 4-1 智能液晶电视机电路板易坏元器件

4.2 智能液晶电视机电路板故障检测点

由于智能液晶电视机的很多电路工作在高压大电流及高温的环境中，因此会造成一些部件的故障率较高，如整流二极管、整流桥堆、滤波电容、开关管、取样电阻、PWM 控制芯片、快恢复二极管等。在检测液晶电视机故障时，可以重点检测这些易坏元器件，来帮助快速找到故障原因。下面介绍智能液晶电视机的主要故障检测点。

4.2.1 关键电压检测点

诊断智能液晶电视机电路板故障时，可以通过测量电路中关键电压信号来排查故障发生在哪个功能电路中。如通过测量整流滤波电路中滤波电容的 300V 直流电压是否正常，来判断 EMI 滤波电路和整流滤波电路工作是否正常，以此来缩小故障排查区域，快速找到故障点。图 4-2 所示为液晶电视机电路板关键电压检测点。

4.2.2 关键元器件检测点

检查智能液晶电视机电路板故障时，要重点检测电路中故障率较高的元器件，这样可以快速找到故障原因。下面介绍智能液晶电视机电路板关键元器件检测点，如图 4-3 所示。

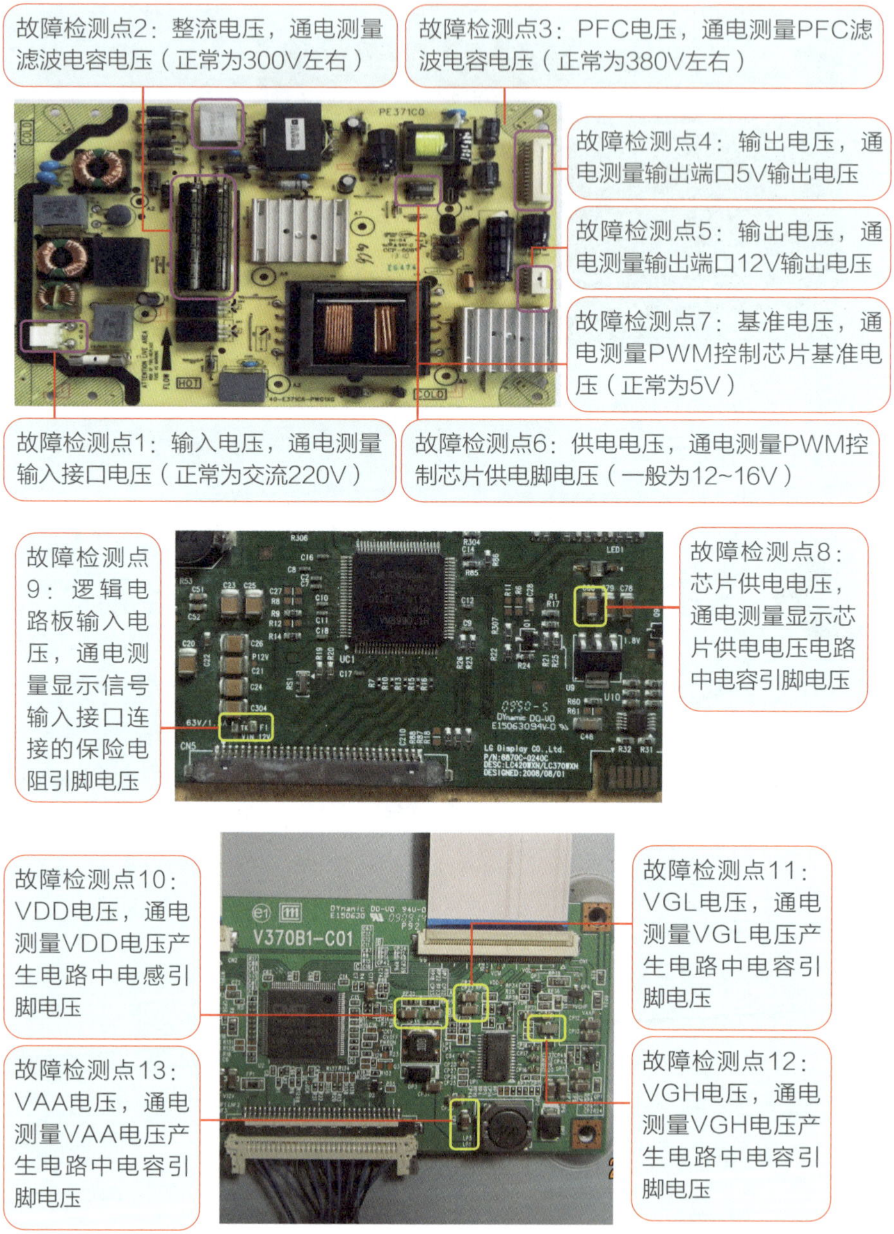

图4-2 智能液晶电视机电路板关键电压检测点

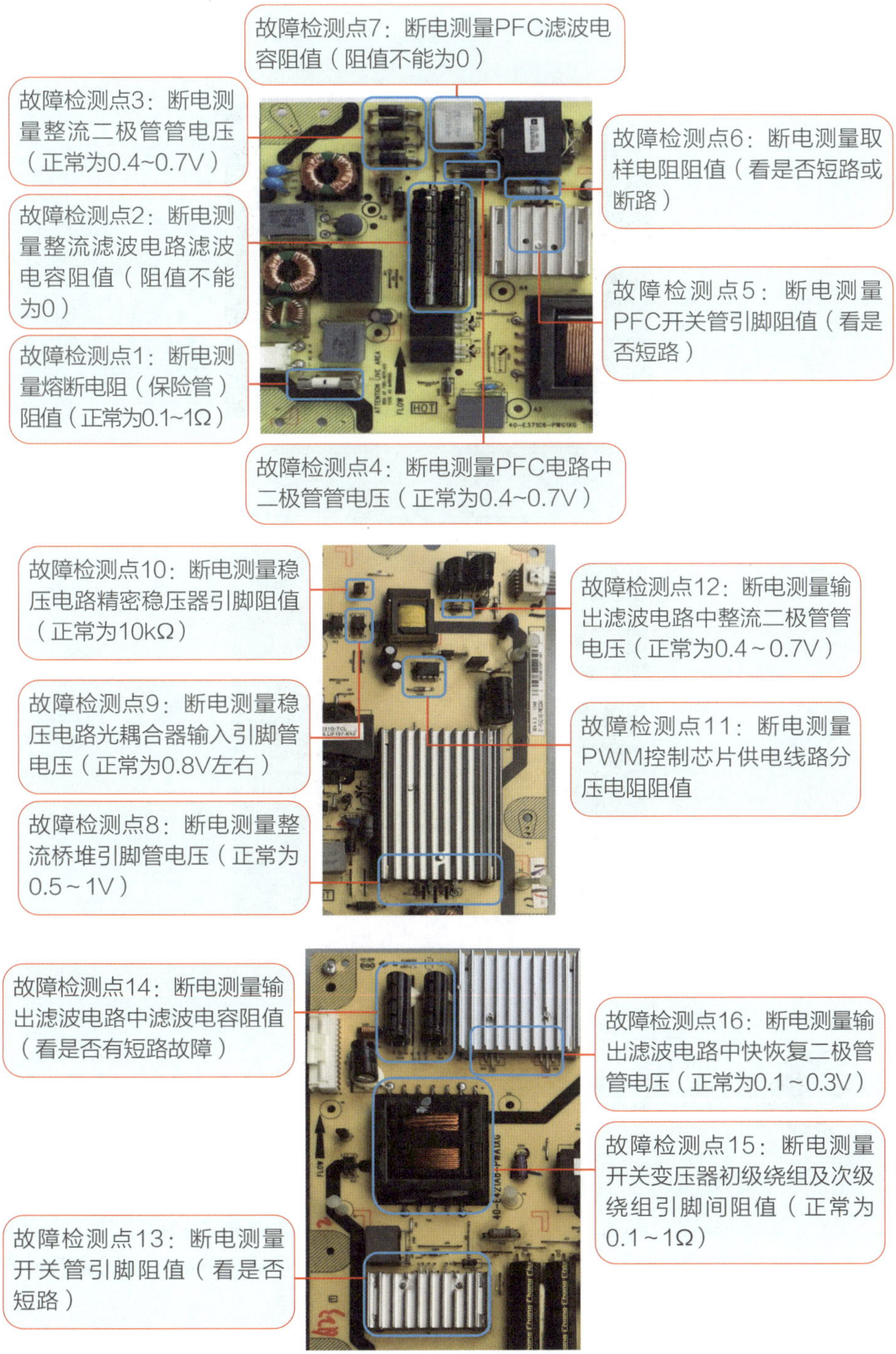
故障检测点7：断电测量PFC滤波电容阻值（阻值不能为0）
故障检测点3：断电测量整流二极管管电压（正常为0.4~0.7V）
故障检测点6：断电测量取样电阻阻值（看是否短路或断路）
故障检测点2：断电测量整流滤波电路滤波电容阻值（阻值不能为0）
故障检测点5：断电测量PFC开关管引脚阻值（看是否短路）
故障检测点1：断电测量熔断电阻（保险管）阻值（正常为0.1~1Ω）
故障检测点4：断电测量PFC电路中二极管管电压（正常为0.4~0.7V）
故障检测点10：断电测量稳压电路精密稳压器引脚阻值（正常为10kΩ）
故障检测点12：断电测量输出滤波电路中整流二极管管电压（正常为0.4～0.7V）
故障检测点9：断电测量稳压电路光耦合器输入引脚管电压（正常为0.8V左右）
故障检测点11：断电测量PWM控制芯片供电线路分压电阻阻值
故障检测点8：断电测量整流桥堆引脚管电压（正常为0.5～1V）
故障检测点14：断电测量输出滤波电路中滤波电容阻值（看是否有短路故障）
故障检测点16：断电测量输出滤波电路中快恢复二极管管电压（正常为0.1～0.3V）
故障检测点15：断电测量开关变压器初级绕组及次级绕组引脚间阻值（正常为0.1～1Ω）
故障检测点13：断电测量开关管引脚阻值（看是否短路）

图 4-3

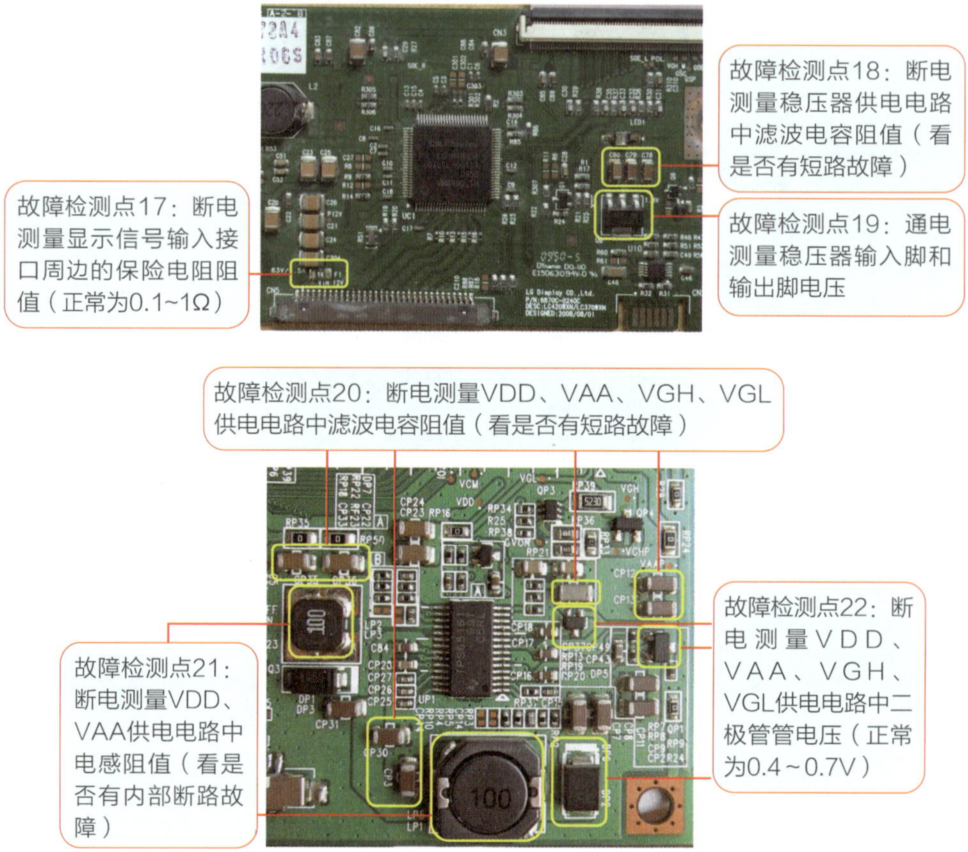

图 4-3 智能液晶电视机电路板关键元器件检测点

4.3 智能液晶电视机电路板故障诊断流程

智能液晶电视机电路板常见故障主要表现为开机电源指示灯不亮无显示、显示不正常等。造成智能液晶电视机电路板故障的原因可能是保险管烧坏、滤波电容损坏、开关管损坏、整流桥堆损坏、取样电阻损坏等。图 4-4 所示为智能液晶电视机电路板故障检修流程。

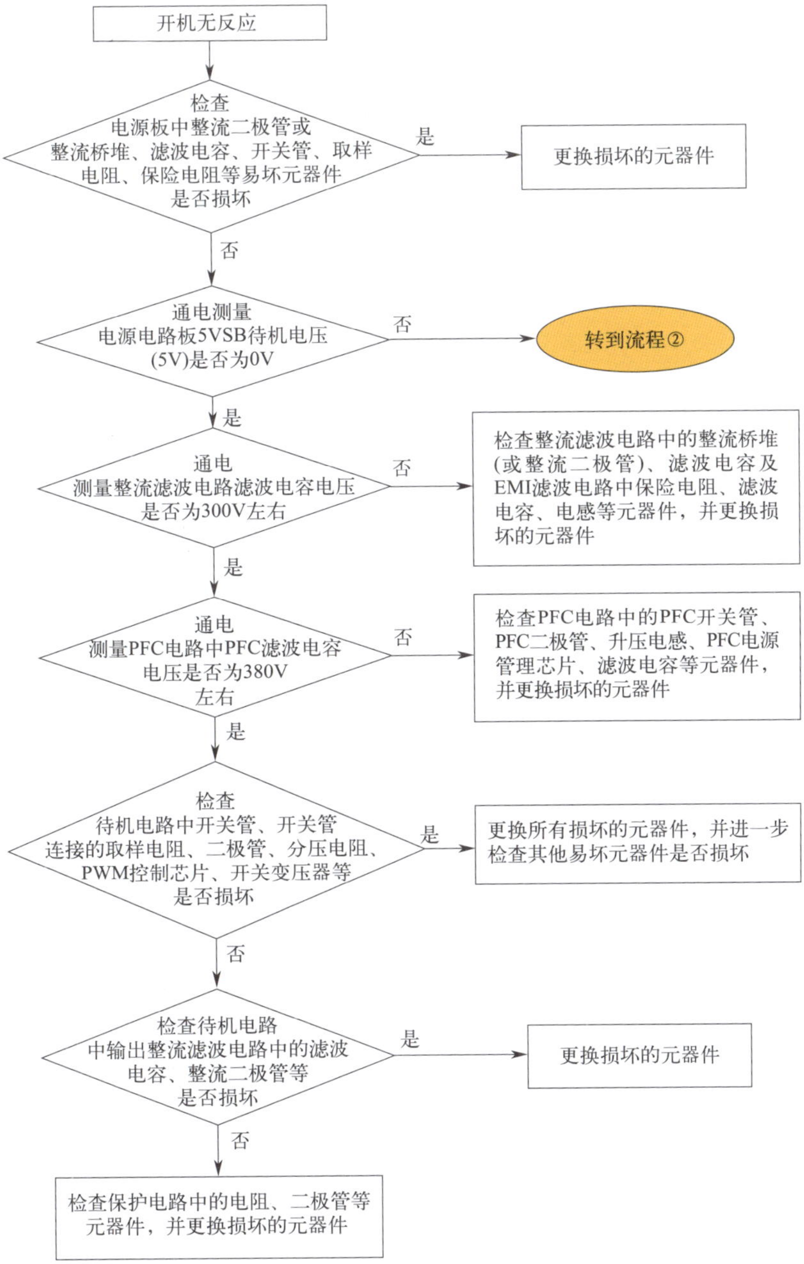
开机无反应
检查电源板中整流二极管或整流桥堆、滤波电容、开关管、取样电阻、保险电阻等易坏元器件是否损坏
是
更换损坏的元器件
否
通电测量电源电路板5VSB待机电压(5V)是否为0V
否
转到流程②
是
通电测量整流滤波电路滤波电容电压是否为300V左右
否
检查整流滤波电路中的整流桥堆(或整流二极管)、滤波电容及EMI滤波电路中保险电阻、滤波电容、电感等元器件，并更换损坏的元器件
是
通电测量PFC电路中PFC滤波电容电压是否为380V左右
否
检查PFC电路中的PFC开关管、PFC二极管、升压电感、PFC电源管理芯片、滤波电容等元器件，并更换损坏的元器件
是
检查待机电路中开关管、开关管连接的取样电阻、二极管、分压电阻、PWM控制芯片、开关变压器等是否损坏
是
更换所有损坏的元器件，并进一步检查其他易坏元器件是否损坏
否
检查待机电路中输出整流滤波电路中的滤波电容、整流二极管等是否损坏
是
更换损坏的元器件
否
检查保护电路中的电阻、二极管等元器件，并更换损坏的元器件

图 4-4

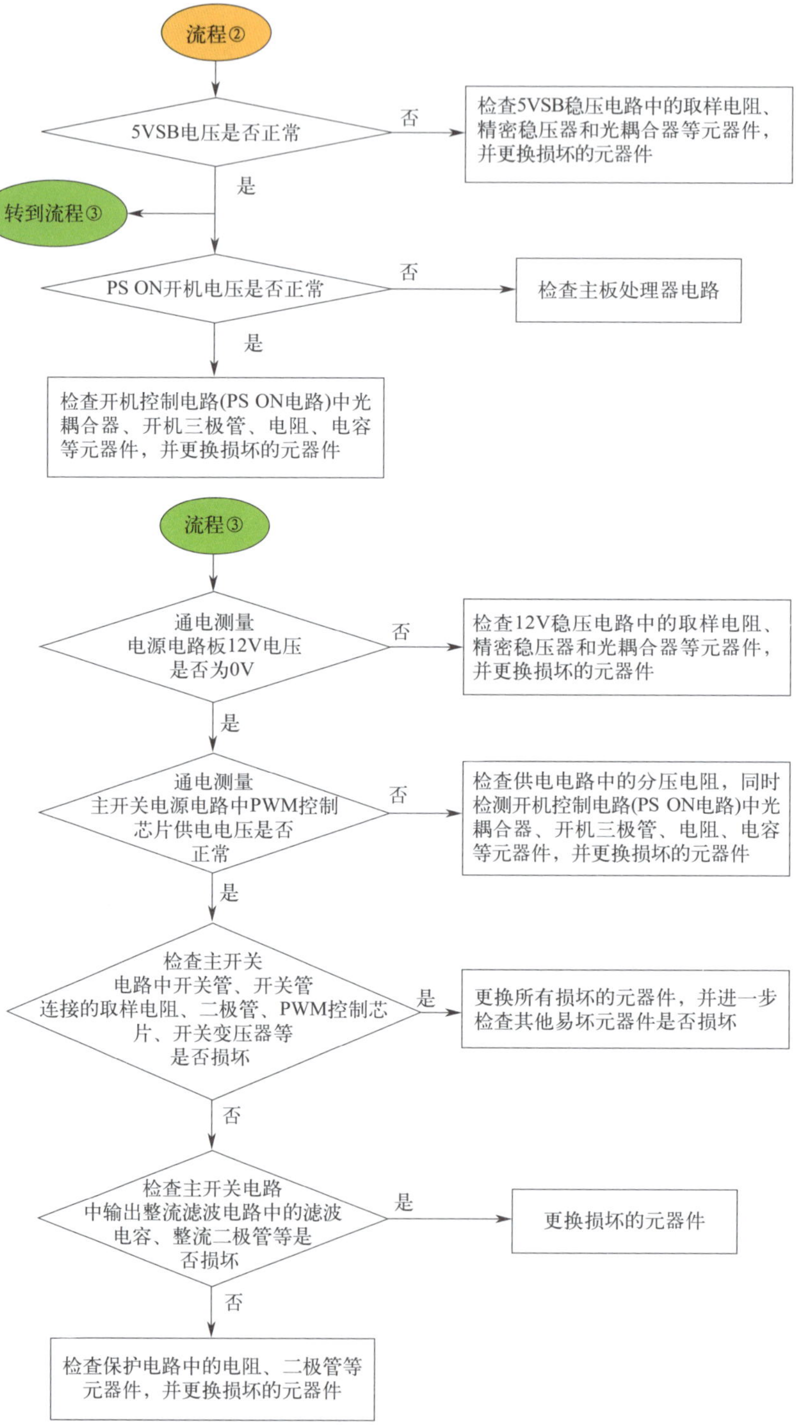

图 4-4　液晶电视机开关电源电路故障检修流程

4.4 快速诊断智能液晶电视机常见故障

智能液晶电视机长期使用或使用不当，出现故障是难免的，作为维修者，要想快速准确地排除故障，必须掌握一些常见故障的快速诊断方法。本节将介绍智能液晶电视机常见故障的快速诊断及维修方法。

4.4.1 快速诊断液晶电视机开关电源电路故障

如果液晶电视无法开机，应先检测副开关电源电路输出的 5V 待机电压是否正常，如果 5V 待机电压正常，启动之后再测量主开关电源电路输出的 12V 电压；如果 5V 待机电压不正常，应先检查副开关电源电路中存在的问题。

当液晶电视的开关电源电路出现故障，无电压输出时，应按照下面的方法进行检修。

① 检查开关电源电路板中有无明显损坏的元器件，如图 4-5 所示。

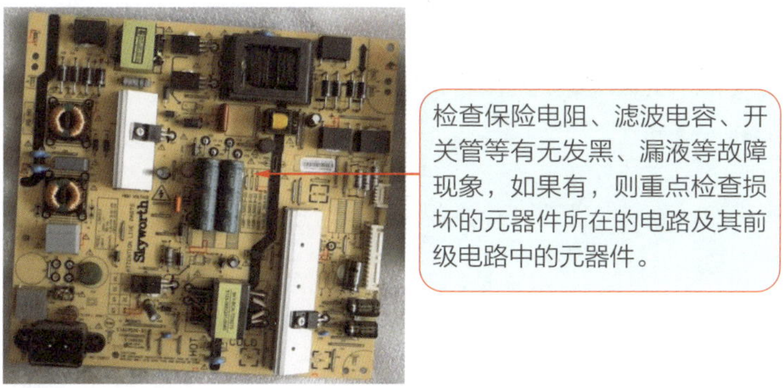

图 4-5　检查电路板中元器件

② 在保险电阻两端串联一个灯泡（防止通电后炸开关管），然后给电源电路板通电进行检测，如图 4-6 所示。

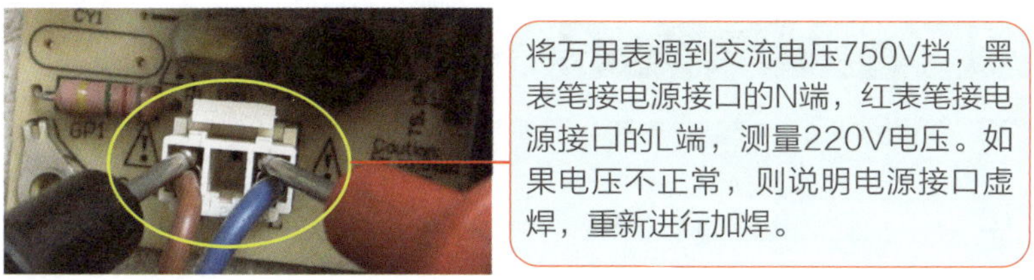

图 4-6　测量电源输入电压

③ 通电测量电源电路板 5V 待机电压，如图 4-7 所示。

将万用表调到直流电压20V挡，红黑两支表笔接副开关电源电路中输出整流滤波电路中的电感或滤波电容两端，测量5V待机电压。如果5V待机电压正常，则转到第⑩步；如果测量的电压值偏低或偏高，则检查副开关电源电路中稳压电路中的取样电阻、精密稳压器及光耦合器的好坏，并更换损坏的元器件。

图 4-7　通电测量输出电压

④ 如果 5V 待机电压为 0，则测量桥式整流滤波电路中 300V 滤波电容两端电压，如图 4-8 所示。

将数字万用表调到直流电压1000V挡，将黑表笔接电容的负极，红表笔接电容的正极，测量直流电压，正常为300V左右。

图 4-8　测量 300V 直流电压

⑤ 如果 300V 直流电压为 0，则断电检测 EMI 滤波电路和桥式整流滤波电路中的元器件，如图 4-9 所示。

用万用表二极管挡测量，整流滤波电路中的整流桥堆或整流二极管的管电压，正常为0.4～1.2V。接着用万用表的蜂鸣挡测量这两个电路中的保险电阻、滤波电容、电感等元器件，如果有损坏的元器件，则更换损坏的元器件。

图 4-9　检测 EMI 滤波电路和整流滤波电路

⑥ 如果第④步测量的 300V 直流电压正常，接着通电检测 PFC 电路中的滤波电容两端的电压，如图 4-10 所示。

⑦ 如果 PFC 电路输出电压正常，接着检测 5V 待机电路中的开关振荡电路，如图 4-11 所示。

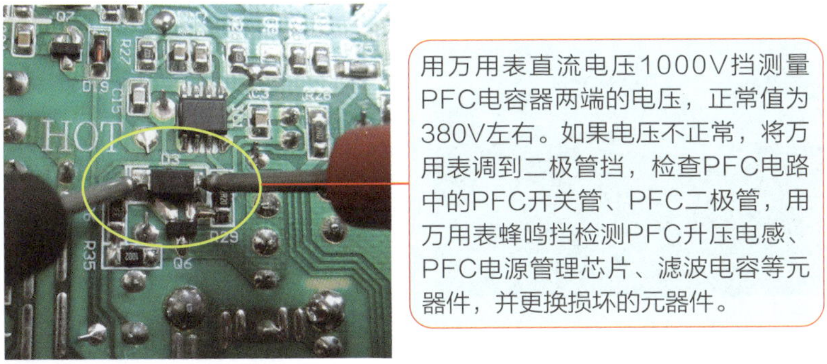

图 4-10　检测 PFC 电路

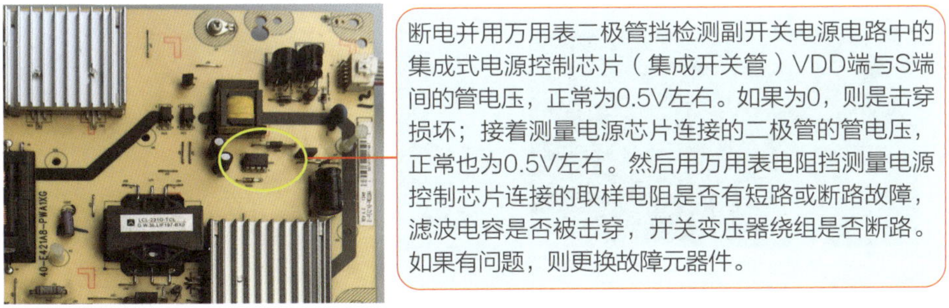

图 4-11　检测开关振荡电路

⑧ 如果 5V 待机电路中的开关振荡电路正常，接着检测 5V 待机电路中的输出电路，如图 4-12 所示。

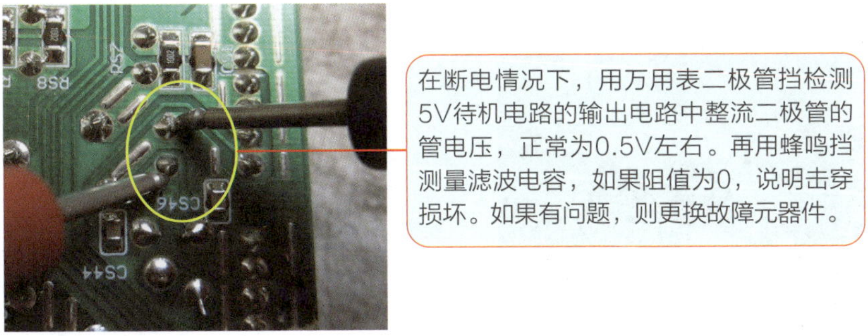

图 4-12　检测输出电路

⑨ 若 5V 待机电路的整流滤波电路正常，再检测保护电路，如图 4-13 所示。

图 4-13　检测保护电路

⑩ 如果测量的 5V 待机电压正常，说明 EMI 滤波电路、整流滤波电路、PFC 电路均正常，接着检测输出接口中的 12V 供电电压是否正常，如图 4-14 所示。

图 4-14　测量 12V 供电电压

⑪ 如果 12V 供电电压为 0，由于 5V 待机电压正常，说明 EMI 滤波电路、整流滤波电路、PFC 电路均正常，故障可能是主开关电源电路中开关振荡电路或输出整流滤波电路引起的。通电检测主开关电源电路中的 PWM 控制芯片的启动引脚是否有启动电压， 如图 4-15 所示。

图 4-15　测量启动电压

⑫ 如果PWM控制芯片的启动电压正常，接着测量开关振荡电路中其他元器件，如图 4-16 所示。

断电并用万用表二极管挡检测开关管的任意两个引脚间的管电压，如果为0，则是被击穿；正常情况下其中会有一组的管电压为0.5V左右。接着测量开关管连接的二极管的管电压，正常也为0.5V左右。然后用万用表电阻挡测量开关管连接的取样电阻是否有短路或断路故障。再测量开关变压器绕组间的阻值是否为无穷大。如果有问题，则更换故障元器件。

图 4-16　检测开关振荡电路开关管等元器件

⑬ 如果主开关电源电路中的开关振荡电路正常，接着检测主开关电源电路中的输出电路，如图 4-17 所示。

在断电情况下，用万用表二极管挡检测主开关电源电路的输出电路中整流二极管或快恢复二极管的管电压，正常为0.4~1.2V。再用蜂鸣挡测量滤波电容，如果阻值为0，说明击穿损坏。如果有问题，则更换故障元器件。

图 4-17　检测输出电路

⑭ 如果主开关电源电路中输出电路正常，接着用万用表电阻挡检测主开关电源电路中的保护电路中的取样电阻及精密稳压器有无短路损坏。如果有损坏，则更换损坏的元器件。

4.4.2　快速诊断智能液晶电视机显示屏常见故障

供电是液晶显示屏工作的必备条件之一，该电路不正常，显示屏控制驱动电路就无法正常工作，同时驱动信号也无法被送到液晶显示屏组件中。由于供电电路中的元器件通常工作在大电流的环境中，因此发生故障的概率较高，通常检测故障时，首先对供电电路进行检测。

液晶显示屏供电电路的检测方法如下（以 TPS65161 为例）。

① 检测开关电源控制芯片的电压输入端第 20 脚的 12V 电压是否正常，如图 4-18 所示。

② 检测 VDD 电压输出端的 3.3V 供电电压是否正常，如图 4-19 所示。

③ 检测 VAA 电压输出端的 18V 供电电压是否正常，如图 4-20 所示。

④ 检测 VGH 电压输出端的 32V 供电电压是否正常，如图 4-21 所示。

先将万用表调到直流电压20V挡，再将红表笔接电源控制芯片的第20脚（供电电压输入端），黑表笔接电路板接地端，测量供电电压。如果供电电压不正常，则检查供电电路中的电容、电感等元器件，并更换损坏的元器件。

图 4-18　检测输入电压

将万用表调到直流电压20V挡，将黑表笔接电路板接地端，红表笔接电源控制芯片的第18脚外接的电感的一端，测量3.3V电压。如果测量的电压不正常，则检测电源控制芯片第18脚的输出电压信号及18脚连接的电感、二极管、滤波电容及第15脚连接的分压电阻等元器件。

图 4-19　检测 3.3V 供电电压

将万用表调到直流电压20V挡，将黑表笔接电路板接地端，红表笔接VAA供电电路中电感负极一端，测量18V电压。如果不正常，检测电源控制芯片第4、5脚连接的电感、二极管、滤波电容及第1脚连接的分压电阻等元器件。

图 4-20　检测 18V 供电电压

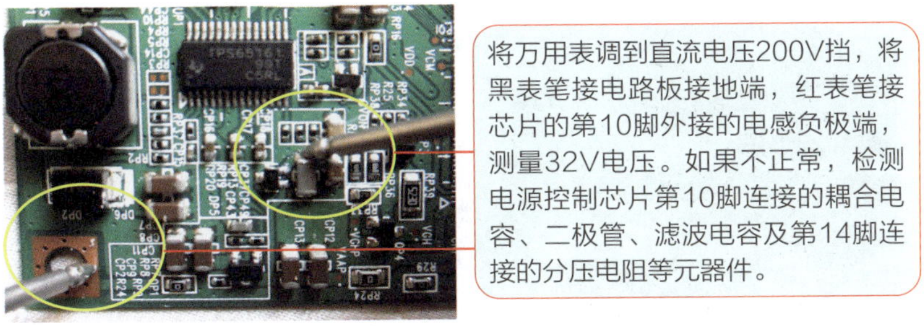

图 4-21　检测 32V 供电电压

⑤ 检测 VGL 电压输出端的 -5V 供电电压是否正常，如图 4-22 所示。

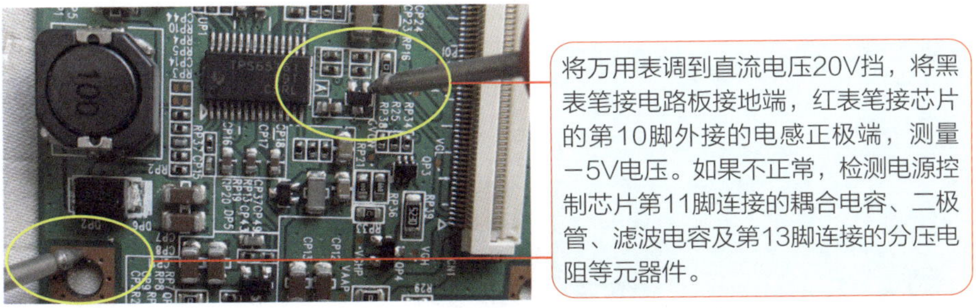

图 4-22　检测 -5V 供电电压

⑥ 如果输入端电压正常，各输出电压不正常，但周边连接的电感、二极管、电容、电阻等均正常，则可能是开关电源控制芯片虚焊或损坏。

4.4.3　快速诊断智能液晶电视机图形异常故障

显示屏控制驱动电路故障会导致液晶电视出现无图像、黑屏、白屏、花屏、图像异常等显示不正常的故障。这些故障通常是由于数据线问题、显示屏控制驱动芯片问题等引起的。

液晶显示屏控制驱动电路的检测方法如下。

① 观察液晶显示屏驱动信号输入接口表面是否有虚焊、断针等现象，如果有，重新焊接接口。如果接口正常，测量驱动电路的 12V 供电电压是否正常。如果 12V 供电电压不正常，则说明主处理器电路中 12V 电压输出电路有问题。如果 12V 供电电压正常，再测量驱动芯片的 3.3V 工作电压是否正常。如果电压不正常，检测供电电路中稳压器、滤波电容等元件；如果电压正常，接着用示波器检测液晶显示屏驱动信号输入接口的驱动信号波形是否正常，如图 4-23 所示。

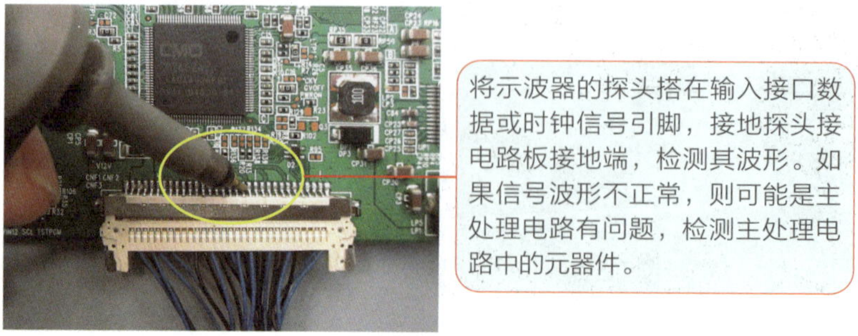

图 4-23　检测输入信号波形

② 检测液晶显示屏驱动信号输出接口是否有虚焊和断线情况。如果有，重新焊接接口；如果接口正常，接着用示波器检测液晶显示屏驱动信号输出接口的驱动信号波形是否正常，如图 4-24 所示。

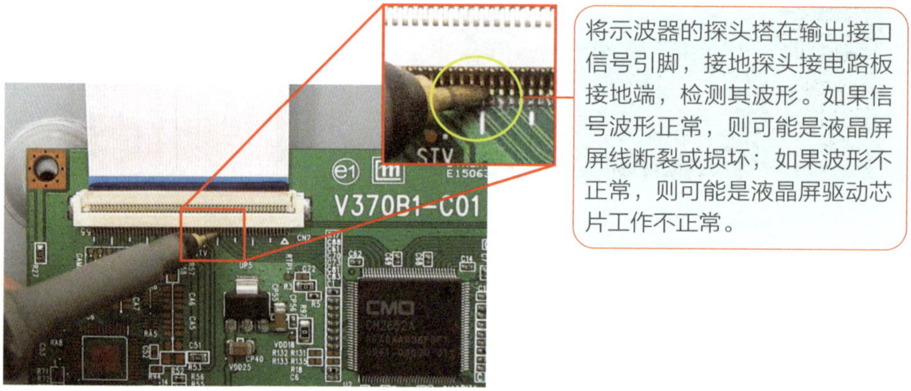

图 4-24　检测输出信号波形

③ 如果液晶显示屏驱动信号输出接口的信号波形不正常，先检测液晶屏控制驱动芯片的输出端信号是否正常，如图 4-25 所示。

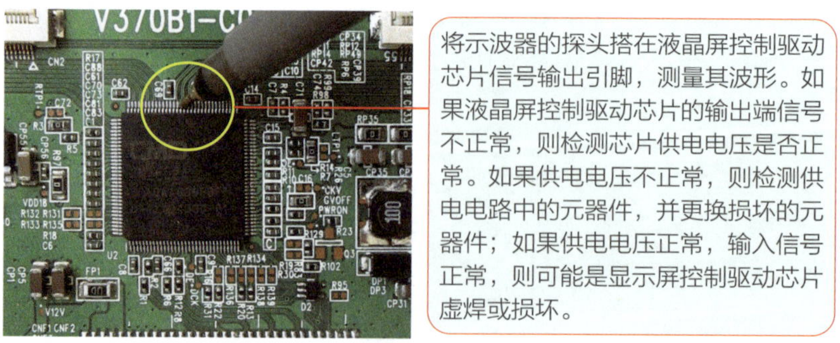

图 4-25　检测输出端信号

4.5 动手维修：智能电视机故障维修实战

智能电视机故障的维修技巧，前面章节已经做了分析，本节将通过几个典型实例来具体讲解智能电视机的故障检测和维修过程。

4.5.1 海尔智能电视机不开机故障维修

（1）故障现象

一台海尔 65 寸智能电视机接电指示灯不亮，开机没有反应，液晶屏没有显示。

（2）故障检测与维修

通常这种不通电无法开机的问题是由电源电路板故障引起，需要重点检查电源板。故障维修方法如下。

① 检查液晶电视机的电源板上是否有明显损坏的元器件，如图 4-26 所示。

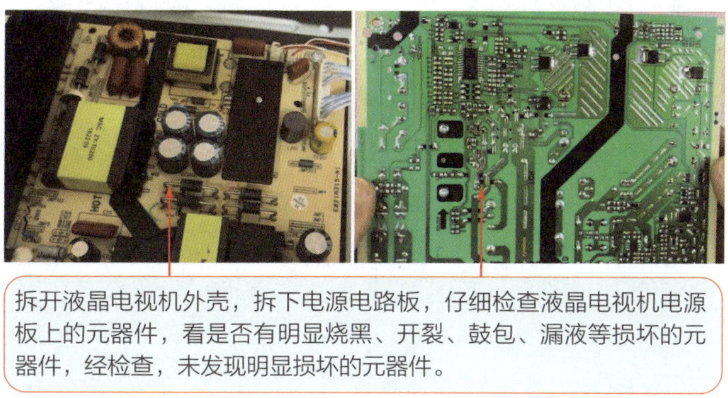

图 4-26　检查电路板元器件

② 测量电源电路板 5V 待机电压是否正常，如图 4-27 所示。

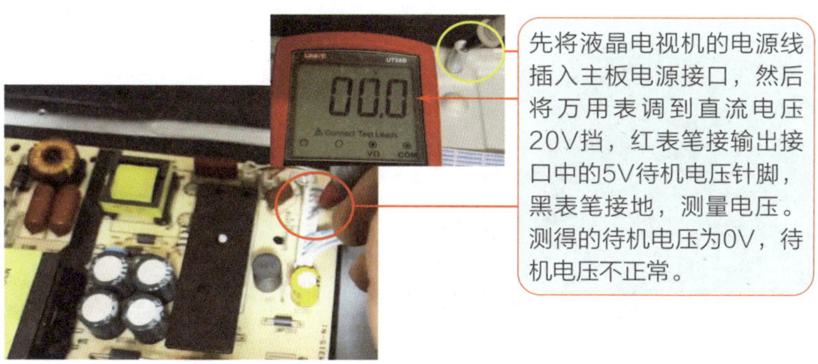

图 4-27　检测供电电路

③ 测量电源电路板中整流滤波电路输出的 300V 电压是否正常，如图 4-28 所示。

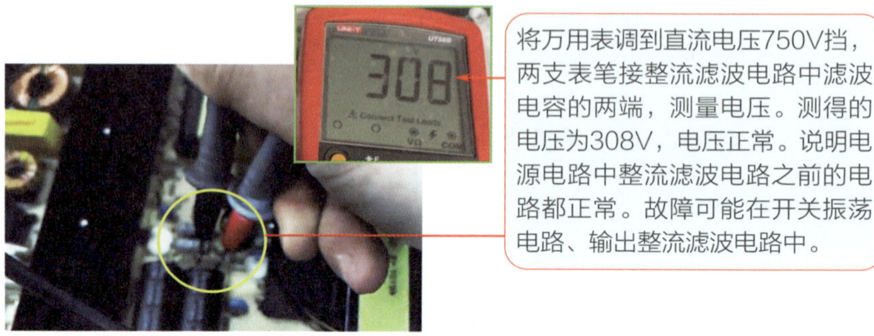

图 4-28　测量 300V 电压

④ 检测输出整流滤波电路中的快恢复二极管、电容等元器件，如图 4-29 所示。

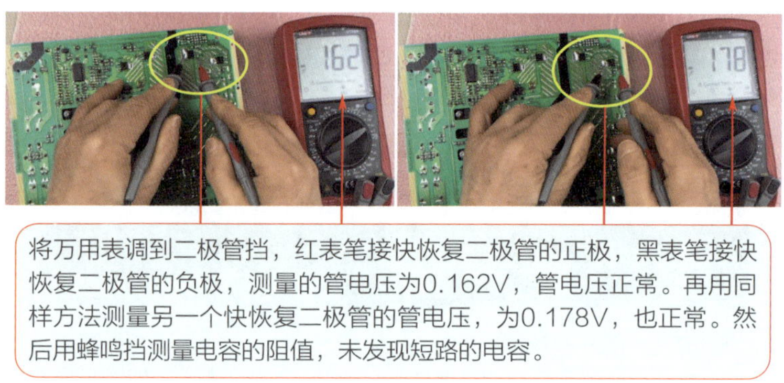

图 4-29　检测快恢复二极管

⑤ 接着给主板接上电源，测量开关振荡电路中 PWM 控制芯片的供电电压，如图 4-30 所示。

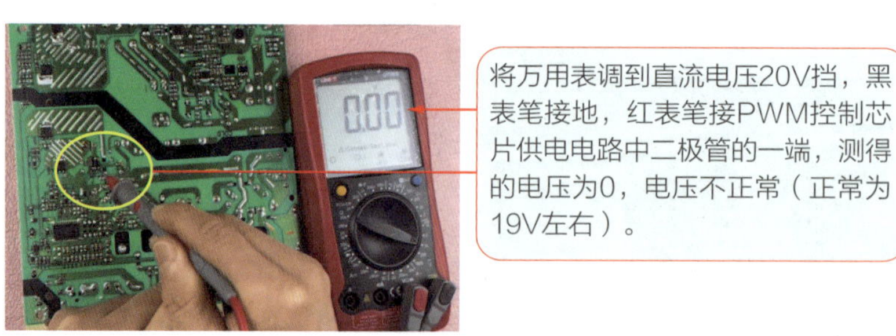

图 4-30　测量 PWM 控制芯片供电电压

⑥ 拔下电源，然后给整流滤波电路中的滤波电容放电，如图 4-31 所示。

图 4-31　给电容放电

⑦ 放电之后，用万用表测量 PWM 控制芯片供电电路中的二极管是否正常，如图 4-32 所示。

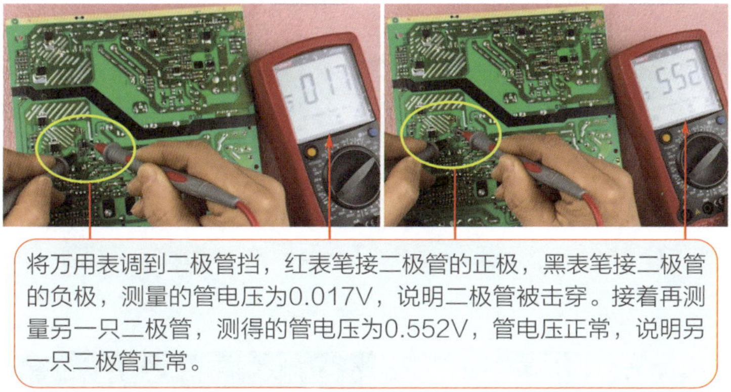

图 4-32　测量二极管好坏

⑧ 用同型号的二极管更换损坏的二极管，如图 4-33 所示。

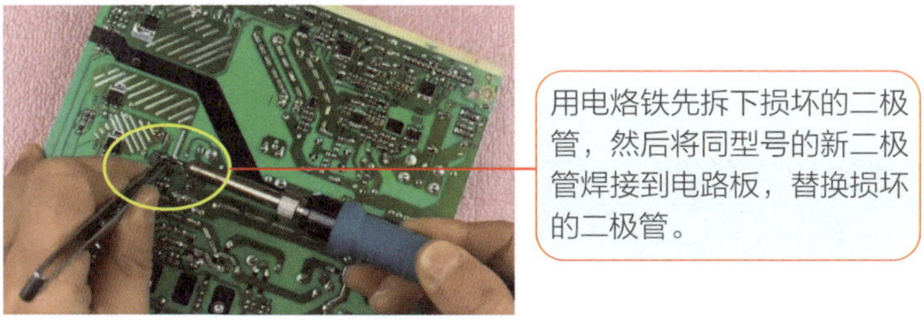

图 4-33　更换损坏的二极管

⑨ 更换损坏的二极管后，给电路板接上电源，然后测量 PWM 控制芯片供电

电压是否正常，如图 4-34 所示。

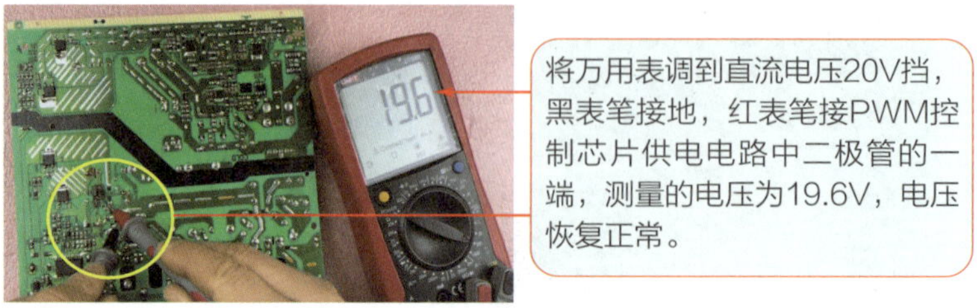

图 4-34 测量 PWM 控制芯片供电电压

⑩ 然后再测量 5V 待机电压是否正常，如图 4-35 所示。

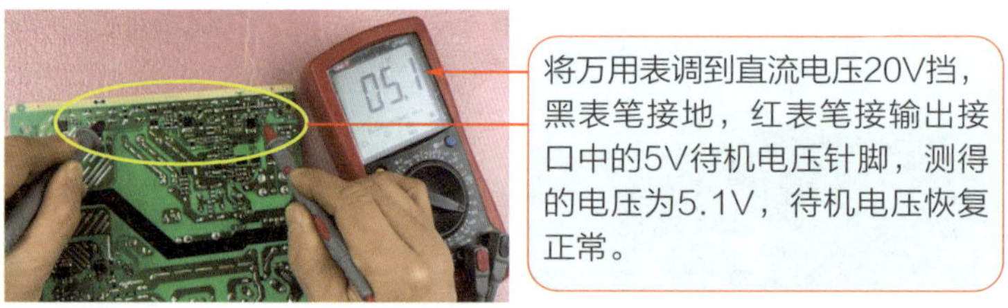

图 4-35 测量 5V 待机电压

⑪ 最后将电源电路板安装到液晶电视机中，接上电源，开机测试，如图 4-36 所示。

图 4-36 测试液晶电视机

4.5.2 乐视智慧屏电视机开机黑屏故障维修

（1）故障现象

一台乐视智慧屏液晶电视机接电指示灯亮，开机黑屏没有显示，但背光灯是亮的。

（2）故障检测与维修

由故障现象看出背光灯是好的，说明电源电路是正常的，故障可能是由液晶面板故障引起的，需要重点检查液晶面板电路。故障维修方法如下。

① 开机查看液晶电视机的故障现象，如图 4-37 所示。

图 4-37　查看故障现象

② 拆开液晶电视机的后盖，然后拆开液晶面板的封盖，测量 12V 主供电电压，如图 4-38 所示。

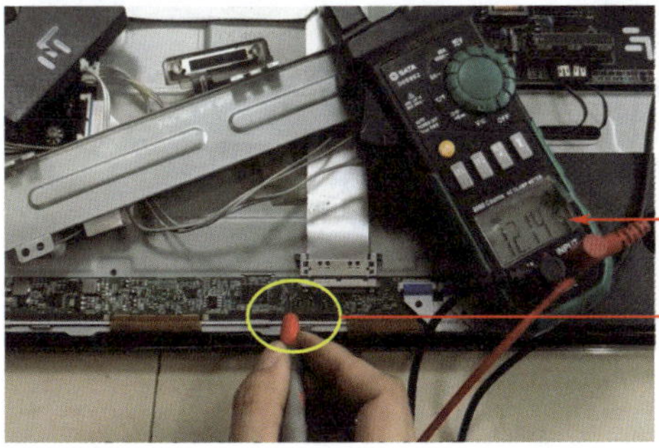

图 4-38　检测供电电路

③ 测量 VGH 电压是否正常，如图 4-39 所示。

图 4-39　测量 VGH 电压

④ 测量 VGL 电压是否正常，如图 4-40 所示。

图 4-40　测量 VGL 电压

⑤ 由于 VGH 电压和 VGL 电压几乎为 0V，怀疑供电电路中有损坏的元器件，接着检测电路中主要的元器件，如图 4-41 所示。

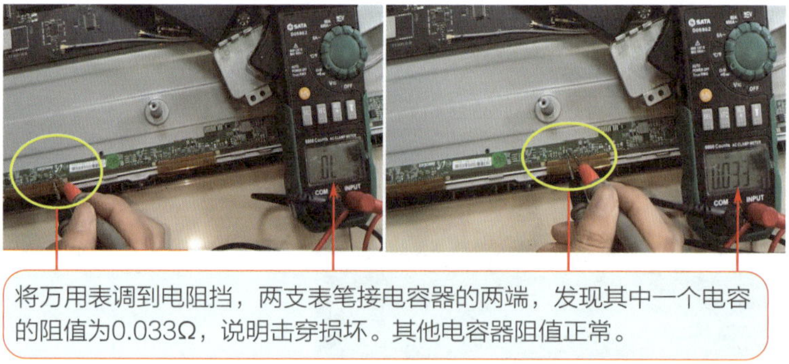

图 4-41　检测供电电路中的元器件

⑥ 更换损坏的电容器，如图 4-42 所示。

⑦ 最后将液晶电视机装好，然后接上电源，开机测试，如图 4-43 所示。

图 4-42　更换损坏的电容器

图 4-43　测试液晶电视机

4.5.3　小米智能电视机灰屏故障维修

（1）故障现象

一台小米智能液晶电视机接电指示灯亮，开机后背光灯亮，但没有任何显示。

（2）故障检测与维修

这种故障俗称灰屏故障，背光灯是亮的，说明电源电路是正常的，故障可能是逻辑电路板故障引起的，需要重点检查逻辑电路板。故障维修方法如下。

① 开机查看液晶电视机的故障现象，如图 4-44 所示。

图 4-44　查看故障现象

② 拆开液晶电视机的后盖，在通电的情况下，测量逻辑电路板 12V 供电电压

是否正常，如图 4-45 所示。

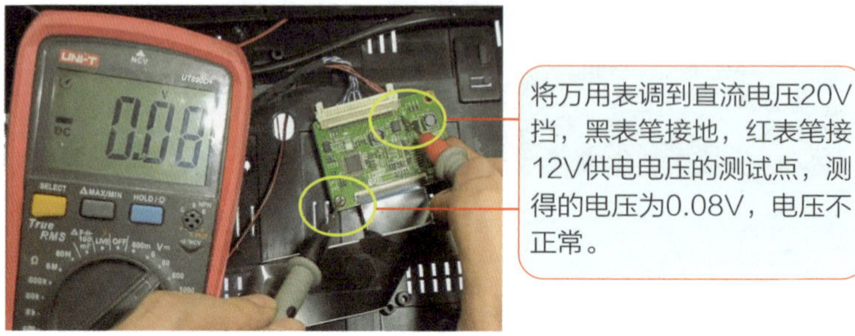

图 4-45　检测供电电路

③ 检查给逻辑电路板供电的主电路板，如图 4-46 所示。

图 4-46　检查主电路板

④ 用同型号的场效应管更换损坏的场效应管，如图 4-47 所示。

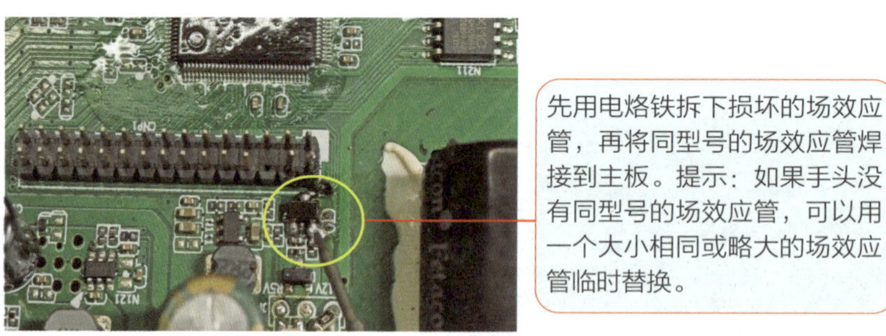

图 4-47　更换场效应管

⑤ 更换新的场效应管后，测量 12V 供电电压是否正常，如图 4-48 所示。

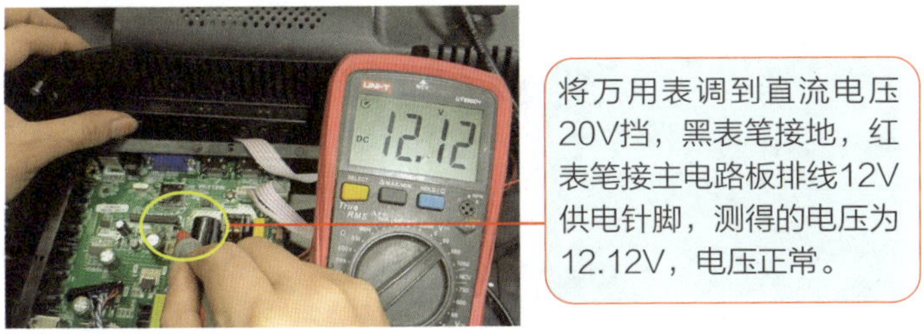

图 4-48 测量 12V 供电电压

⑥ 把液晶屏连接好，然后开机测试，发现液晶电视机依旧没有显示，再次测量主电路板 12V 供电排线对地阻值，看是否有问题，如图 4-49 所示。

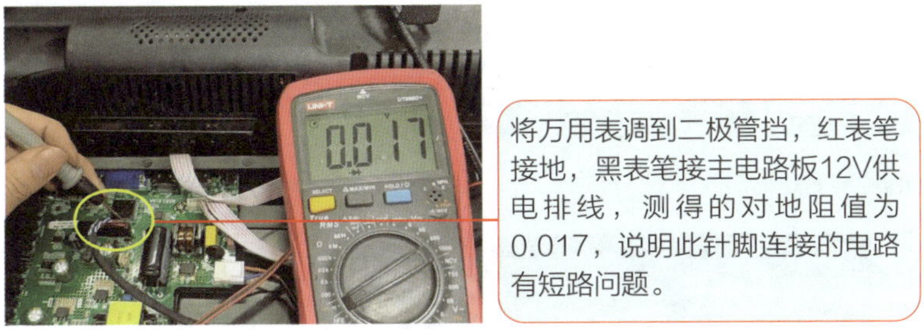

图 4-49 测量 12V 供电排线对地阻值

⑦ 将排线拔下，测量主电路板排线插座 12V 供电针脚对地阻值，看主电路板中 12V 供电电路是否有问题，如图 4-50 所示。

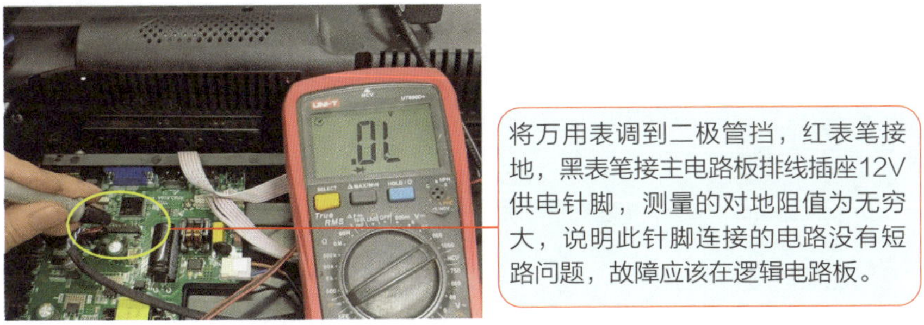

图 4-50 测量 12V 供电针脚对地阻值

⑧ 检查逻辑电路板供电电路，如图 4-51 所示。

⑨ 更换损坏的电容器，再次测量电容器引脚对地阻值，如图 4-52 所示。

⑩ 将液晶电视机装好，然后接上电源，开机测试，如图 4-53 所示。

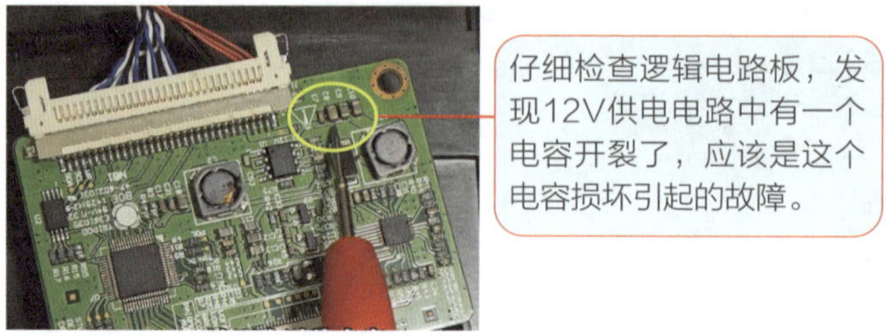

图 4-51　检查逻辑电路板

图 4-52　测量电容器对地阻值

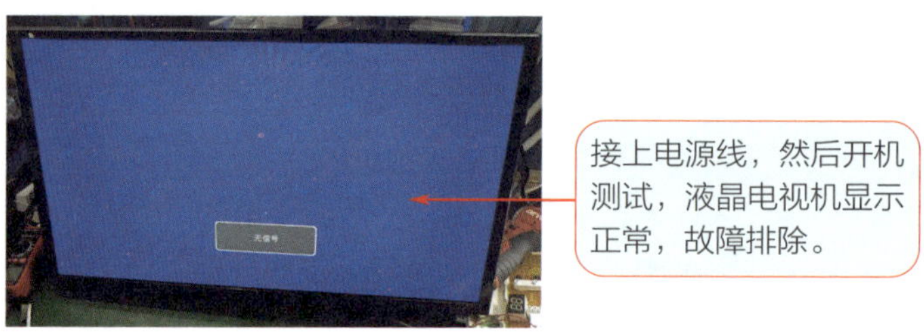

图 4-53　测试液晶电视机

4.5.4　熊猫智能电视机开机黑屏故障维修

（1）故障现象

一台熊猫智能液晶电视机接电指示灯亮，但黑屏没显示。

（2）故障检测与维修

指示灯亮，说明电源电路板的待机电压是正常的，故障可能是背光灯损坏，或背光电路、显示电路、液晶面板故障等引起的，需要先重点排除背光灯及背光电路问题。故障维修方法如下。

① 开机查看液晶电视机的故障现象，如图 4-54 所示。

② 拆开液晶电视机后盖，接上电源，测量背光灯条的供电电压是否正常，如图 4-55 所示。

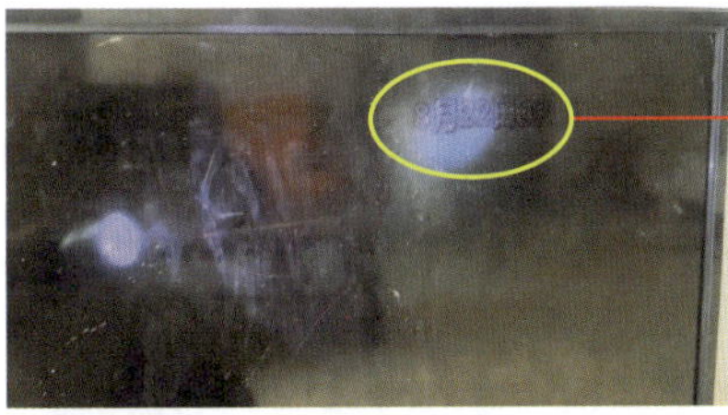

图 4-54　查看故障现象

图 4-55　测量背光灯供电电压

③ 由于开机瞬间背光灯需要一个跳变的高压，接下来测量开机瞬间是否有跳变高压，如图 4-56 所示。

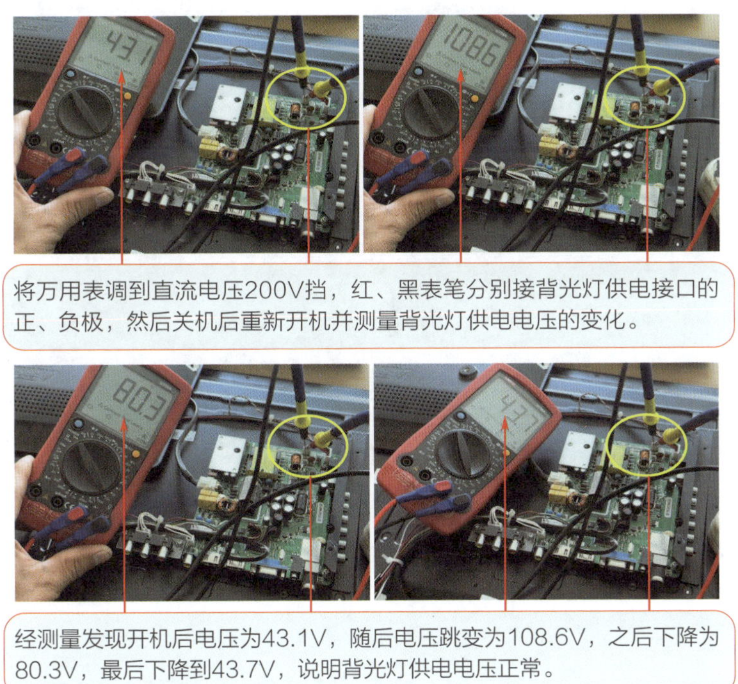

图 4-56　测量背光电压

④ 由于背光灯供电电压正常，因此判断故障应该是背光灯条损坏引起的。更换背光灯条，如图 4-57 所示。

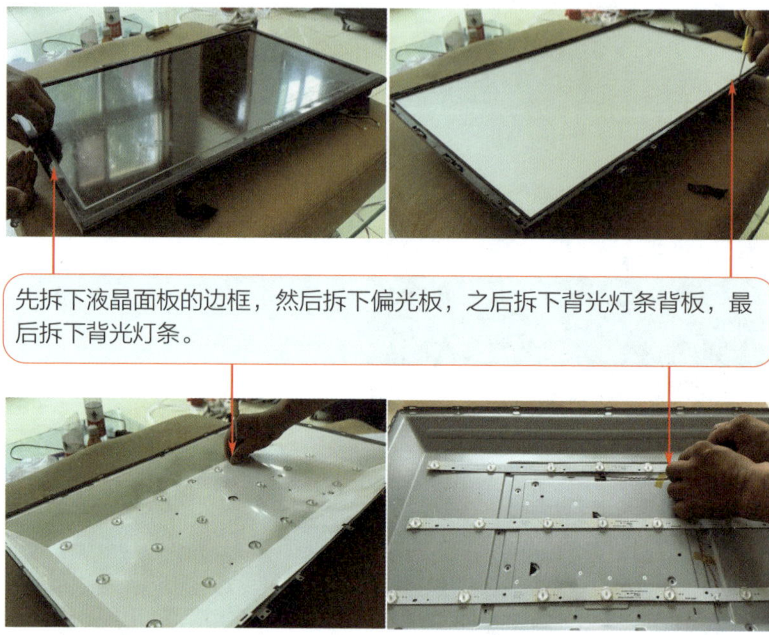

图 4-57　更换背光灯条

⑤ 将新的背光灯条固定到液晶电视机框架上，通电测试背光灯，如图 4-58 所示。

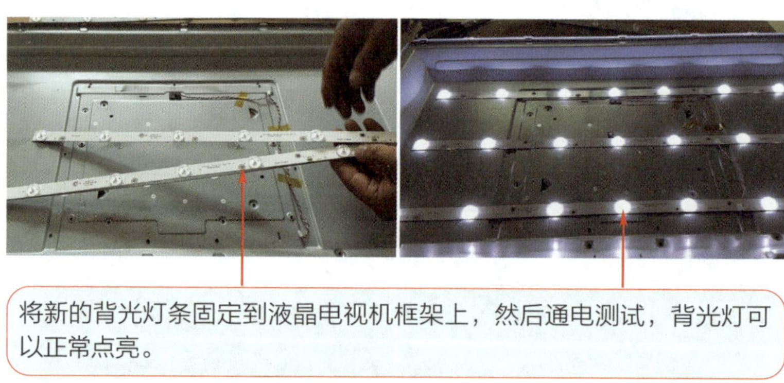

图 4-58　更换背光灯条并测试

⑥ 将液晶电视机装好，然后接上电源，开机测试，如图 4-59 所示。

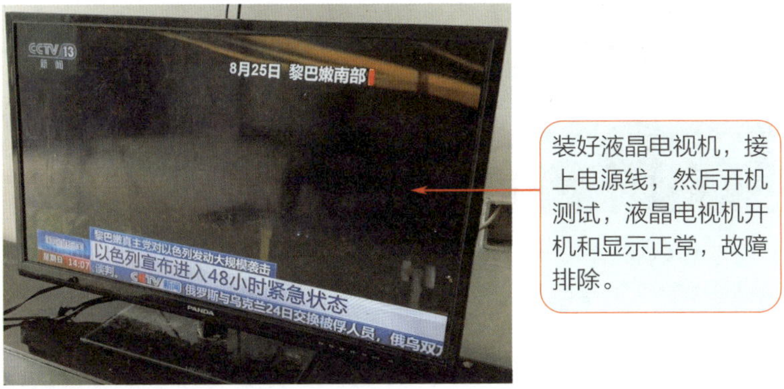

图 4-59　测试液晶电视机

4.5.5　液晶电视机不通电无法开机故障维修

（1）故障现象

一台液晶电视机不通电，无法开机，指示灯不亮。

（2）故障检测与维修

通常这种不通电无法开机的问题是由电源电路板故障引起，需要重点检查电源板的故障。故障维修方法如下。

① 首先检查液晶电视机的电源板上是否有明显损坏的元器件，如图 4-60 所示。

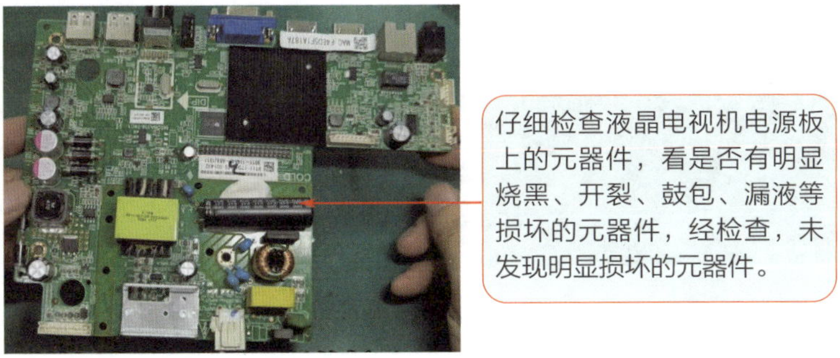

图 4-60　检查电路板元器件

② 在通电检测前，先用万用表检测电路板中关键元器件，看有无短路损坏，如图 4-61 所示。

③ 用万用表测量集成电源控制芯片（集成开关管）是否损坏，如图 4-62 所示。

图 4-61　测量电路板关键元器件

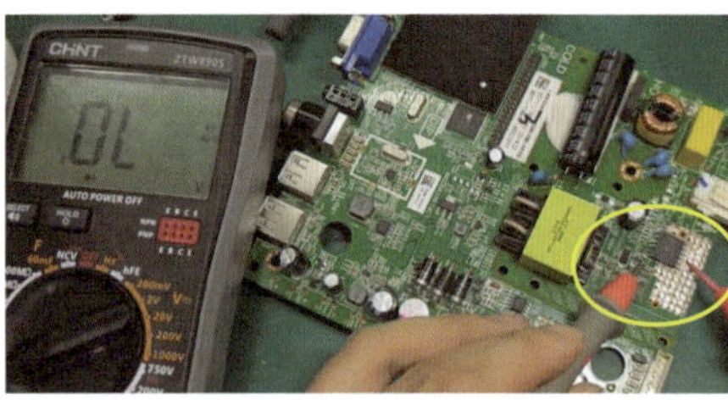

图 4-62　测量电源控制芯片

④ 测量整流滤波电路中的大电容阻值，如图 4-63 所示。

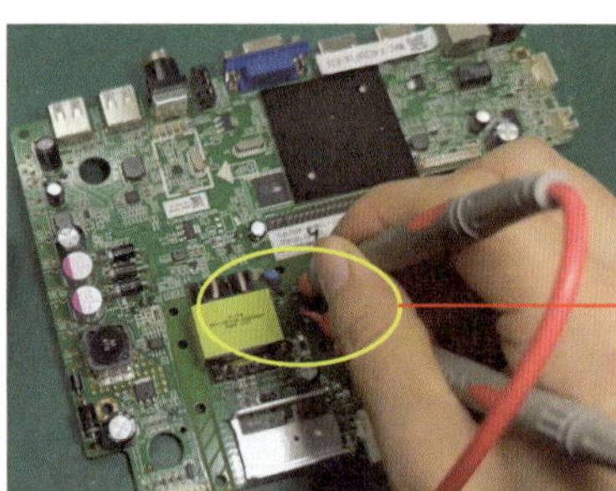

图 4-63　测量滤波电容

⑤ 将损坏的二极管和电源芯片进行更换，然后通电测试，如图 4-64 所示。

4.5.6　液晶电视机开机黑屏故障维修

（1）故障现象

一台液晶电视机通电开机黑屏，指示灯不亮。

图 4-64　通电测试

（2）故障检测与维修

通常这种通电黑屏，指示灯不亮的故障都与液晶电视机的开关电源电路故障有关，需要重点检查开关电源电路方面的故障。故障维修方法如下。

① 检查液晶电视机的电源板上是否有明显损坏的元器件，如图 4-65 所示。

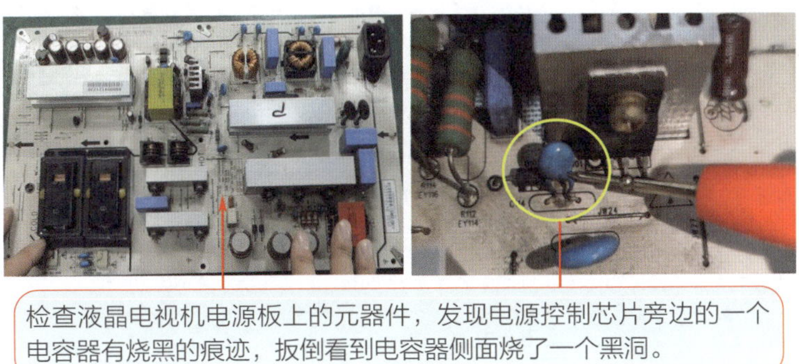

图 4-65　检查电源板上的元器件

② 检测电路板中保险电阻是否损坏，如图 4-66 所示。

③ 检测电源控制芯片，如图 4-67 所示。

④ 继续检测电路板中的其他关键元器件，如图 4-68 所示。

⑤ 更换损坏的保险电阻和电容器，然后给电路板接上电源，通电测试，如图 4-69 所示。

⑥ 接上控制电路板，测量 12V 输出电压，如图 4-70 所示。

图 4-66　检测保险电阻

图 4-67　检测电源控制芯片

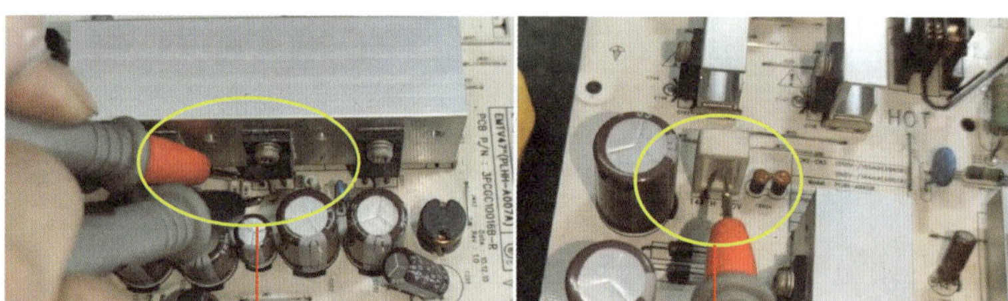

图 4-68　测量其他关键元器件

图 4-69　测量 5V 输出电压

图 4-70　测量 12V 输出电压

4.5.7　创维液晶电视机通电指示灯不亮、开机无反应故障维修

（1）故障现象

一台创维液晶电视机，客户反映通电后指示灯不亮，开机无反应。

（2）故障检测与维修

通常这种故障都是由电源板故障引起，需要重点检查电源板方面的故障。故障维修方法如下。

① 拆开液晶电视机的电源电路板，检查液晶电视机的电源板上是否有明显损坏的元器件，如图 4-71 所示。

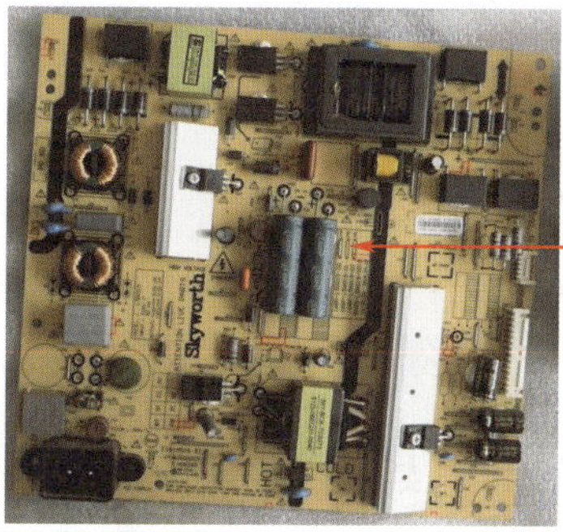

图 4-71　检查电路板上的元器件

② 检测电路板上的整流二极管、保险电阻等关键元器件，如图 4-72 所示。

③ 给电路板接上供电电源，用万用表测量整流滤波电路中大容量电容两端的电压，如图 4-73 所示。

④ 在电源输出接口，测量电源输出的 12V 电压，如图 4-74 所示。

⑤ 给电源电路板断电，检测电路板输出电路中的元器件，如图 4-75 所示。

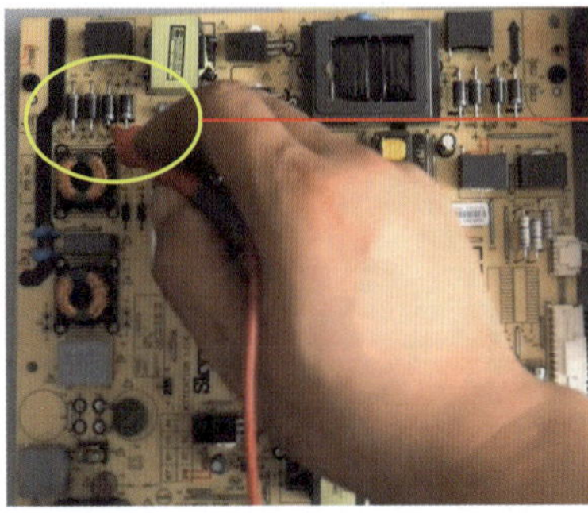

将万用表调到蜂鸣挡，检测保险电阻、滤波电容、取样电阻等元器件，未发现短路或熔断的情况，再将万用表调到二极管挡，测量整流二极管、开关管等元器件的管电压（正常0.5V左右），均正常。

图4-72　检测关键元器件

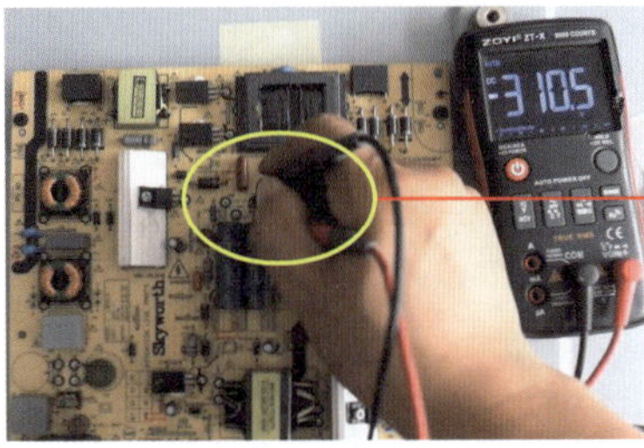

将万用表调到直流电压1000V挡，两支表笔分别接触整流滤波电路中大容量电容两个引脚，测量电压为310.5V（正常为300V左右），电压正常。

图4-73　测量300V滤波电容的电压

将万用表调到直流电压20V挡，红表笔接输出整流滤波电路中滤波电容的正极，黑表笔接接地端，测量12V输出电压。测量值为0.9V，输出电压不正常。

图4-74　测量12V输出电压

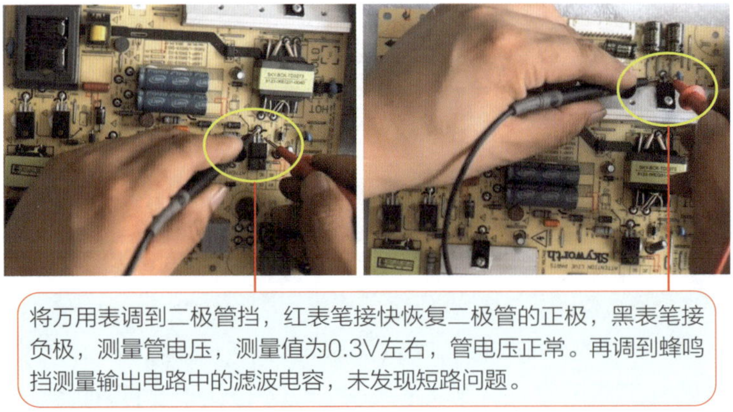

将万用表调到二极管挡，红表笔接快恢复二极管的正极，黑表笔接负极，测量管电压，测量值为0.3V左右，管电压正常。再调到蜂鸣挡测量输出电路中的滤波电容，未发现短路问题。

图4-75　检测快恢复二极管、滤波电容

⑥ 继续测量电路板中开关振荡电路中的元器件，如图 4-76 所示。

图 4-76　检测开关振荡电路中的元器件

⑦ 继续检查开关变压器，看是引脚虚焊还是内部断线，如图 4-77 所示。

图 4-77　检查开关变压器引脚

⑧ 将开关变压器断线重新焊好，然后通电测试，如图 4-78 所示。

图 4-78　通电测试

⑨ 将电源电路板安装到电视，接通电源开机进行测试，如图 4-79 所示。

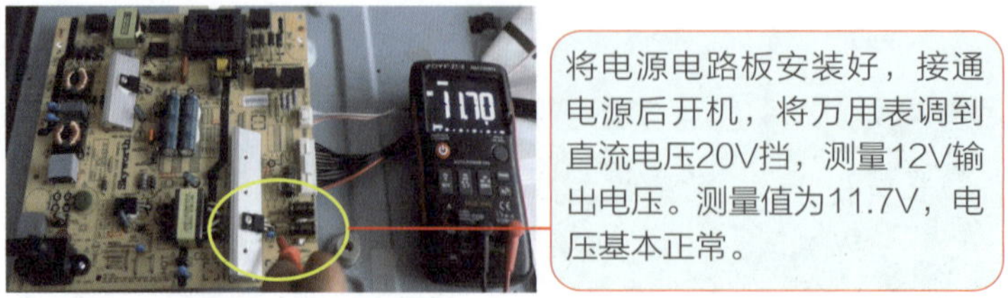

图 4-79 开机测试

⑩ 最后将液晶电视机外壳安装好，再次开机测试，如图 4-80 所示。

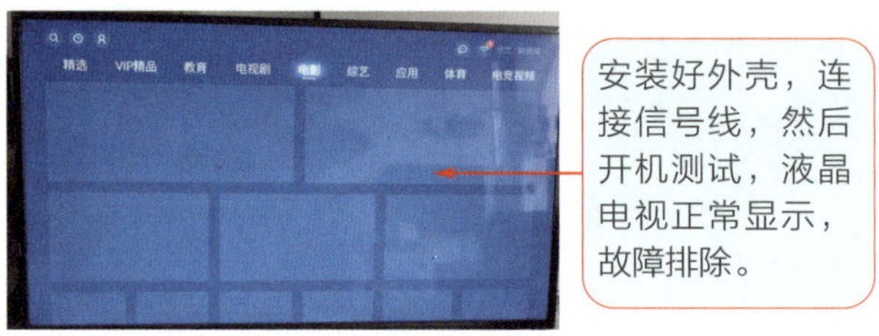

图 4-80 装好外壳开机测试

第 5 章

智能变频空调器故障维修实战

智能变频空调器中故障率较高的是变频电路、开关电源电路、制冷系统等，因此在维修智能变频空调器时，要重点掌握变频电路、开关电源电路等常见故障的维修诊断技巧。本章将重点讲解智能变频空调器电路板的易坏芯片元件、故障检测点、故障检修流程、常见故障维修和故障维修实战案例等内容。

5.1 智能变频空调器电路板易坏芯片元件

智能变频空调器电路板易坏元器件主要有保险电阻、共模电感、X 电容、Y 电容、压敏电阻、热敏电阻、继电器、整流桥堆、滤波电容、PFC 开关管、PFC 二极管、电源控制芯片、开关管、开关变压器、稳压器、整流二极管、精密稳压器、光耦合器、快恢复二极管等，如图 5-1 所示。

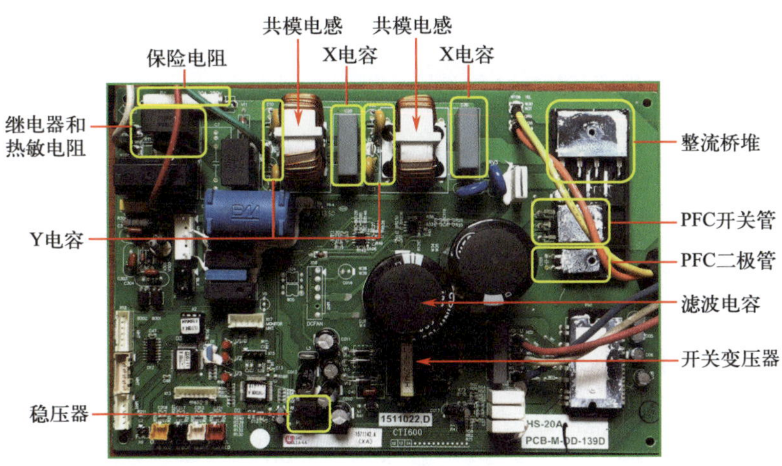

图 5-1

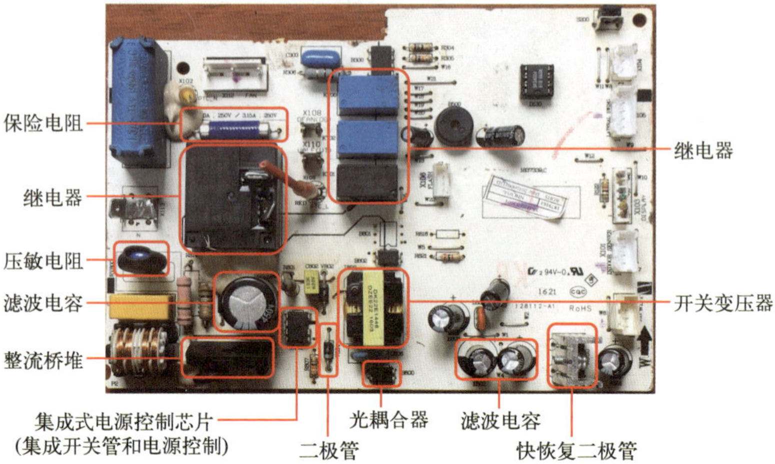

图 5-1　智能变频空调器电路板易坏元器件

5.2 智能变频空调器电路板故障检测点

由于智能变频空调器电路板工作在高压大电流及高温的环境中，因此极易引起一些部件故障，如整流桥堆、PFC 开关管、PFC 二极管、滤波电容、集成式控制芯片、稳压器等。在检测智能变频空调器电路板故障时，要重点检测这些易坏元器件，以便快速找到故障原因。下面介绍智能变频空调器电路板的主要故障检测点。

5.2.1 关键电压检测点

诊断智能变频空调器电路板故障时，可以通过测量电路中关键电压信号来排查故障发生在哪个功能电路中。如通过测量 PFC 电路中滤波电容的 380V 直流电压是否正常，来判断 EMI 滤波电路和整流滤波电路工作是否正常，以此来缩小故障排查区域，快速找到故障点。图 5-2 所示为智能变频空调器电路板关键电压检测点。

5.2.2 关键元器件检测点

检查智能变频空调器电路板故障时，要重点检测电路中故障率较高的元器件，这样可以快速找到故障原因。下面介绍智能变频空调器电路板关键元器件检测点，如图 5-3 所示。

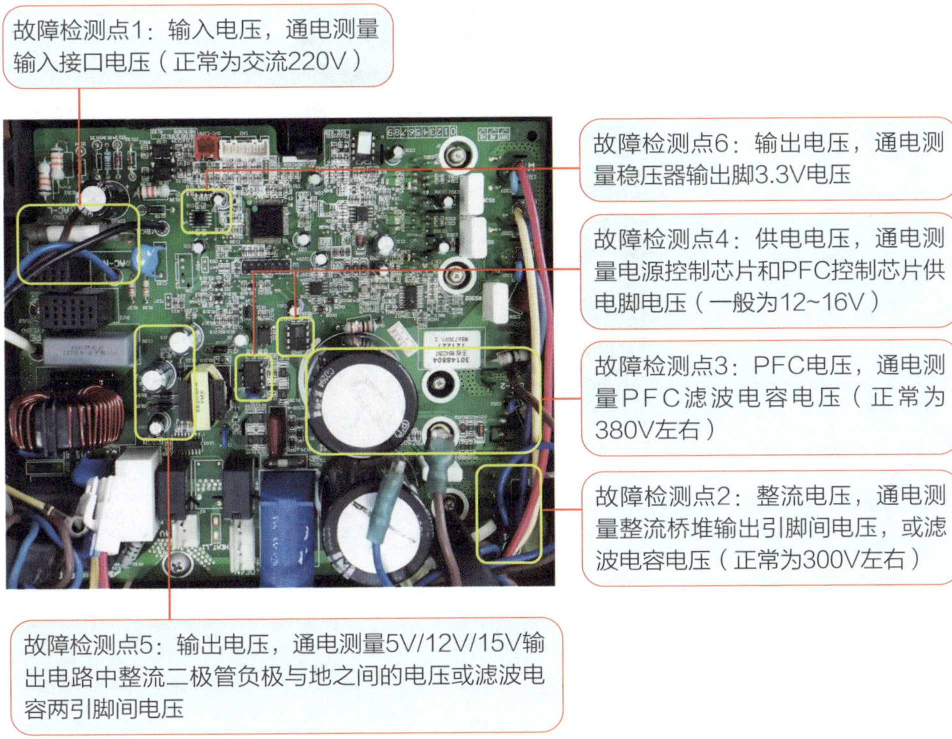

图 5-2　智能变频空调器电路板关键电压检测点

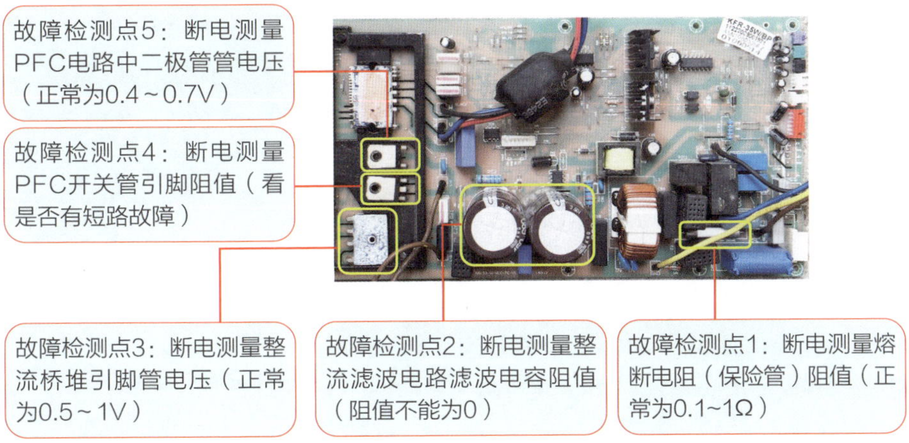

图 5-3

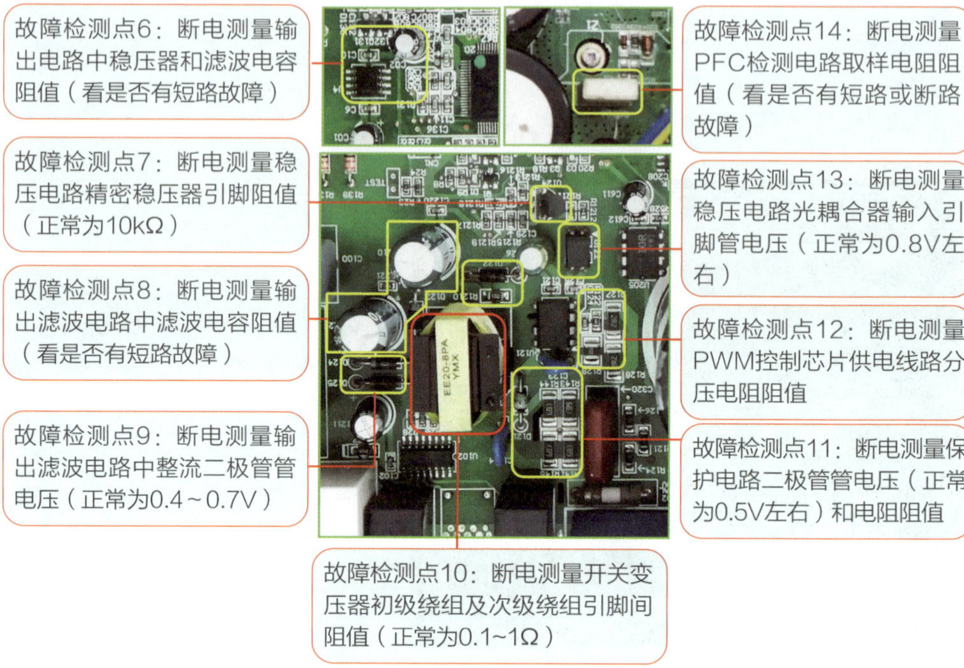

图 5-3　智能变频空调器电路板关键元器件检测点

5.3 智能变频空调器电路板故障诊断流程

智能变频空调器电路板常见故障主要表现为开机无法运行、空调运行不正常、开机提示通信错误等。造成空调器开关电源电路故障的原因可能是保险管烧坏、滤波电容损坏、开关管损坏、整流桥堆损坏、取样电阻损坏等。图 5-4 所示为智能变频空调器电路板故障检修流程。

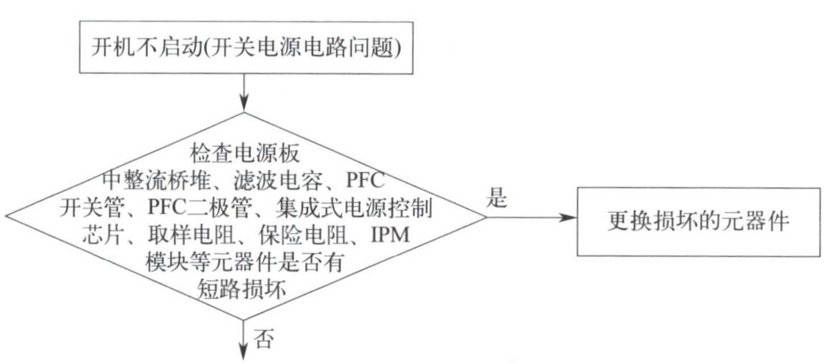

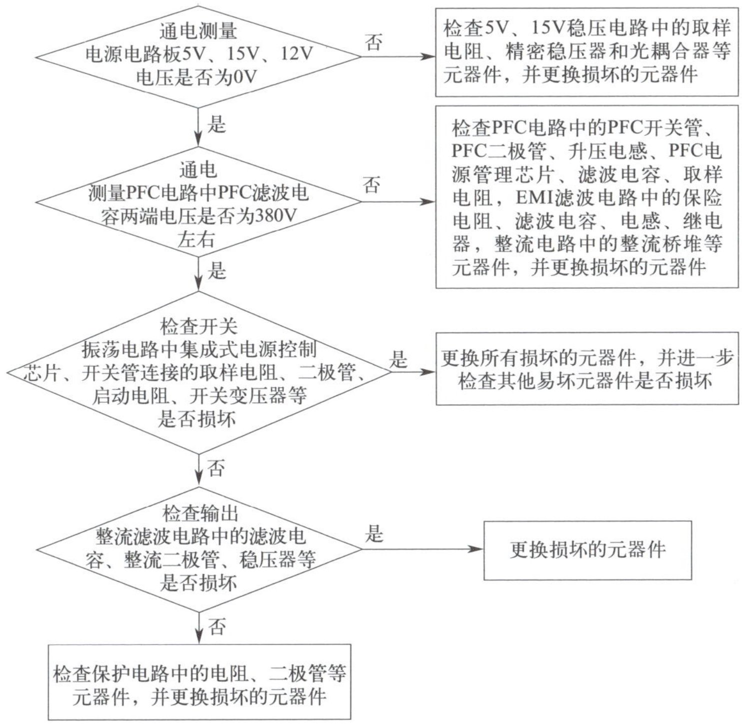
通电测量
电源电路板5V、15V、12V
电压是否为0V
否
检查5V、15V稳压电路中的取样
电阻、精密稳压器和光耦合器等
元器件，并更换损坏的元器件
是
通电
测量PFC电路中PFC滤波电
容两端电压是否为380V
左右
否
检查PFC电路中的PFC开关管、
PFC二极管、升压电感、PFC电
源管理芯片、滤波电容、取样
电阻，EMI滤波电路中的保险
电阻、滤波电容、电感、继电
器，整流电路中的整流桥堆等
元器件，并更换损坏的元器件
是
检查开关
振荡电路中集成式电源控制
芯片、开关管连接的取样电阻、二极管、
启动电阻、开关变压器等
是否损坏
是
更换所有损坏的元器件，并进一步
检查其他易坏元器件是否损坏
否
检查输出
整流滤波电路中的滤波电
容、整流二极管、稳压器等
是否损坏
是
更换损坏的元器件
否
检查保护电路中的电阻、二极管等
元器件，并更换损坏的元器件

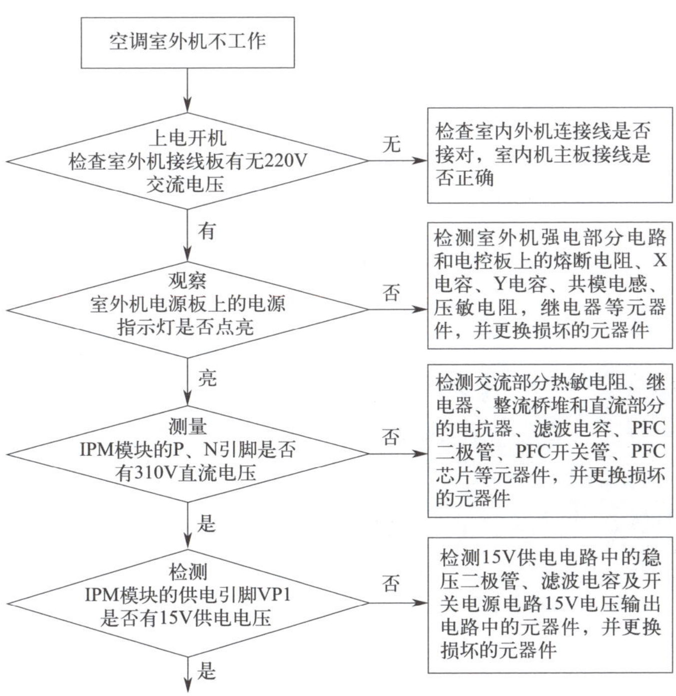
空调室外机不工作
上电开机
检查室外机接线板有无220V
交流电压
无
检查室内外机连接线是否
接对，室内机主板接线是
否正确
有
观察
室外机电源板上的电源
指示灯是否点亮
否
检测室外机强电部分电路
和电控板上的熔断电阻、X
电容、Y电容、共模电感、
压敏电阻，继电器等元器
件，并更换损坏的元器件
亮
测量
IPM模块的P、N引脚是否
有310V直流电压
否
检测交流部分热敏电阻、继
电器、整流桥堆和直流部分
的电抗器、滤波电容、PFC
二极管、PFC开关管、PFC
芯片等元器件，并更换损坏
的元器件
是
检测
IPM模块的供电引脚VP1
是否有15V供电电压
否
检测15V供电电路中的稳
压二极管、滤波电容及开
关电源电路15V电压输出
电路中的元器件，并更换
损坏的元器件
是

图 5-4

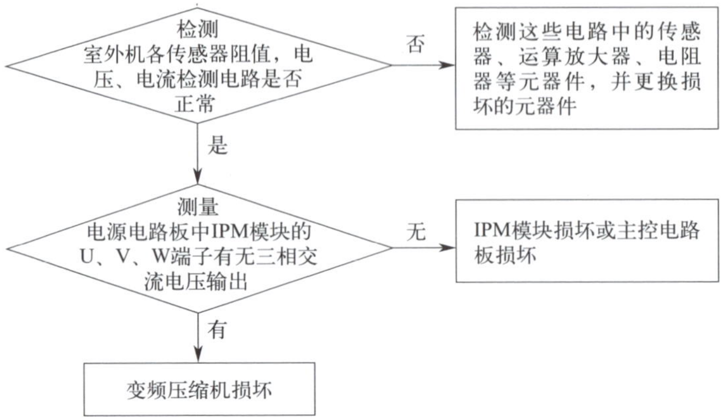

图 5-4　智能变频空调器电路板故障检修流程

5.4 快速诊断智能变频空调器电路板常见故障

智能变频空调器电路板工作在高电压、大电流、高温的环境中，比较容易损坏，使变频空调器无法正常运转，本节将重点介绍智能变频空调器电路板常见故障的维修方法。

5.4.1 快速诊断电路板无输出故障

检测空调器的开关电源电路时，先在断电情况下检测开关电源电路有无明显损坏的元器件，电路有无短路情况，然后再在加电的情况下检测各个关键点电压是否正常，以此来找出故障点。

智能变频空调器电路板无输出故障检查方法如下。

① 在断电状态下检查开关电源电路板的元器件的外观，如图 5-5 所示。

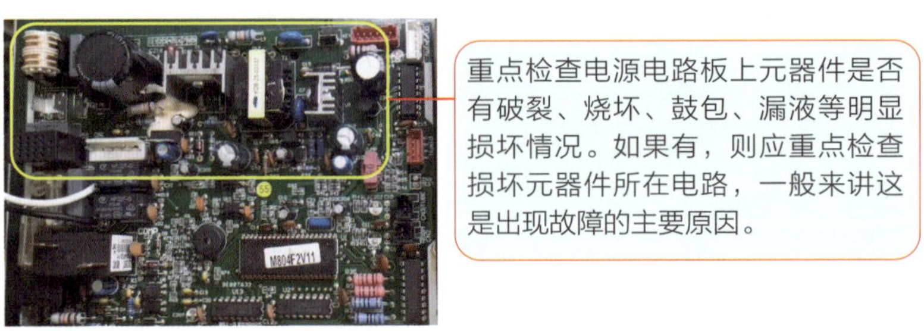

图 5-5　检查开关电源电路的外观

② 用万用表检测电源板上主要元器件是否有短路故障，如图 5-6 所示。

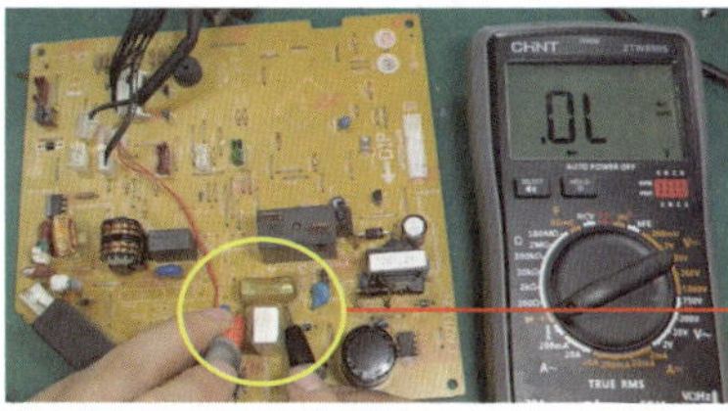

将万用表调到蜂鸣挡，测量电源板上的保险电阻、整流桥（或整流二极管）、滤波电容、PFC开关管、PFC二极管、电阻、二极管、开关管、IPM模块等关键元器件是否有短路的情况。如果有，应重点检查短路元器件所在电路及前级电路中的元器件。

图 5-6　检测电源板上的元器件

③ 在保险电阻上串接灯泡，然后通电测量电源电路板 5V、12V、15V 输出电压，如图 5-7 所示。

将万用表调到直流电压20V挡，红黑两支表笔接输出整流滤波电路中的电感或滤波电容两端，分别测量5V、12V、15V输出端电压。如果测量的电压值偏低或偏高，则检查稳压电路中的取样电阻、精密稳压器及光耦合器的好坏，并更换损坏的元器件。

图 5-7　通电测量输出电压

④ 如果上一步测量的输出电压为 0，接着测量整流滤波电路中的滤波电容两端的 300V 电压，或 PFC 电路中的滤波电容两端的 380V 电压，如图 5-8 所示。

将万用表调到直流电压1000V挡，红黑两支表笔接高压滤波电容两个引脚，测量其电压。如果电路中有PFC电路，正常电压应为380V左右，没有PFC电路正常电压应为300V左右。

图 5-8　测量高压滤波电容两端的电压

⑤ 如果 300V 或 380V 电压不正常，则检测 EMI 滤波电路、整流滤波电路、PFC 电路中的元器件，如图 5-9 所示。

将万用表调到二极管挡，测量整流滤波电路中的整流桥堆、PFC二极管的管电压（正常为0.4～1.2V）。然后用蜂鸣挡测量EMI滤波电路中的滤波电容、电感，整流滤波电路中的滤波电容、PFC电路中的滤波电容、PFC开关管是否有短路故障。如果有损坏的元器件，则更换损坏的元器件。

图 5-9　测量电路中关键元器件

⑥ 如果第④步测量的滤波电容两端的电压正常，则检测开关振荡电路，如图 5-10 所示。

断电并用万用表二极管挡检测开关管的任意两个引脚间的管电压，如果为0，则是被击穿；正常其中会有一组的管电压为0.5V左右。接着测量开关管连接的二极管的管电压，正常也为0.5V左右。然后用万用表电阻挡测量开关管连接的取样电阻、PWM控制芯片启动电阻是否有短路或断路故障。再测量开关变压器绕组间的阻值是否为无穷大。如果有问题，则更换故障元器件。

图 5-10　检测开关振荡电路

⑦ 通电检测开关振荡电路中 PWM 控制芯片，如图 5-11 所示。

将万用表调到直流电压200V挡，通电检测开关振荡电路中的PWM控制芯片的供电电压，如果不正常，则检测启动电阻是否断路损坏。如果供电电压正常，接着检测5V基准电压是否正常。如果供电电压正常，而基准电压不正常，则可能是PWM芯片损坏。

图 5-11　检测 PWM 控制芯片

⑧ 如果开关振荡电路中元器件均正常，则检测输出整流滤波电路中的元器件，如图 5-12 所示。

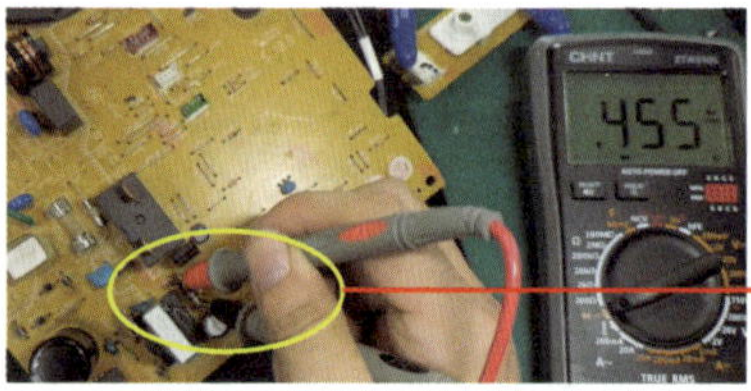

在断电情况下，用万用表二极管挡检测输出电路中整流二极管的管电压，正常为0.5V左右。再用蜂鸣挡测量滤波电容，如果阻值为0，则说明击穿损坏。

图 5-12　检测输出电路

5.4.2　快速诊断变频电路中 PFC 电路故障

变频空调器变频电路中的 PFC 电路用来校正电路的功率因数，一旦 PFC 电路出现故障，就会导致变频空调器的运行出现异常。

PFC 电路常见故障一般包括：PFC 电感短路或开路，PFC 开关管损坏，PFC 二极管损坏，PFC 芯片损坏，电抗器损坏等故障。

PFC 电路故障维修方法如下，图 5-13 所示为通电检测前必做检测工作。

图 5-13　通电检测前先检测电路板有无明显损坏的元器件

① 将数字万用表调到蜂鸣挡，然后检测 PFC 电路中的电容、电阻、PFC 开关管、升压二极管、稳压二极管、滤波电容、取样电阻等是否有短路问题，如果有，更换损坏的元器件。

② 如果电路中没有损坏的元器件，接着给电路板通电，测量整流电路输出的电压，可以测量整流堆输出电压，正常应为 210V 左右。如果电压不正常，则应检查整流电路及前级滤波电路。

③ 用示波器测量 PFC 控制芯片输出端（如 IR4427 的第 5 脚）的输出信号波形。正常为方波波形，如果波形不正常，则可能是 PFC 控制芯片电路有问题，应重点检查 PFC 控制芯片及周边连接的电容、电阻是否损坏。

④ 断开电源，将数字万用表调到二极管挡，测量 PFC 电路中的升压二极管、稳压二极管的管压降是否正常（正常为 0.5V 左右），并更换管压降不正常的二极管。

⑤ 最后用万用表检测电抗器是否有断路故障，如果有，则更换电抗器。如果没有断路，且 PFC 控制芯片输出信号波形正常，则可能是 PFC 开关管损坏，更换损坏的 PFC 开关管。

5.4.3　快速诊断 IPM 模块电路故障

当变频空调的压缩机不工作时，可以先检测 IPM 模块是否有故障，然后再检测 IPM 模块的供电电压是否正常。

（1）断电状态下检测 IPM 模块方法

检测 IPM 模块时，为防止 IPM 模块直接通电后损坏，先在断电的情况下检测 IPM 模块内部有无短路故障。IPM 模块检测方法如下。

① 首先断开变频空调电路板的电源，然后测量 IPM 模块母线电压输入端 P、N 引脚间的正反向阻值，如图 5-14 所示。

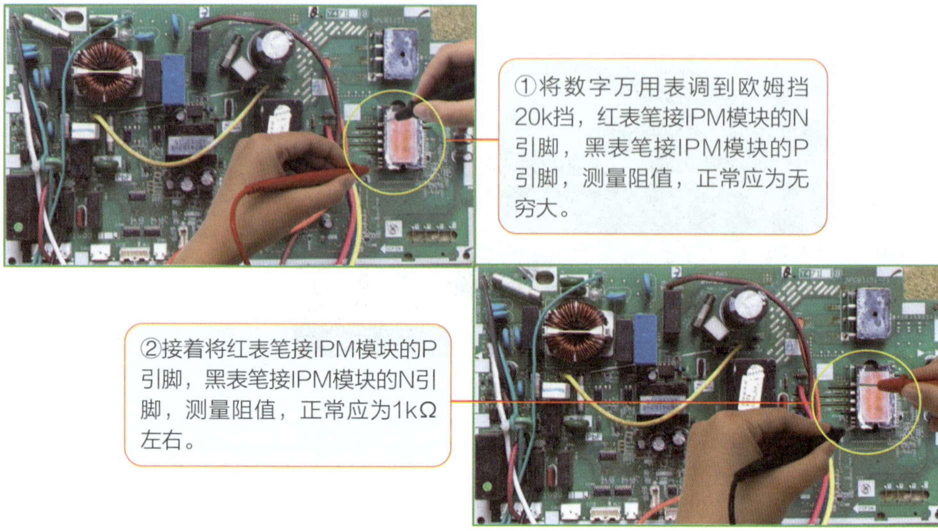

图 5-14　测量 P、N 引脚间阻值

② 测量 IPM 模块上 U、V、W 引脚相互之间的正反向阻值，如图 5-15 所示。

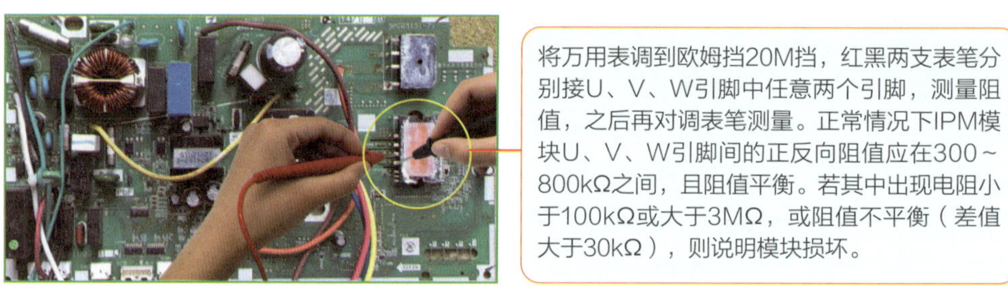

图 5-15　测量 U、V、W 引脚间阻值

③ 检测 IPM 模块内部变频管是否正常，如图 5-16 所示。

（2）通过测量电压判断 IPM 模块故障

IPM 模块输入端的直流电压（P、N 端之间）一般为 260 ～ 310V，输出的交流电压一般不应高于 220V。如果 IPM 模块的输入端直流电压不正常，则表明该机的整流滤波电路有故障，而与 IPM 模块无关；如果直流电压正常，而 U、V、W 三相间无低于 220V 的交流电压输出或 U、V、W 三相输出的电压不均衡，则可初步判断 IPM 模块有故障。

① 测量 IPM 模块 P 引脚输入的直流电压，如图 5-17 所示。

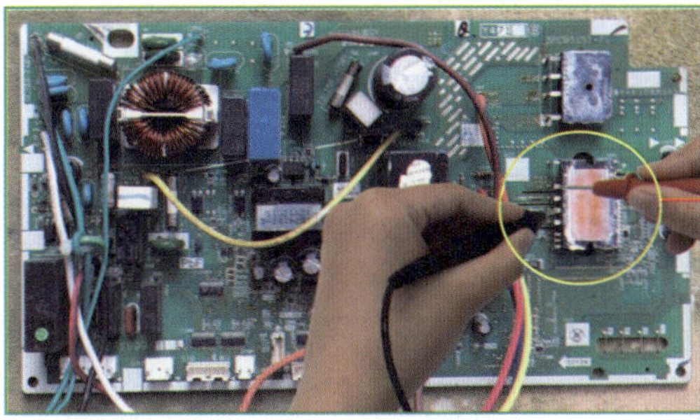

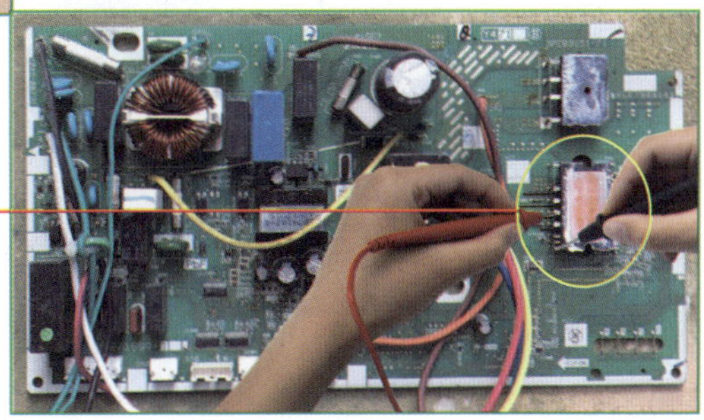

图 5-16　检测 IPM 模块内部变频管

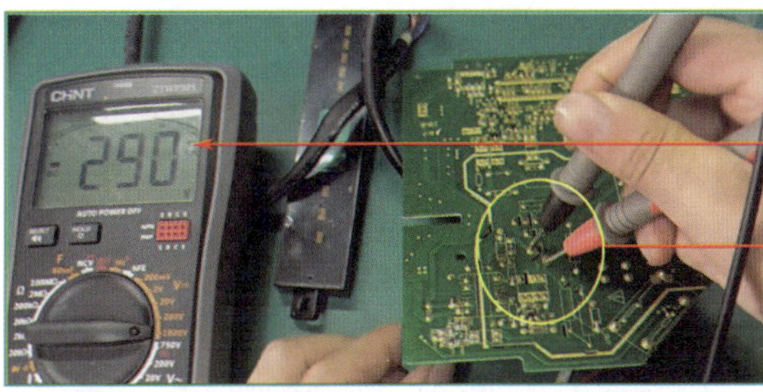

图 5-17　测量 IPM 模块 P 引脚输入的直流电压

② 测量 IPM 模块 15V 供电电压是否正常，如图 5-18 所示。

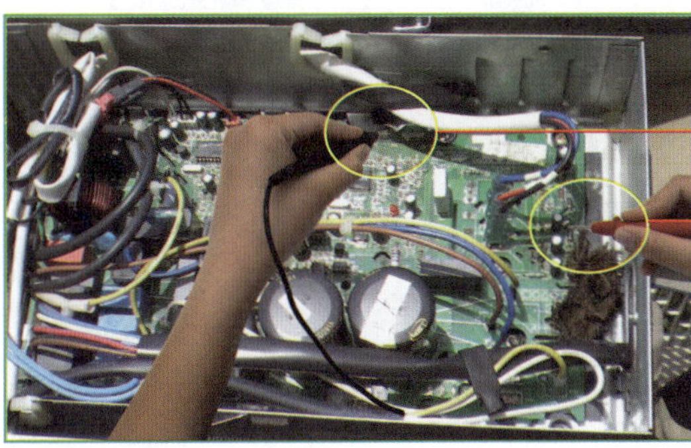

图 5-18　测量 IPM 模块 15V 电压

③ 测量 IPM 模块输出电压。IPM 模块输出变频压缩机的驱动电压，电压应在 0 ~ 160V 之间且相等，否则说明 IPM 模块可能损坏，如图 5-19 所示。

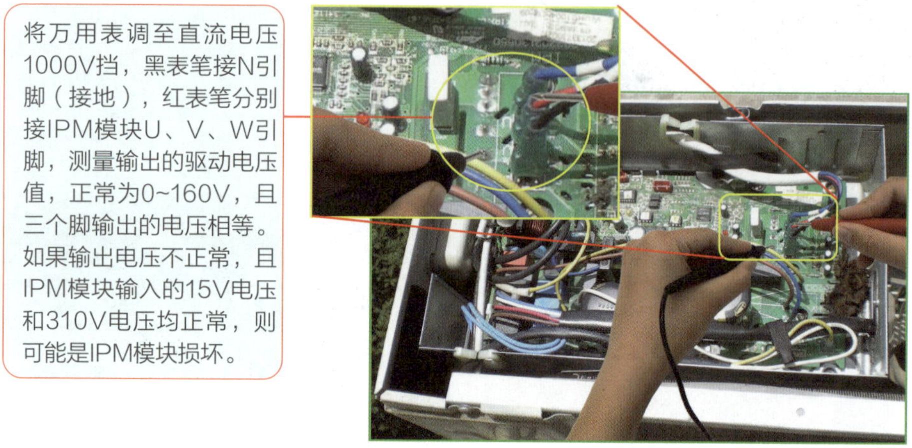

图 5-19　测量 IPM 模块输出电压

（3）通过检测驱动电路中的电阻判断 IPM 模块电路故障

在实际的维修过程中，发现 IPM 模块驱动电路中的 330Ω 电阻故障率较高，因此在检测 IPM 模块时，应重点检查 IPM 模块信号输入引脚连接的 330Ω 电阻，如图 5-20 所示。

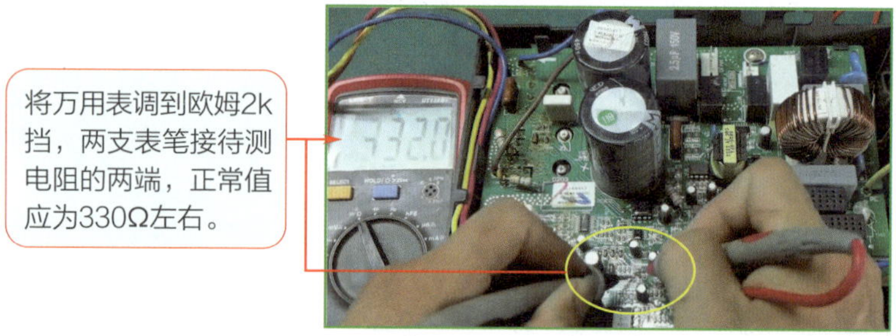

图 5-20　测量驱动电路中的电阻

5.4.4　快速诊断位置检测和相电流检测电路故障

变频空调器变频电路中的位置检测和相电流检测电路一旦出现故障，就会导致变频压缩机无法正常工作。

位置检测和相电流检测电路常见故障一般包括：集成运算放大器损坏，电阻开路，二极管损坏，电容器损坏等故障。

位置检测和相电流检测电路故障维修方法如下。

① 在确定电源电路板中没有短路元器件后，通电检测位置检测电路中运算放大器的几个输出脚的输出电压信号。比如以 OPA4374 运算放大器为例，测量运算放大器的第 1、6、14 脚，测量输出端的电压，正常为 1.6V 左右，如图 5-21 所示。如果输出端电压信号正常，则检测电路正常。

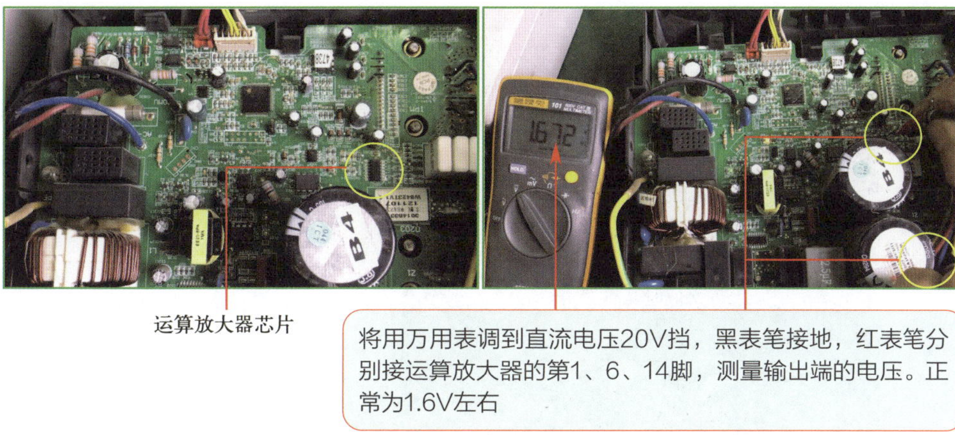

图 5-21　测量运算放大器芯片输出端电压信号

② 如果有一个输出电压信号不正常，则重点检测运算放大器周围的电阻、二极管等元器件。通常放大器电路中的电阻比较容易损坏。如图 5-22 所示。

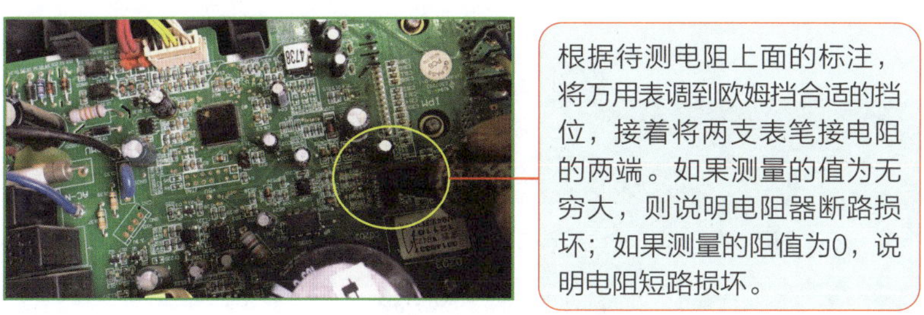

图 5-22　测量运算放大器周围的元器件

③ 测量运算放大器的供电电压，一般供电电压为 3.3V。如果供电电压不正常，则重点检查供电电路中的滤波电容、稳压器等元器件。

5.4.5　快速诊断变频电路综合故障

变频空调器变频电路一旦出现故障，就会导致变频空调无法制冷、变频压缩机无法正常工作、变频空调器外机无法启动、空调开机报模块故障代码（如 H5）、开机报通信故障代码（如 E6）等。

变频电路故障一般包括：输入滤波电路中的熔断电阻损坏、滤波电容损坏、滤波电感损坏、热敏电阻损坏，整流电路中的整流桥堆损坏、滤波电容损坏，PFC 电路中 PFC 二极管、PFC 开关管、PFC 电源芯片损坏、电抗器损坏，IPM 模块损坏，检测电路中的运算放大器损坏、取样电阻损坏、二极管损坏等故障。变频电路故障维修方法如下。

① 上电开机后，检查室外机接线板有无 220V 交流电压，如图 5-23 所示。

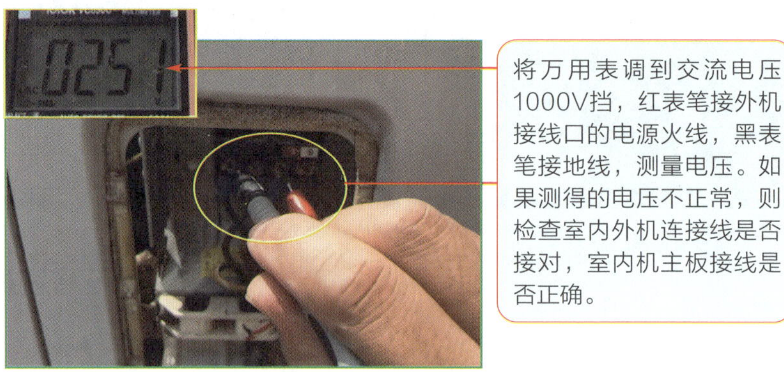

图 5-23　检查室外机接线板交流电压

② 如果 220V 交流电压正常，检查室外机电路板上的红色指示灯是否亮，如图 5-24 所示。

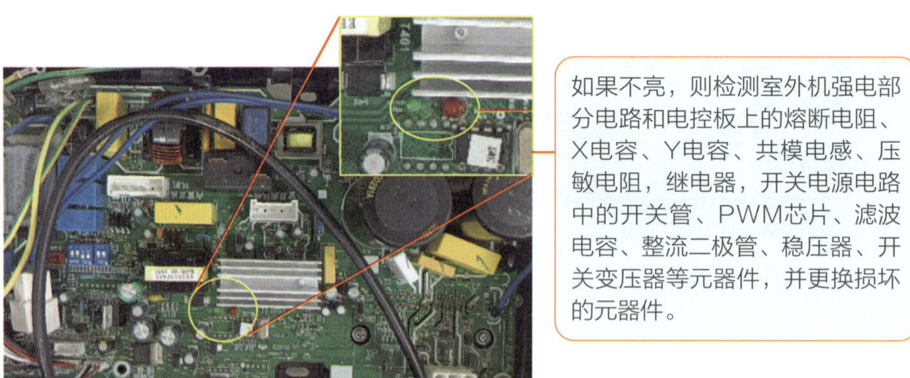

图 5-24　检查室外机电路板上的红色指示灯

③ 如果电路板上的红色指示灯亮，接着测量 IPM 模块的 P、N 引脚是否有 310V 直流电压，如图 5-25 所示。

将万用表调到直流电压1000V挡，红黑两表笔接电路板母线电压P、N端连接的元器件的引脚，测量P、N端是否有310V直流电压。如果没有，则检测交流部分热敏电阻、继电器、整流桥堆和直流部分的电抗器、滤波电容、PFC二极管、PFC开关管、PFC芯片等元器件，并更换损坏的元器件。

图 5-25　测量 IPM 模块的 P、N 引脚直流电压

④ 如果 310V 直流电压正常，接着检测 IPM 模块的供电引脚 VP1 是否有 15V 供电电压，如图 5-26 所示。

将万用表调到直流电压20V挡，红表笔接IPM模块的VP1引脚（或此引脚连接的元器件引脚），黑表笔接地，测量15V供电电压是否正常。如果不正常，则检测15V供电电路中的稳压二极管、滤波电容，及开关电源电路15V电压输出电路中的元器件，并更换损坏的元器件。

图 5-26　检测 IPM 模块 15V 供电电压

⑤ 检测室外机温度传感器是否损坏，电流检测电路中的元器件是否正常，如图 5-27 所示。

将万用表调到蜂鸣挡，然后检测温度传感器是否短路损坏，检测取样电阻、运算放大器、二极管等是否短路损坏，并更换损坏的元器件。

图 5-27　检测电流检测电路

⑥ 检测电源电路板中 IPM 模块的 U、V、W 端子有无三相交流电压输出，如图 5-28 所示。

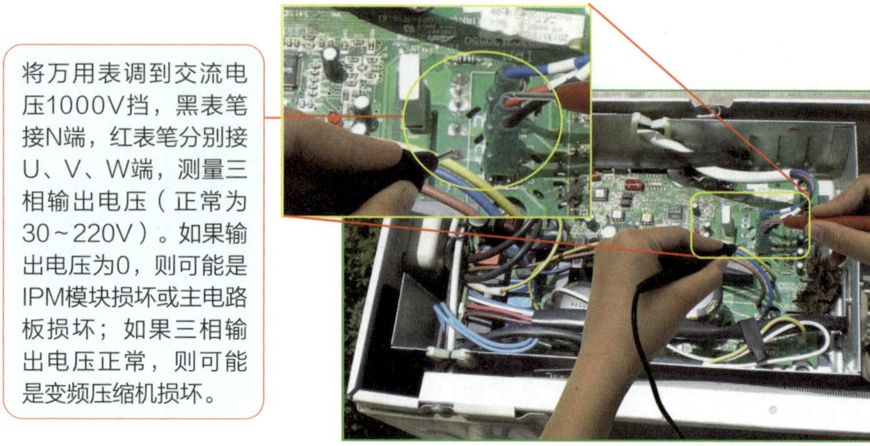

图 5-28　测量 IPM 模块输出的三相交流电压

5.5 动手维修：智能变频空调器故障维修实战

智能变频空调器的故障中，对于通电无反应，按开关无法开机，指示灯不亮，显示屏无显示等故障，一般都是由电路板故障引起的。通常在检测这方面故障时，应重点检测变频电路、开关电源电路是否正常。本节将通过一些维修实战案例介绍空调器电路板故障维修方法。

5.5.1　三菱变频空调不启动报错误代码故障维修

（1）故障现象

一台三菱变频空调，客户反映空调开机后，显示“E2”故障代码，无法制冷。

（2）故障检测与维修

根据故障代码分析，此故障可能是室内机传感器方面故障引起的，应重点检查传感器及传感器电路是否正常。

故障维修方法如下。

① 开机查看空调的故障现象，如图 5-29 所示。

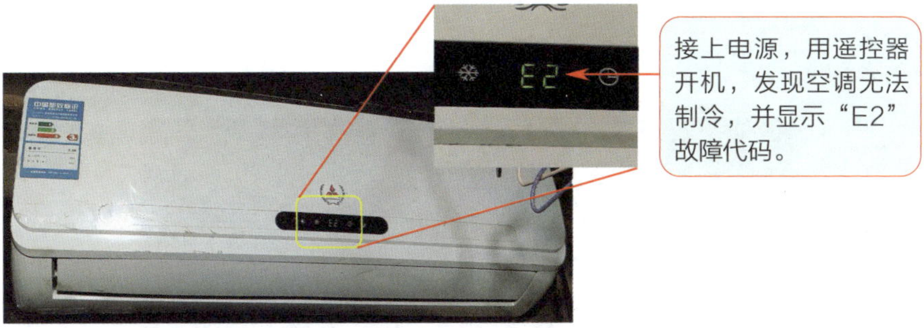

图 5-29　查看故障现象

② 拆下室内机的外壳，检查传感器是否正常，如图 5-30 所示。

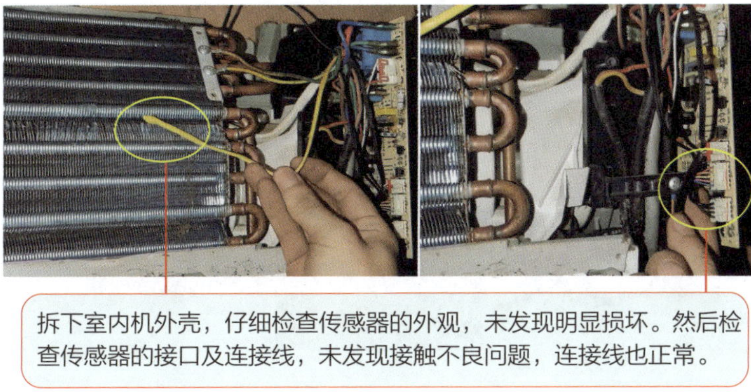

图 5-30　检查传感器及连接线接口

③ 拔下传感器的接口，然后用万用表测量传感器阻值是否正常，如图 5-31 所示。

图 5-31

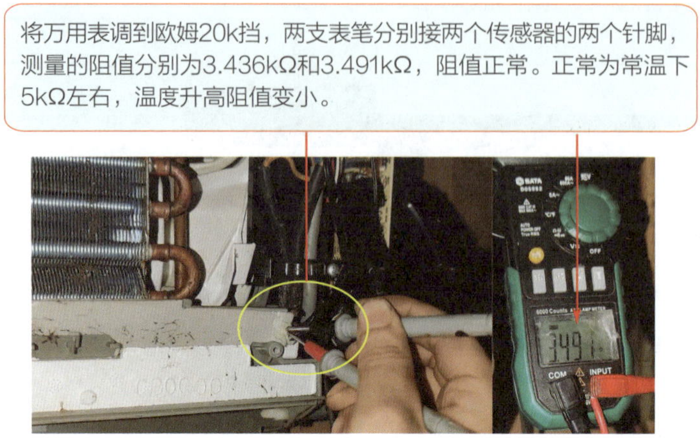

图 5-31　检查传感器阻值

④ 如果传感器正常，接着用遥控器开机，检测传感器电路的电压是否正常，如图 5-32 所示。

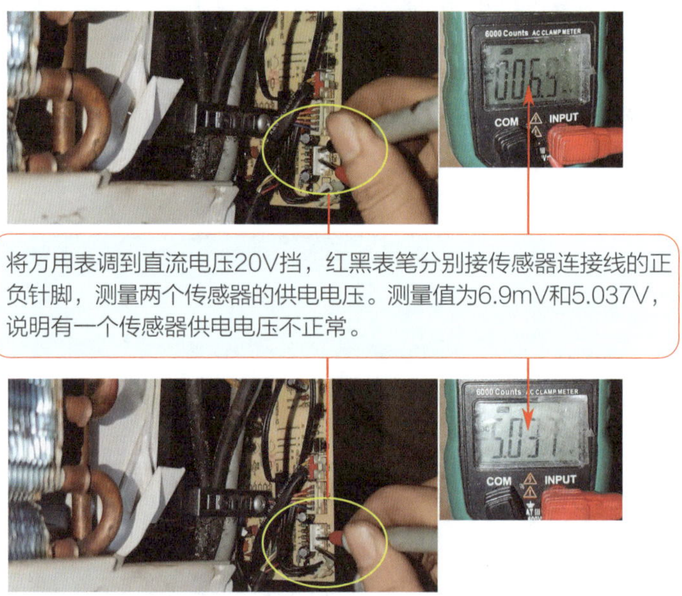

图 5-32　检测传感器供电电压

⑤ 接下来检查传感器电路，其中有几个电阻器容易出现故障，重点检查供电电路中连接的上拉电阻是否正常，如图 5-33 所示。

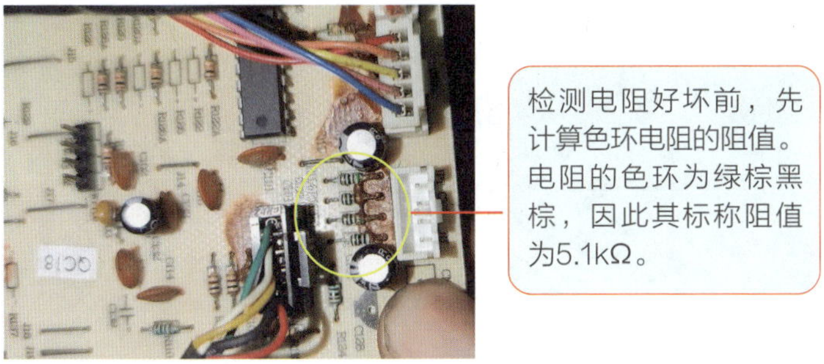

图 5-33　计算传感器电路中电阻器阻值

⑥ 接下来用万用表检查供电电路中的上拉电阻是否正常，如图 5-34 所示。

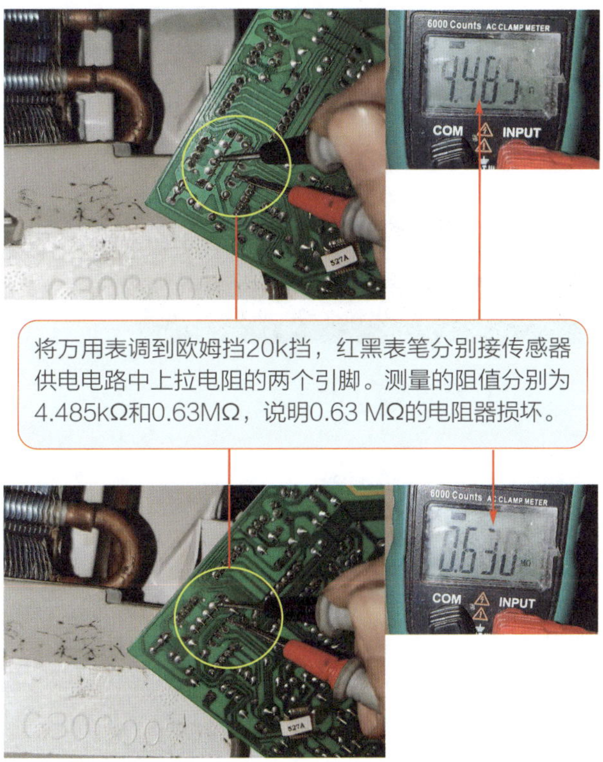

图 5-34　测量上拉电阻阻值

⑦ 更换损坏的电阻器，然后将电路板安装回空调，如图 5-35 所示。

图 5-35　更换损坏的电阻器

⑧ 最后将空调装好，开机测试，如图 5-36 所示。

图 5-36　测试空调

5.5.2　志高变频空调显示 F1 故障维修

（1）故障现象

一台志高变频空调，客户反映空调开机后显示“F1”故障，无法制冷。

（2）故障检测与维修

根据故障代码分析，此故障可能是由室外机电路板或室内温度传感器故障引起的。故障维修方法如下。

① 首先检查室内机温度传感器，未发现异常，接着拆开室外机壳检查电路板，如图 5-37 所示。

② 拆下室外机电路板，仔细检查电路板中元器件，如图 5-38 所示。

③ 拆下电路板的散热片继续检查整流桥堆，如图 5-39 所示。

拆开室外机壳检查电路板，发现电路板中有一个电容炸裂，基本可以确定是室外机电路板原因引起故障。

图 5-37　检查室外机电路板

拆下室外机电路板，检查电路板中有无烧坏、开裂、发黑等明显损坏的元器件。经检查，除了电容，未发现其他明显损坏的元器件。

图 5-38　检查电路板的元器件

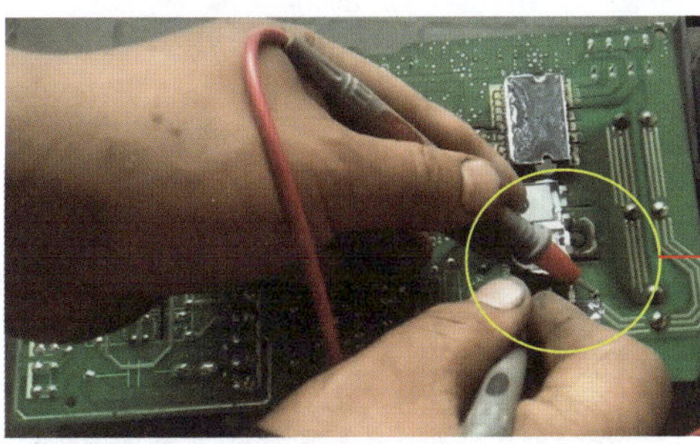

将万用表调到二极管挡，检测整流桥堆是否损坏。将红黑表笔分别接输入端两个引脚和输出端两个引脚，测量值为0.83V和0.85V，说明整流桥堆正常。

图 5-39　检查整流桥堆

④ 检测 PFC 续流二极管是否正常，如图 5-40 所示。

用万用表二极管挡检测PFC续流二极管。将红黑表笔分别接二极管的正极和负极，测量的值为0，说明二极管击穿损坏。

图 5-40　检测 PFC 续流二极管

⑤ 检测 PFC 开关管是否正常，如图 5-41 所示。

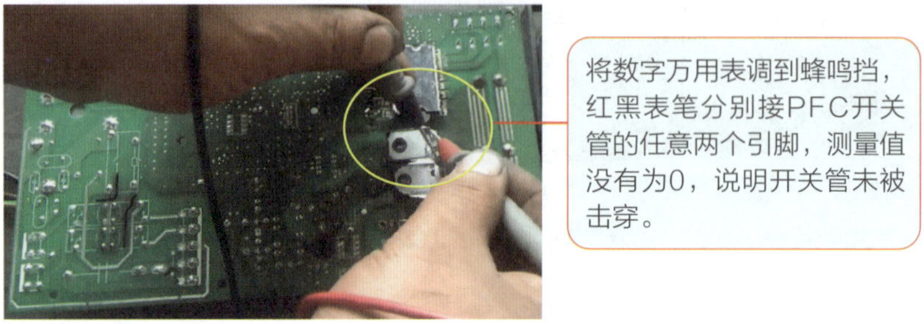

图 5-41　检测 PFC 开关管

⑥ 检测 IPM 模块中变频管是否正常，如图 5-42 所示。

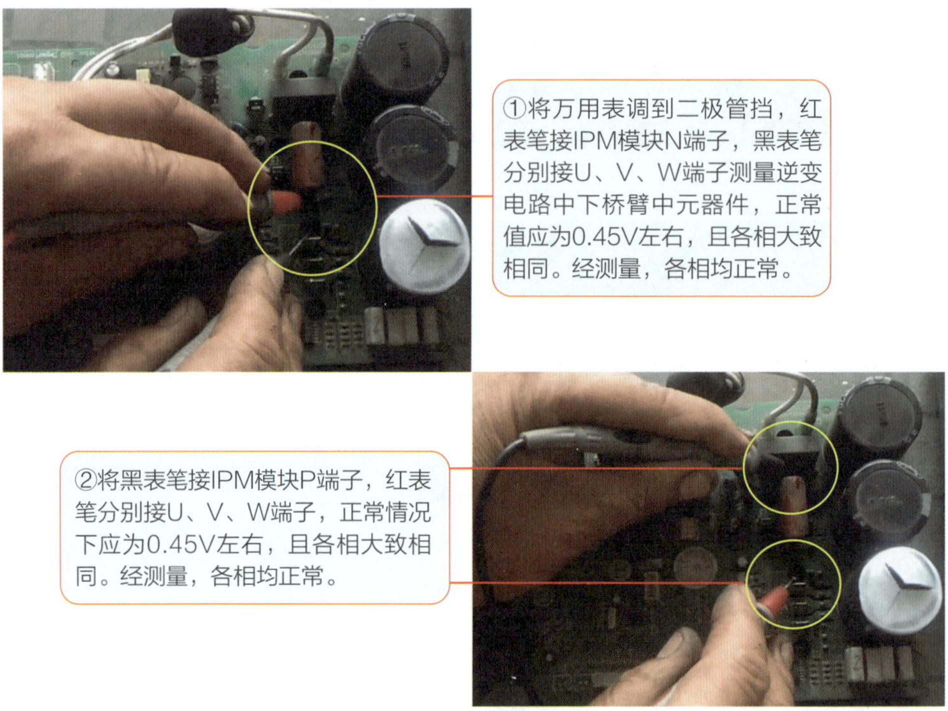

图 5-42　检测 IPM 模块

⑦ 检测熔断器（保险管）是否正常，如图 5-43 所示。

⑧ 检测热敏电阻的好坏，如图 5-44 所示。

⑨ 更换损坏的元器件，如图 5-45 所示。

⑩ 将电路板装回空调进行测试，如图 5-46 所示。

将万用表调到蜂鸣挡，然后将红黑两支表笔接熔断器（保险管）的两端进行测量，其阻值为无穷大，说明熔断器熔断损坏。

图 5-43　检测熔断器

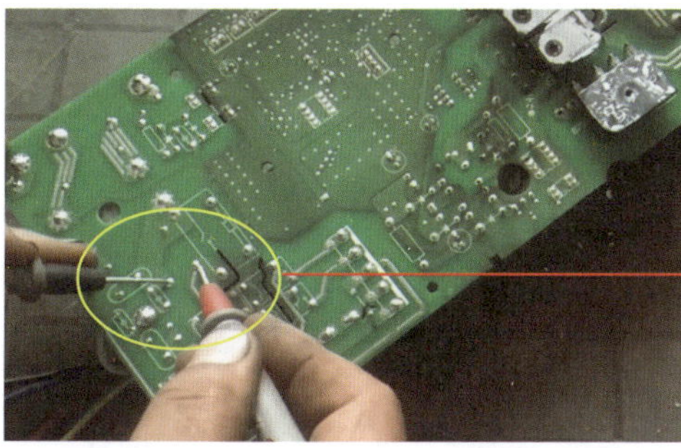

将万用表调到欧姆挡200挡，红黑两支表笔接热敏电阻的两个引脚，测量阻值为10Ω，说明热敏电阻正常。

图 5-44　检测热敏电阻

检测完电路中主要的元器件后，接下来用电烙铁将损坏的元器件拆下，然后更换同型号的新元器件。

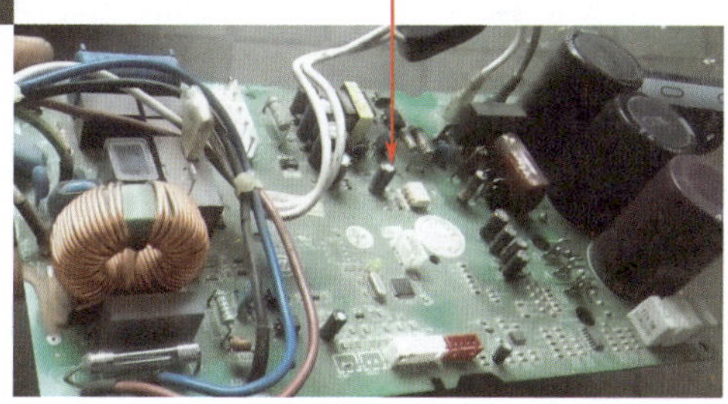

图 5-45　更换损坏的元器件

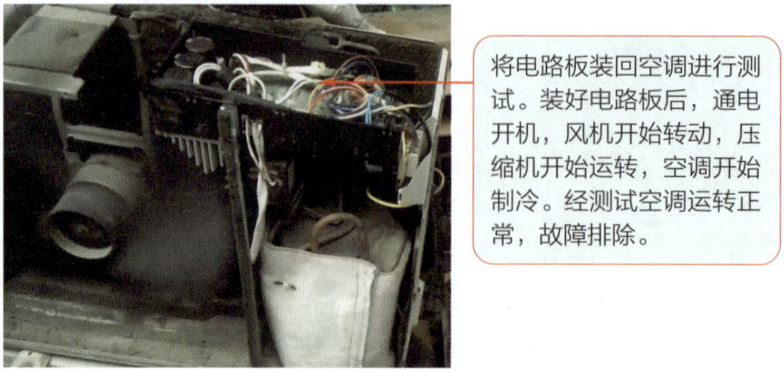

图 5-46　测试空调

5.5.3　格力变频空调显示 E6 故障维修

（1）故障现象

一台格力变频空调，客户反映空调开机后，无法制冷，显示 E6 故障代码。

（2）故障检测与维修

根据故障现象分析，此故障可能是由通信故障、电源电路板故障、传感器故障等引起的，接下来进行重点检查。故障维修方法如下。

① 开机查看变频空调器的故障代码，如图 5-47 所示。

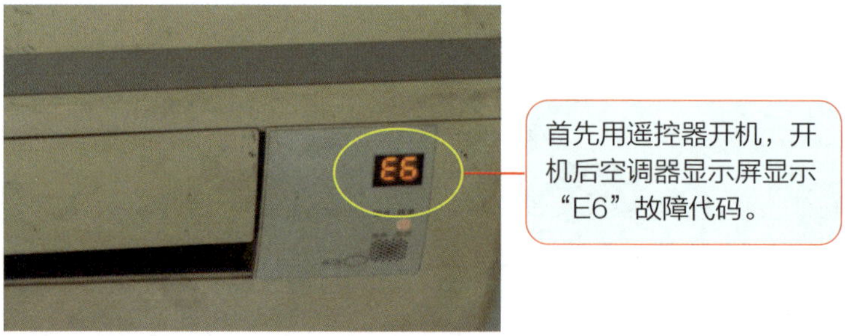

图 5-47　查看空调的故障现象

② “E6”故障代码表示通信故障、电源电路故障或传感器故障。接下来首先测量室外机 220V 供电电压是否正常，如图 5-48 所示。

③ 再测量通信电压是否正常，如图 5-49 所示。

④ 通信电压不正常，一般都是电路板中有问题，接着拆下室外机电路板检查，如图 5-50 所示。

将万用表调到交流电压1000V挡，红表笔接外机接线口的电源火线，黑表笔接地线测量电压。测得的电压为251V，电压正常。

图 5-48　测量室外机供电电压

将万用表调到直流电压200V挡，红表笔接外机接线口的通信线接口，黑表笔接地线接口测量电压。测得的电压为2.2V，电压不正常，格力空调的通信电压正常为24V。

图 5-49　测量通信电压

①拆下室外机电路板，检查电路板中有无烧坏、开裂、发黑等明显损坏的元器件。

②经检查，从电路板的过孔中，观察到PFC续流二极管已经烧坏。

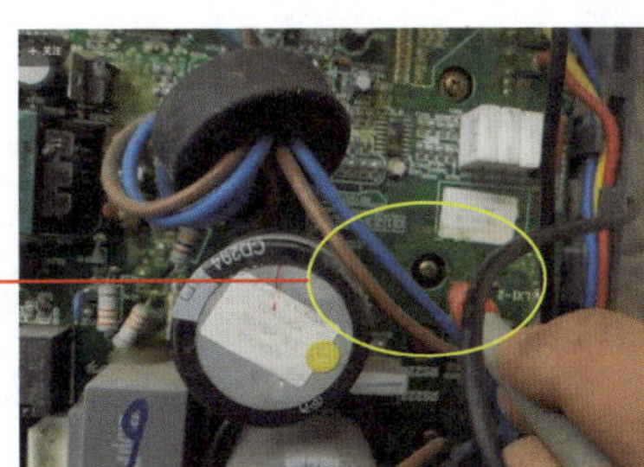

图 5-50　检查室外机电路板

⑤ 检测 IPM 模块是否正常，如图 5-51 所示。

①将万用表调到二极管挡，黑表笔接IPM模块P引脚，红表笔分别接U、V、W引脚测量管电压，测量的值为0.45V左右。然后将红表笔接IPM模块N引脚，黑表笔分别接U、V、W引脚测量管电压，测量的值为0.45V左右。说明IPM模块正常。

②接着用万用表二极管挡，测量整流堆输入端两个引脚管电压，测量值为0，说明整流堆短路损坏。再测量PFC开关管引脚间阻值，阻值为0，说明内部短路损坏。再测量电路板中保险管、电阻、电容、二极管，未发现有损坏情况。用电烙铁将损坏的元器件拆下。

图 5-51　检测 IPM 模块

⑥ 更换损坏的整流桥堆、PFC 续流二极管、PFC 开关管，然后给电路板通电进行检测，如图 5-52 所示。

更换同型号元器件后，给电路板通电，先测量IPM模块的供电电压。用万用表直流电压1000V挡测量，红表笔接P引脚，黑表笔接N引脚。测得的电压为315.8V，电压正常。

图 5-52　更换损坏的元器件后通电检测

⑦ 测量 15V 供电电压是否正常，如图 5-53 所示。

将万用表调到直流电压20V挡，红表笔接15V供电电路中稳压二极管的正极，黑表笔接稳压二极管的负极。测得的电压为14.97V，说明15V电压正常。

图 5-53 测量 15V 供电电压

⑧ 接着测试电路板，如图 5-54 所示。

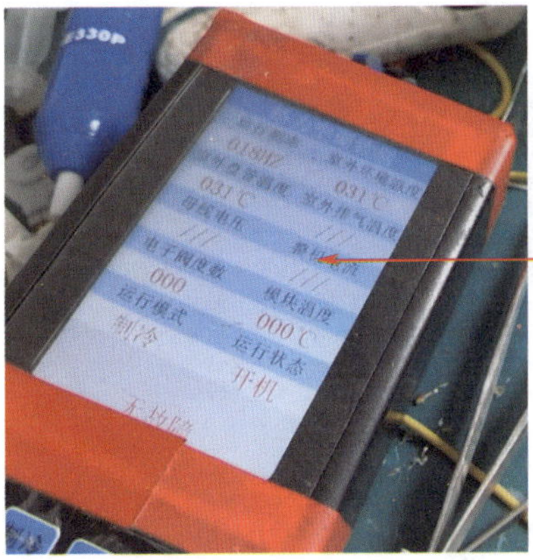

将测试用压缩机连接到电路板的U/V/W接口，将测试仪连接到电路板的通信接口，然后将模式设置为制冷，开机测试。测试仪可以正常读取电路板的数据，压缩机开始运转，电路板中的指示灯闪烁，说明电路板工作正常。

图 5-54 测试电路板

⑨ 将电路板安装回变频空调的室外机中并开机测试，如图 5-55 所示。

5.5.4 空调器插电无反应遥控器打不开故障维修

（1）故障现象

一台空调器通电无反应，用遥控器也打不开。

（2）故障检测与维修

空调器通电无反应通常是开关电源电路故障引起，需要重点检查电源板。

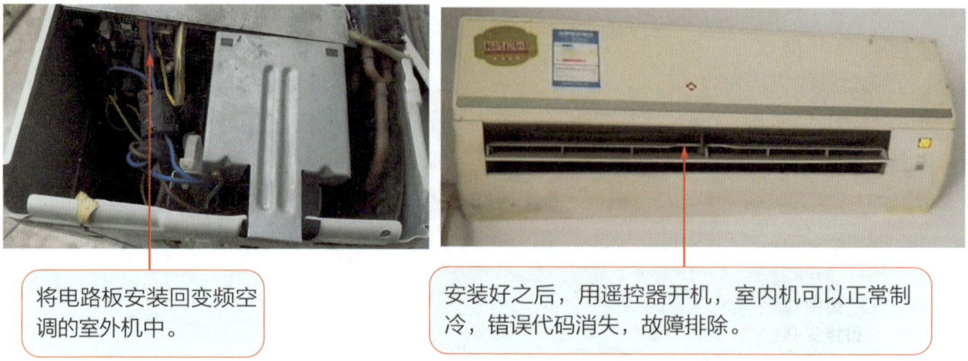

图 5-55　测试故障变频空调

故障维修方法如下。

① 检测电路板中的元器件，如图 5-56 所示。

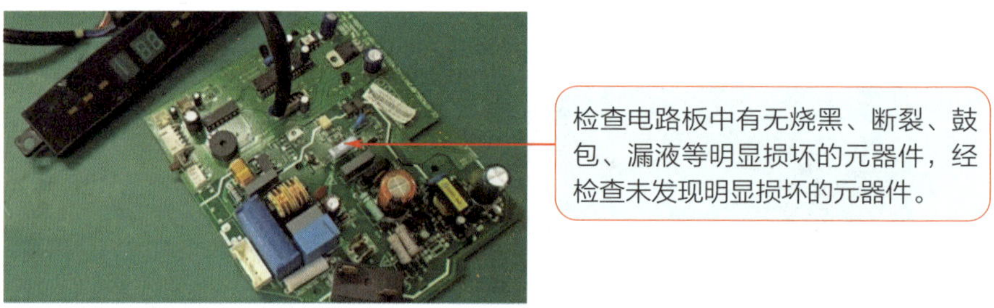

图 5-56　检测电路板中的元器件

② 用万用表先检测电源板上主要元器件是否有短路故障，如图 5-57 所示。

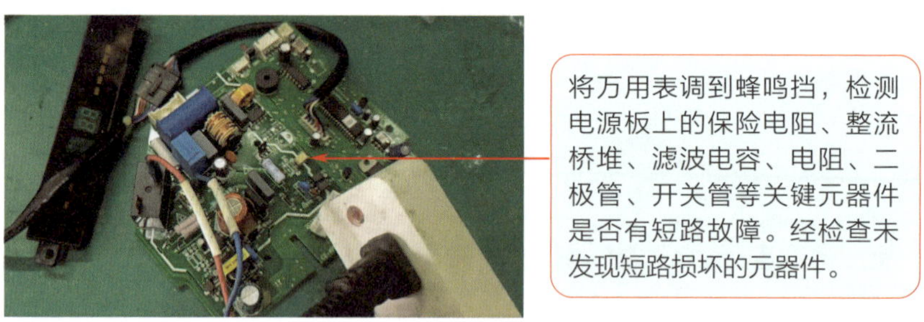

图 5-57　检测元器件是否短路

③ 给电源电路板串联一只灯泡，然后接上电源，开机测试，如图 5-58 所示。

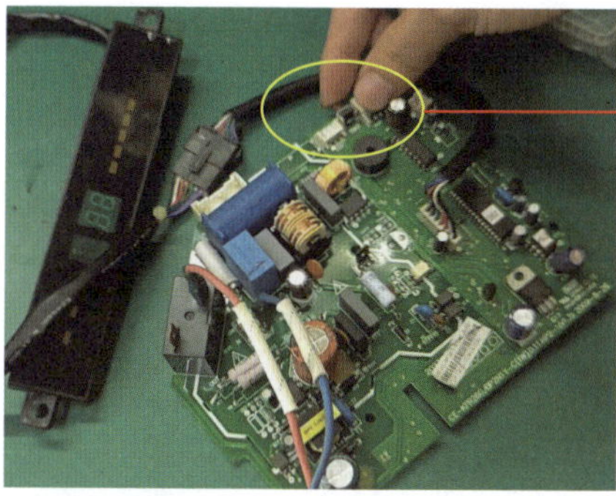

给电源板接上电源，显示板没有显示，说明没有开机。按下应急启动键，依旧没有开机。

图 5-58　通电启动测试

④ 测量输出端 12V 输出电压，如图 5-59 所示。

将万用表调到直流电压20V挡，红黑表笔接输出整流滤波电路中电感两端，测量12V输出端电压，测量值为0V，输出电压不正常。

图 5-59　测量 12V 输出电压

⑤ 测量整流滤波电路中滤波电容两端的电压，如图 5-60 所示。

将万用表调为直流电压1000V挡，两支表笔接整流滤波电路中滤波电容两端，测量其电压。测量的电压值为290V，由于电路板串联了一只灯泡分了部分电压，因此测量的电压值正常。

图 5-60　测量滤波电容的电压

⑥ 再测量电源控制芯片供电端电压，如图 5-61 所示。

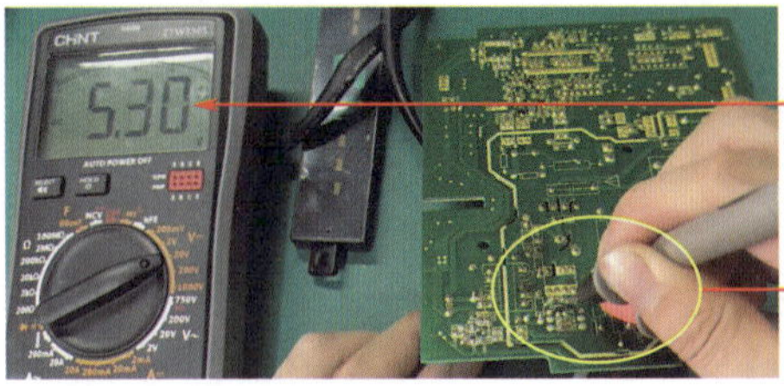

将万用表调到直流电压20V挡，红黑表笔接电源控制芯片供电脚连接的一个滤波电容的两个引脚，测量供电电压。测得电压在5~6V间跳动，供电电压不正常。

图 5-61　测量电源芯片供电电压

⑦ 断开电源，检测输出整流滤波电路中的二极管，如图 5-62 所示。

断开电源，将万用表调到二极管挡，测量开关变压器次级连接的整流二极管的管电压，管电压正常。由于开关变压器次级没有短路，但也没有输出电压，电源控制芯片的供电电压又一直在跳变，那么可以排除电源控制芯片二次供电的问题，说明电源控制芯片根本没有起振，可能是芯片本身损坏了。

图 5-62　检测整流二极管

⑧ 用替换法检测电源控制芯片，如图 5-63 所示。

用同型号好的电源控制芯片替换电路板上的芯片。电路板原芯片为NCP1015,由于手边没有同型号的，所以用NCP1076替换，这两个芯片的引脚定义完全相同，而且功率也相符。

图 5-63　用替换法检测电源控制芯片

⑨ 替换芯片后，通电测试，如图 5-64 所示。

用万用表直流电压20V挡测量输出端电压，红黑表笔接输出电路中电感两端，测量的电压值为12.15V，电压正常。

图 5-64　通电测试

⑩ 最后接好显示板，并连接两个传感器，开机测试，如图 5-65 所示。

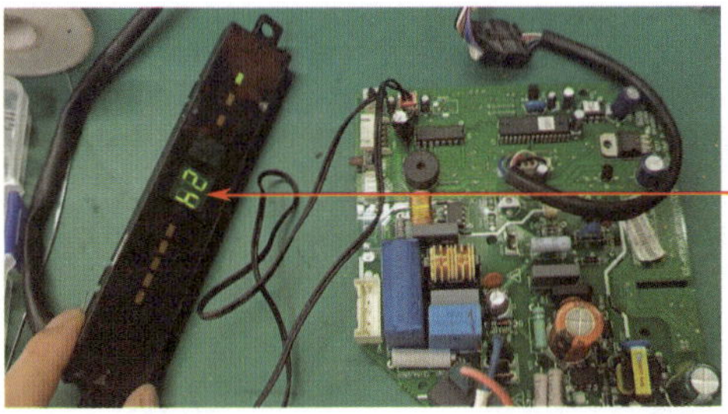

图 5-65　测试空调器

5.5.5　美的变频空调显示 P1 故障维修

一台美的变频空调，客户反映空调开机后无法制冷，显示 P1 故障代码。根据故障现象分析，此故障可能是电流 / 电压检测电路或 PFC 电路故障引起。故障维修方法如下。

① 开机查看变频空调器的故障现象，如图 5-66 所示。

图 5-66　查看空调的故障现象

② “P1”故障代码表示电压过高或者过低保护，通常这种故障是由于电流 / 电压检测电路或 PFC 电路有问题。接下来重点检查室外机电路板，首先测量室外机 220V 供电电压和通信电压是否正常，如图 5-67 所示。

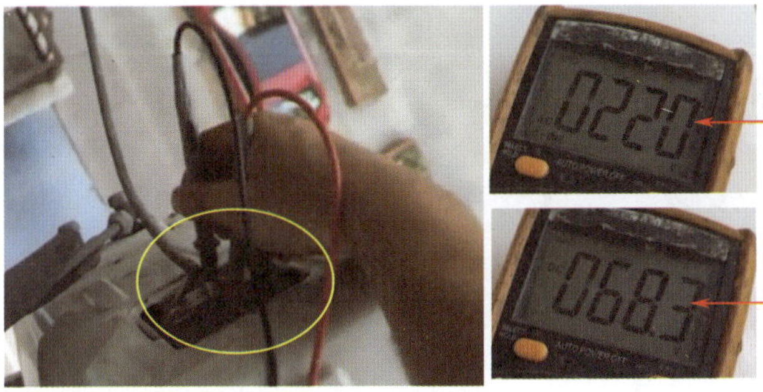

图 5-67　测量室外机供电电压和通信电压

③ 接下来拆下室外机电路板进行详细检查，先将电路板上的灰尘清理干净，如图 5-68 所示。

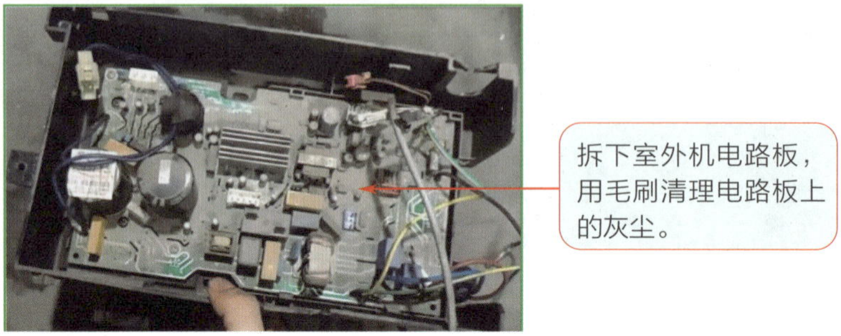

图 5-68　清理室外机电路板的灰尘

④ 清理完灰尘后，检查电路板上的元器件，如图 5-69 所示。

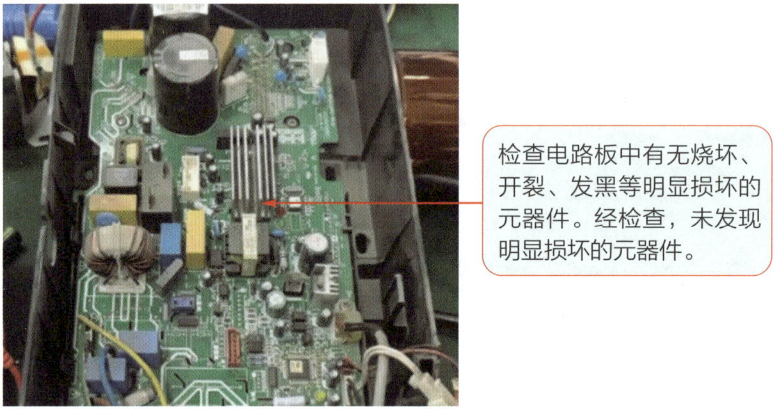

图 5-69　检查电路板上的元器件

⑤ 给电路板接上供电电源，测量 12V 供电电压是否正常，如图 5-70 所示。

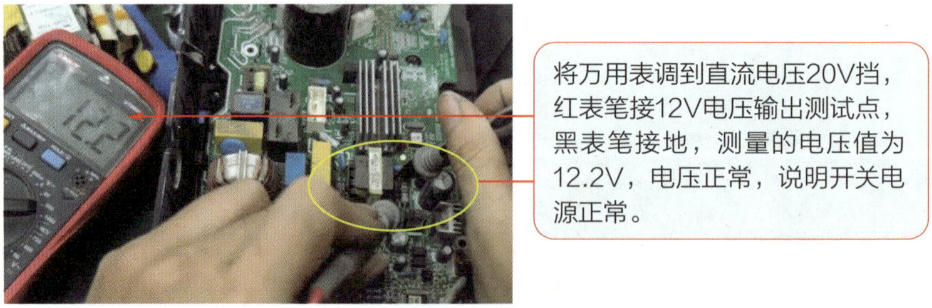

图 5-70　测量 12V 供电电压

⑥ 怀疑故障是由于电流 / 电压检测电路或 PFC 电路故障引起的，接下来先检测电流 / 电压检测电路中的元器件，如图 5-71 所示。

图 5-71　检测电流 / 电压检测电路和 PFC 电路中的元器件

⑦ 更换损坏的元器件，如图 5-72 所示。

图 5-72　更换损坏的元器件

⑧ 接着测试电路，之后将电路板装回空调外机，开机再次测试，如图 5-73 所示。

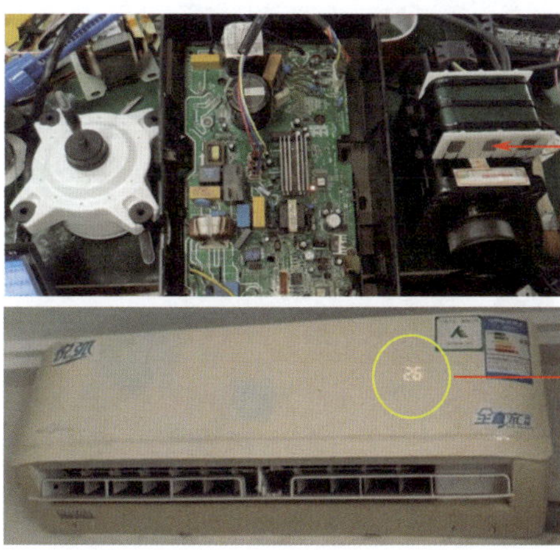

图 5-73　测试空调

第 6 章

智能冰箱故障维修实战

智能冰箱中故障率较高的是电源电路、变频电路、制冷系统等，因此在维修智能冰箱时，要重点掌握电源电路、变频电路等常见故障的维修诊断技巧。本章将重点讲解智能冰箱电路板的易坏芯片元件、故障检测点、故障检修流程、常见故障维修和故障维修实战案例等内容。

6.1 智能冰箱电路板易坏芯片元件

智能冰箱电路板易坏元器件主要有熔断电阻、压敏电阻、整流二极管（有的用整流桥堆）、滤波电容、电源控制芯片、开关管、开关变压器、二极管、取样电阻、分压电阻、稳压器、稳压二极管（有的用精密稳压器）、光耦合器、电感、IGBT 变频管或 IPM 模块、驱动芯片、运算放大器等，如图 6-1 所示。

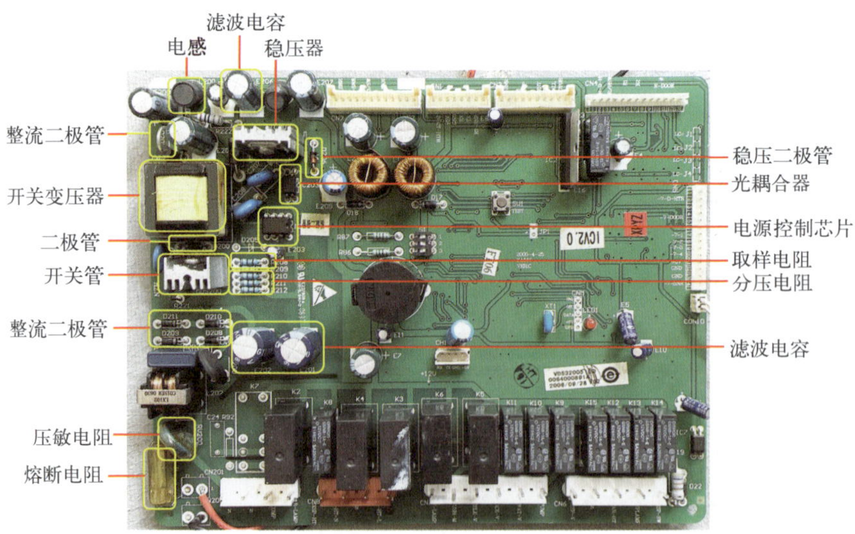

图 6-1　智能冰箱电路板易坏元器件

6.2 智能冰箱电路板故障检测点

由于智能冰箱电路板工作在高压大电流及高温的环境中，因此极易引起一些部件故障，如整流二极管、开关管、滤波电容、取样电阻等。在检测智能冰箱电路板故障时，要重点检测这些易坏元器件，以便快速找到故障原因。下面介绍智能冰箱电路板的故障检测点。

6.2.1 关键电压检测点

诊断智能冰箱电路板故障时，可以通过测量电路中关键电压信号来排查故障发生在哪个功能电路中。如通过测量整流滤波电路中滤波电容的 300V 直流电压是否正常，来判断 EMI 滤波电路和整流滤波电路工作是否正常，以此来缩小故障排查区域，快速找到故障点。图 6-2 所示为智能冰箱电路板关键电压检测点。

6.2.2 关键元器件检测点

检查智能冰箱电路板故障时，要重点检测电路中故障率较高的元器件，这样可以快速找到故障原因。图 6-3 所示为智能冰箱电路板关键元器件检测点。

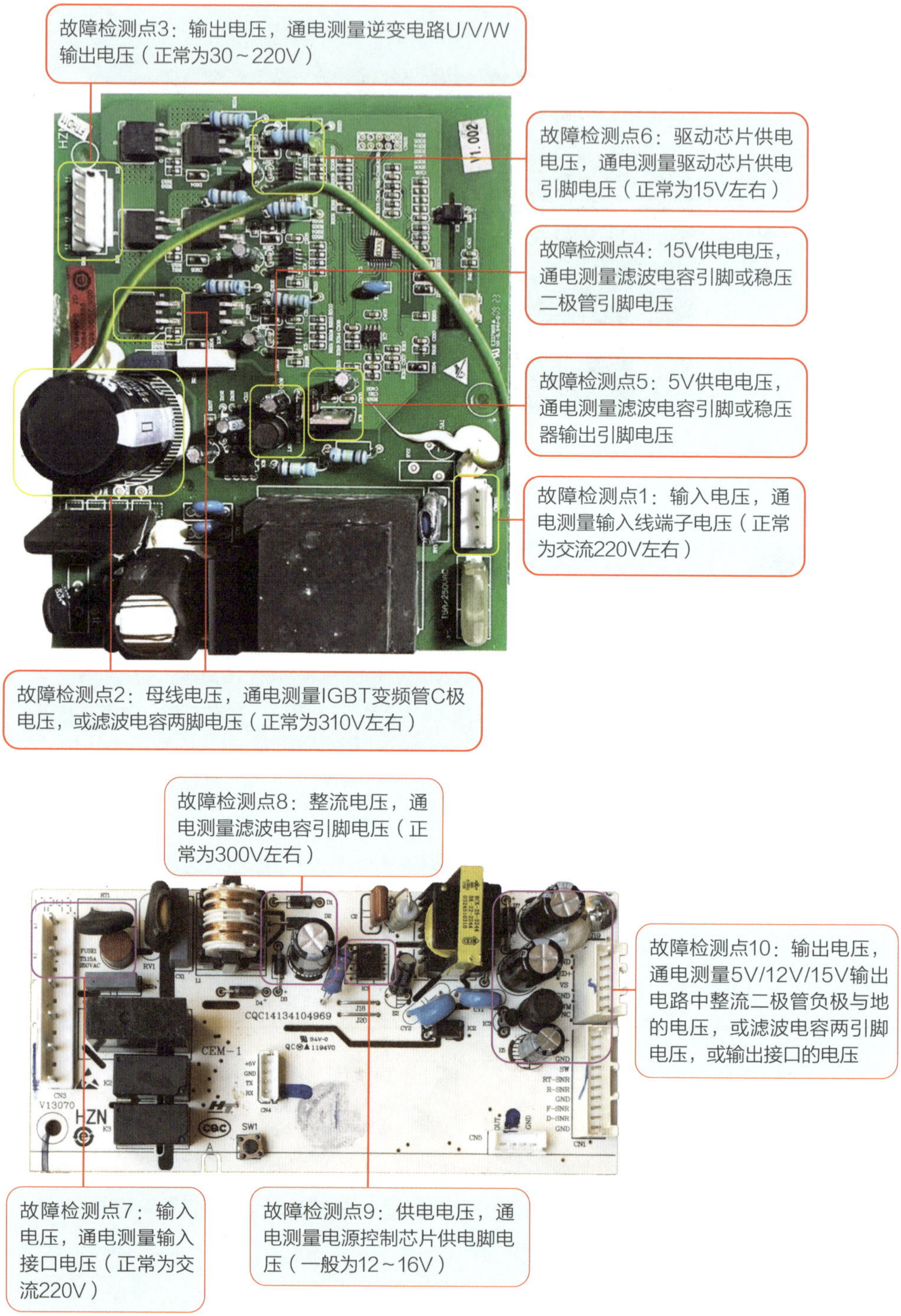
故障检测点3：输出电压，通电测量逆变电路U/V/W输出电压（正常为30～220V）
故障检测点6：驱动芯片供电电压，通电测量驱动芯片供电引脚电压（正常为15V左右）
故障检测点4：15V供电电压，通电测量滤波电容引脚或稳压二极管引脚电压
故障检测点5：5V供电电压，通电测量滤波电容引脚或稳压器输出引脚电压
故障检测点1：输入电压，通电测量输入线端子电压（正常为交流220V左右）
故障检测点2：母线电压，通电测量IGBT变频管C极电压，或滤波电容两脚电压（正常为310V左右）
故障检测点8：整流电压，通电测量滤波电容引脚电压（正常为300V左右）
故障检测点10：输出电压，通电测量5V/12V/15V输出电路中整流二极管负极与地的电压，或滤波电容两引脚电压，或输出接口的电压
故障检测点7：输入电压，通电测量输入接口电压（正常为交流220V）
故障检测点9：供电电压，通电测量电源控制芯片供电脚电压（一般为12～16V）

图6-2　关键电压检测点

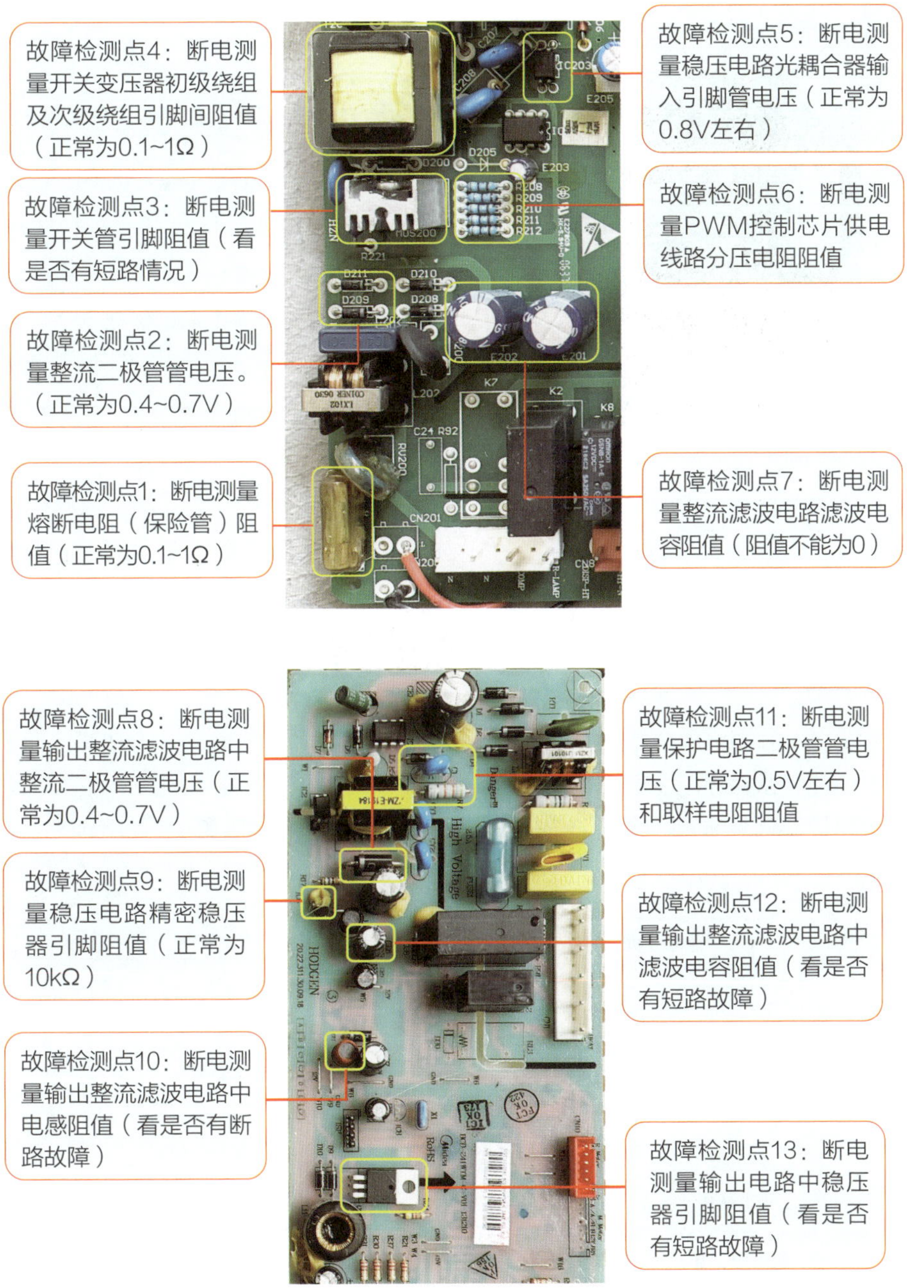
故障检测点1：断电测量熔断电阻（保险管）阻值（正常为0.1~1Ω）
故障检测点2：断电测量整流二极管管电压。（正常为0.4~0.7V）
故障检测点3：断电测量开关管引脚阻值（看是否有短路情况）
故障检测点4：断电测量开关变压器初级绕组及次级绕组引脚间阻值（正常为0.1~1Ω）
故障检测点5：断电测量稳压电路光耦合器输入引脚管电压（正常为0.8V左右）
故障检测点6：断电测量PWM控制芯片供电线路分压电阻阻值
故障检测点7：断电测量整流滤波电路滤波电容阻值（阻值不能为0）
故障检测点8：断电测量输出整流滤波电路中整流二极管管电压（正常为0.4~0.7V）
故障检测点9：断电测量稳压电路精密稳压器引脚阻值（正常为10kΩ）
故障检测点10：断电测量输出整流滤波电路中电感阻值（看是否有断路故障）
故障检测点11：断电测量保护电路二极管管电压（正常为0.5V左右）和取样电阻阻值
故障检测点12：断电测量输出整流滤波电路中滤波电容阻值（看是否有短路故障）
故障检测点13：断电测量输出电路中稳压器引脚阻值（看是否有短路故障）

图 6-3

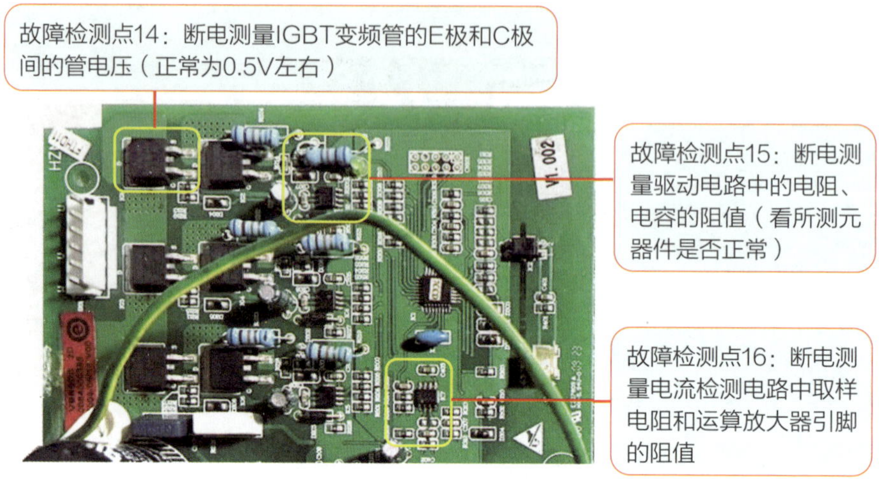

图 6-3　关键元器件检测点

6.3 智能冰箱电路板故障诊断流程

智能冰箱电路板常见故障主要表现为开机照明灯不亮、开机不制冷等。造成智能冰箱电路板故障的原因可能是保险管烧坏、滤波电容损坏、集成式电源控制芯片损坏、整流二极管损坏、稳压器损坏、IGBT 变频管损坏等。图 6-4 所示为智能冰箱电路板故障检修流程。

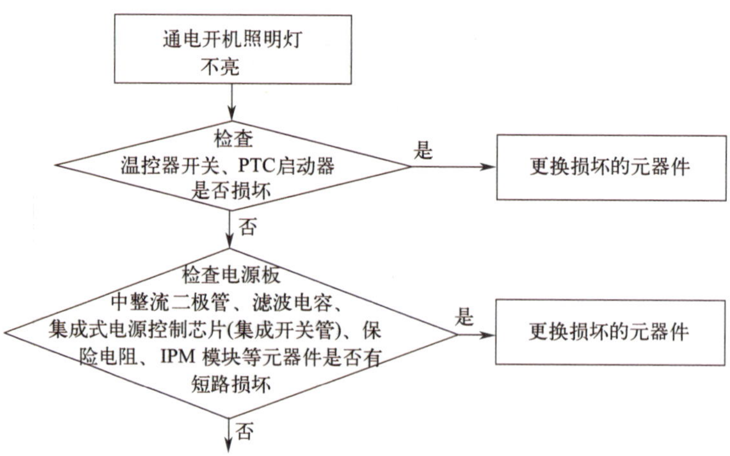

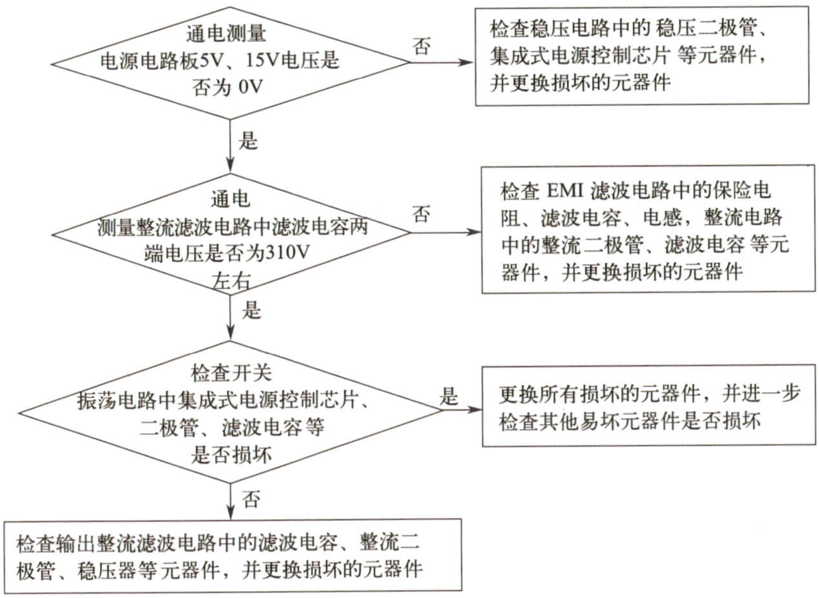
通电测量
电源电路板5V、15V电压是
否为 0V
否
检查稳压电路中的 稳压二极管、
集成式电源控制芯片 等元器件，
并更换损坏的元器件
是
通电
测量整流滤波电路中滤波电容两
端电压是否为310V
左右
否
检查 EMI 滤波电路中的保险电
阻、滤波电容、电感，整流电路
中的整流二极管、滤波电容 等元
器件，并更换损坏的元器件
是
检查开关
振荡电路中集成式电源控制芯片、
二极管、滤波电容等
是否损坏
是
更换所有损坏的元器件，并进一步
检查其他易坏元器件是否损坏
否
检查输出整流滤波电路中的滤波电容、整流二
极管、稳压器等元器件，并更换损坏的元器件

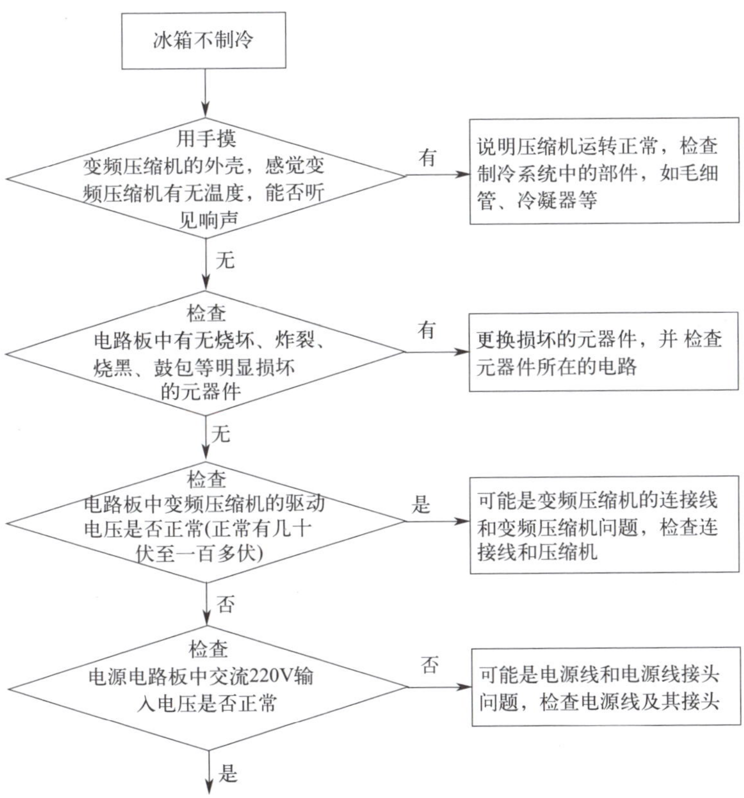
冰箱不制冷
用手摸
变频压缩机的外壳，感觉变
频压缩机有无温度，能否听
见响声
有
说明压缩机运转正常，检查
制冷系统中的部件，如毛细
管、冷凝器等
无
检查
电路板中有无烧坏、炸裂、
烧黑、鼓包等明显损坏
的元器件
有
更换损坏的元器件，并 检查
元器件所在的电路
无
检查
电路板中变频压缩机的驱动
电压是否正常(正常有几十
伏至一百多伏)
是
可能是变频压缩机的连接线
和变频压缩机问题，检查连
接线和压缩机
否
检查
电源电路板中交流220V输
入电压是否正常
否
可能是电源线和电源线接头
问题，检查电源线及其接头
是

图 6-4

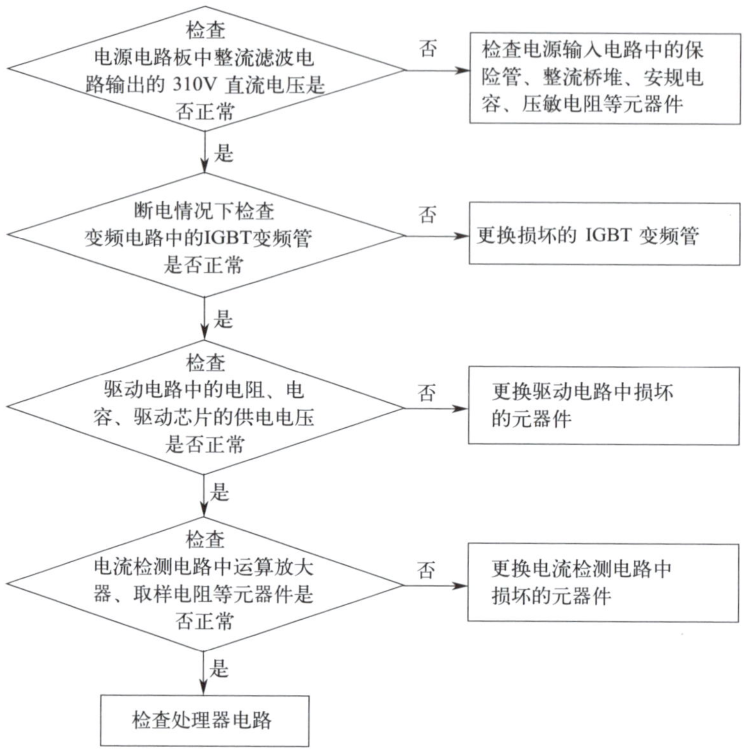

图 6-4　智能冰箱电路板故障检修流程

6.4 快速诊断智能冰箱电路板常见故障

智能冰箱电路板工作在高电压、大电流的环境下，且发热量大，比较容易出现故障，导致智能冰箱无法正常运转。本节将重点讲解智能冰箱电路板的故障维修方法。

6.4.1 快速诊断智能冰箱通电无反应故障

智能冰箱故障中大多是由于开关电源电路不正常或变频电路不正常而造成的。当智能冰箱出现通电无反应故障时，应重点检查温控器开关、PTC 启动器、变频压缩机及电源电路。故障维修方法如下。

① 通电检查冰箱内照明灯是否亮，如图 6-5 所示。

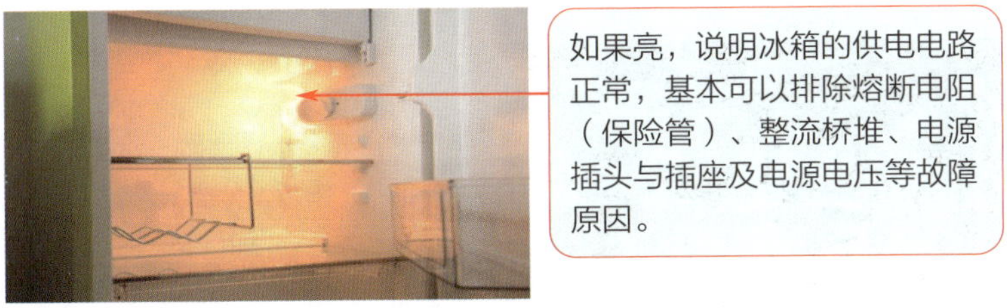

图 6-5 检查变频冰箱内照明灯

② 如果照明灯不亮，接着检查温控器开关、PTC 启动器是否损坏，如图 6-6 所示。

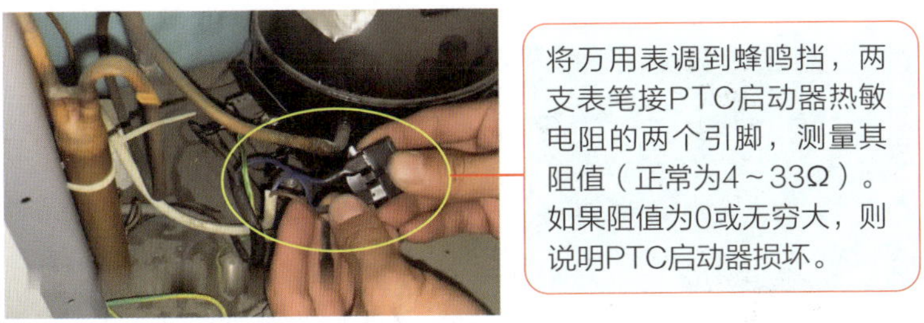

图 6-6 检查温控器开关、PTC 启动器

③ 用手摸压缩机的外壳，感觉压缩机有无温度，能否听见响声，如图 6-7 所示。

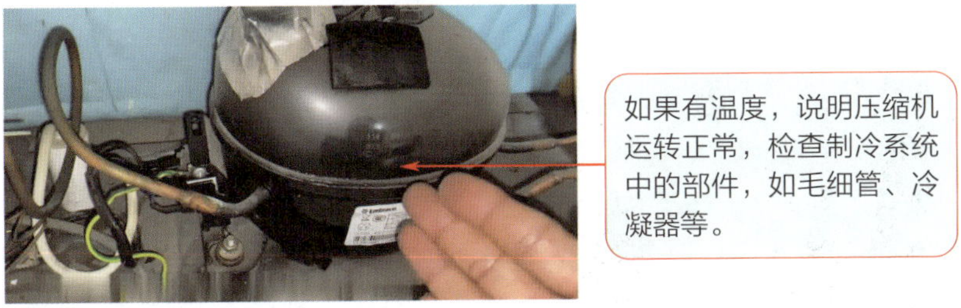

图 6-7 摸变频压缩机的外壳检查有无温度

④ 如果压缩机没有温度，听不见运行声音，则检查冰箱电源电路板中的元器件。如图 6-8 所示。

⑤ 接下来给冰箱通电，检查电路板中变频压缩机的驱动电压及直流 5V/12V 输出电压是否正常，如图 6-9 所示。

⑥ 如果 5V/12V 输出电压不正常（偏高或偏低），则检查开关电源电路中的稳压电路，如图 6-10 所示。

检查电路板中有无烧坏、炸裂、烧黑、鼓包等明显损坏的元器件，更换损坏的元器件，并检查元器件所在的电路。

图 6-8　检查冰箱电路板的元器件

将万用表调到交流电压400V挡，然后将两支表笔接变频压缩机驱动电压输出接口的两个端子，测量驱动电压，正常应为几十伏到一百多伏。然后用万用表直流20V挡测量5V/12V电压输出电路中滤波电容两端的电压，正常应为5V和12V左右，且稳定不跳变。

图 6-9　测量变频压缩机的驱动电压

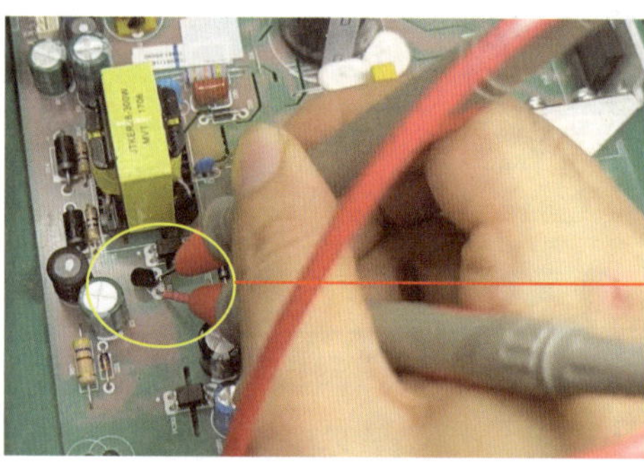

将万用表调到蜂鸣挡，检测稳压电路中的取样电阻、精密稳压器和光耦合器等元器件，并更换损坏的元器件。

图 6-10　检测稳压电路

⑦ 如果 5V/12V 电压为 0V，接着检查变频冰箱电源电路板中交流 220V 输入电压是否正常，如图 6-11 所示。

⑧ 如果 220V 输入电压正常，接着检查电源电路板中整流滤波电路输出的 300V 直流电压是否正常，如图 6-12 所示。

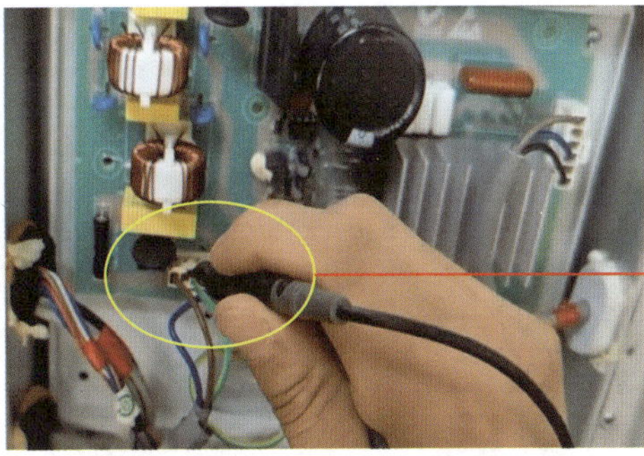

将万用表调到交流电压1000V挡，两支表笔接电压输入接口测量220V交流电压。如果220V交流输入电压不正常，则检查电源线和电源线接头是否有问题。

图 6-11　检查电路板中交流 220V 输入电压

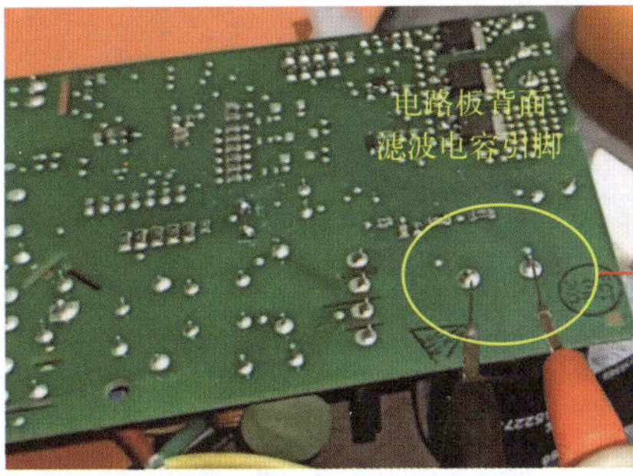

将万用表调到直流电压1000V挡，两支表笔接整流滤波电路中滤波电容的两个引脚，测量300V电压。如果300V直流电压不正常，接着检测EMI滤波电路中的保险管、安规电容、压敏电阻，及整流滤波电路中的整流桥堆、滤波电容等元器件，并更换损坏的元器件。

图 6-12　测量 300V 直流电压

⑨ 如果上一步测量的 300V 电压正常，则说明 EMI 滤波电路和整流滤波电路正常，接着在断电情况下检测开关振荡电路，如图 6-13 所示。

断电并用万用表二极管挡检测集成式电源管理芯片（集成开关管）的芯片VDD端与S端间的管电压，正常为0.5V左右。如果为0，则是击穿损坏；接着测量电源芯片连接的二极管的管电压，正常也为0.5V左右。然后用万用表电阻挡检测电源管理芯片连接的取样电阻是否有短路或断路故障，滤波电容是否被击穿。如果有问题，则更换故障元器件。

图 6-13　检测开关振荡电路

⑩ 如果开关振荡电路中元器件均正常，接着检测输出整流滤波电路中的元器件，如图 6-14 所示。

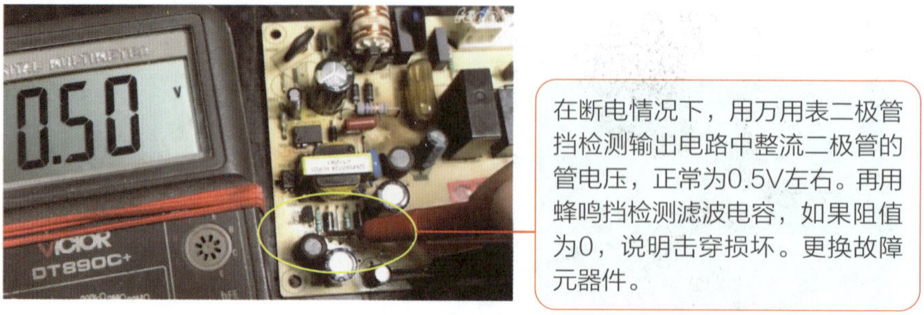

图 6-14 检测输出电路

⑪ 如果第⑤步测量的变频压缩机的驱动电压正常，则检查变频压缩机的连接线及变频压缩机是否有问题，如图 6-15 所示。

图 6-15 检查变频压缩机绕组阻值

⑫ 如果第⑤步测量的变频压缩机驱动电压不正常，接着检查变频冰箱电路板中交流 220V 输入电压是否正常，如图 6-16 所示。

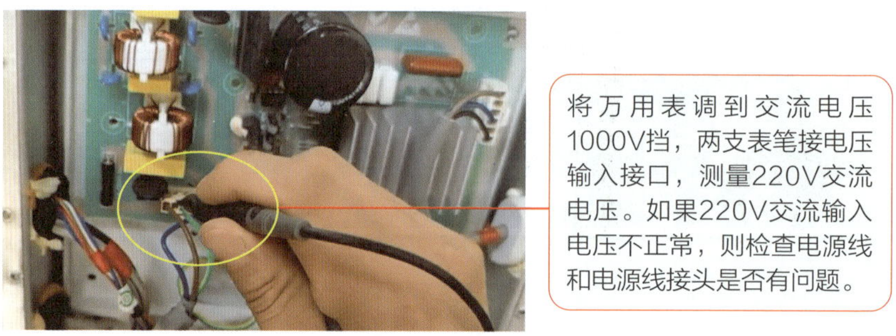

图 6-16 检查电路板中交流 220V 输入电压

⑬ 如果 220V 输入电压正常，接着检查电源电路板中整流滤波电路输出的 310V 直流电压是否正常，如图 6-17 所示。

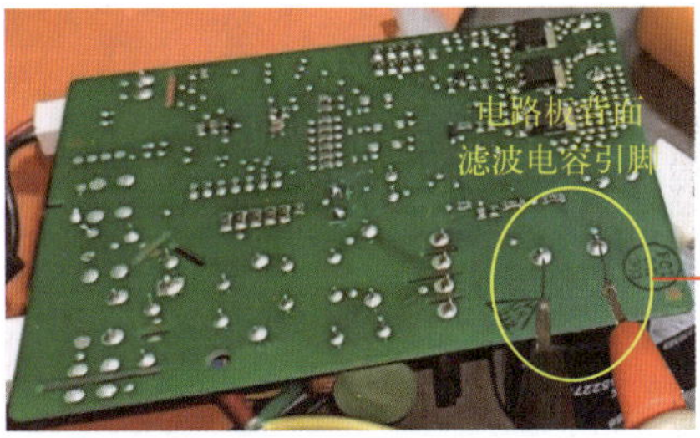

将万用表调到直流电压 1000V挡，两支表笔接整流滤波电路中滤波电容的两个引脚，测量310V电压。如果310V直流电压不正常，接着检查电源输入电路中的保险管、整流桥堆、安规电容、压敏电阻等元器件。

图 6-17　测量 310V 直流电压

⑭ 如果 310V 直流电压正常，则在断电情况下检查变频电路中的 IGBT 变频管是否正常， 如图 6-18 所示。

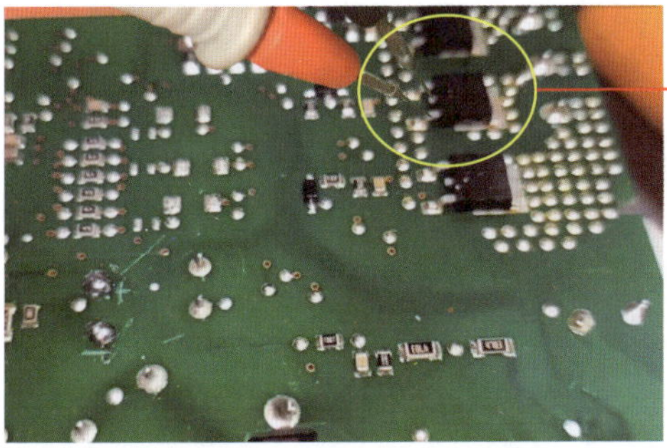

先将电源断开，并将滤波电容中的电释放掉，然后将万用表调到二极管挡。接着将红表笔接IGBT的E极，黑表笔接C极进行测量，正常值为0.45V左右。如果管电压为0或无穷大，说明IGBT变频管损坏，更换损坏的IGBT变频管。

图 6-18　检查变频电路中的 IGBT 变频管

⑮ 如果 IGBT 变频管正常，接着检查驱动电路中的电阻、电容是否正常，检查驱动芯片的供电电压是否正常，如图 6-19 所示。

将万用表调到蜂鸣挡，测量驱动电路中的电容、电阻，如果阻值为0，说明电容或电阻短路损坏。如果元器件没有短路，接着给电路板通电，然后将万用表调到20V直流电压挡，红黑表笔接驱动电路中驱动芯片的15V供电电路中滤波电容的两个引脚测量供电电压。正常为15V。如果供电电压不正常，则检测供电电路中的元器件，并更换损坏的元器件。

图 6-19　检查驱动电路中的元器件及供电电压

⑯ 如果驱动电路正常，接下来检查电流检测电路中运算放大器、取样电阻等元器件是否正常，如图 6-20 所示。

将万用表调到蜂鸣挡，检查电流检测电路中的取样电阻、运算放大器芯片等，并更换损坏的元器件。如果电流检测电路正常，则检查处理器芯片的供电电压。

图 6-20　检查电流检测电路中的元器件

提示　通过测量启动电流和运行电流判断变频冰箱的故障，如图 6-21 所示。

①测量启动电流。用钳形表钳住冰箱电源线，然后接通冰箱的电源，测量启动电流。如果启动电流大于或等于8A，则启动电流过高。启动电流过高一般为变频压缩机启动绕组短路所致，可以用万用表测量变频压缩机启动绕组的阻值来进一步确认故障。

②一般冰箱会在接通电源0.2～0.5s内一瞬间完成从启动到正常运行，进入额定电流值。如果冰箱启动电流值滞后一段时间，再下降至额定电流值，说明冰箱的制冷导管内有局部堵塞。

③测量运行电流。用钳形表钳住冰箱电源线，然后接通冰箱电源，等冰箱启动后，测量的电流为运行电流。如果冰箱运行电流小于额定电流，一般是制冷导管发生堵塞，制冷剂缺少等问题引起的；如果运行电流高于额定电流，一般是充入制冷剂过多，系统内有空气等问题引起的。

图 6-21　测量启动电流和运行电流

6.4.2　快速检测变频冰箱中变频电路的关键信号

通过对变频冰箱中变频电路的一些关键信号进行检测，可以大致判断故障发生的范围。注意，在对变频电路中关键信号进行检测前，首先要在断电的情况下，检测电路板中 IGBT 变频管或 IPM 模块、整流二极管、滤波电容、电阻等元器件，确保没有短路故障，然后再给变频冰箱电路板通电进行关键信号的检测。

（1）快速检测变频压缩机驱动电压

通电检测变频电路时，应首先对变频电路输出的三路变频压缩机驱动电压（U、V、W 电压）进行检测，如图 6-22 所示。

①将万用表调到交流电压400V挡，两支表笔接驱动电压输出接口的任意两个端子，测量驱动电压，正常应该有几十伏到一百多伏。
②若变频压缩机驱动电压正常，则说明变频电路正常；若变频压缩机驱动电压不正常，则需对电源电路送来的供电电压和控制电路送来的逆变电路驱动信号进行检测。

图 6-22　测量压缩机驱动电压

（2）快速检测变频电路 310V 直流供电电压

变频电路中的 IGBT 变频管 /IGBT 模块需要 310V 的供电电压才能正常工作，因此在检测变频电路故障时，先对变频电路的 310V 直流供电电压进行检测，如图 6-23 所示。

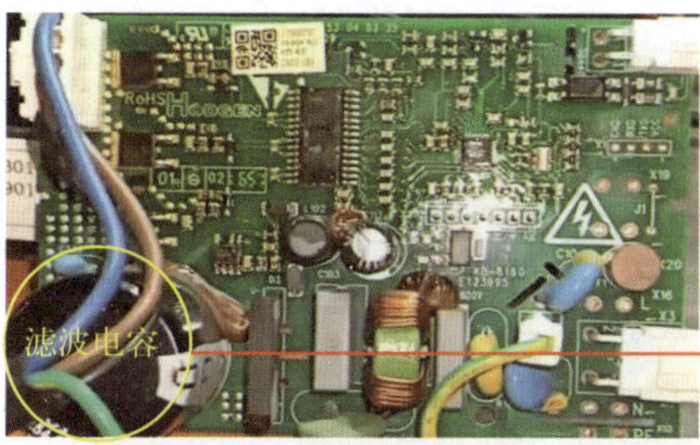

①将万用表调到1000V直流电压挡，两支表笔接电路板背面滤波电容的两个引脚，测量其电压，正常为310V左右。

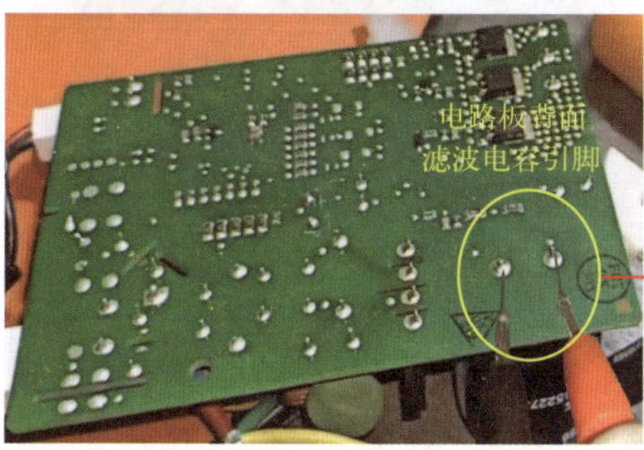

②如果310V直流供电电压不正常，则说明电源供电电路中的EMI滤波电路、整流滤波电路可能有问题，需要重点检查这些电路中的元器件是否损坏；如果310V直流供电电压正常，则继续对另一个工作条件——PWM控制驱动信号进行检测。

图 6-23　测量变频电路 300V 直流供电电压

（3）快速检测变频电路 PWM 控制驱动信号

如果变频电路的 310V 供电电压正常，接下来需对控制电路送来的 PWM 控制驱动信号进行检测。若 PWM 控制驱动信号也正常，而变频电路无输出电压，则多为变频电路中驱动电路故障，应重点检测驱动电路中驱动芯片的供电电压、驱动芯片输出的驱动信号、电阻、电容等元器件，如图 6-24 所示；如果 PWM 控制驱动信号不正常，则需对 CPU 控制电路进行检测。

图 6-24　测量驱动芯片的供电电压

6.5 动手维修：智能冰箱故障维修实战

智能冰箱的故障中，对于通电无反应、指示灯不亮显示屏无显示及不制冷等故障，一般都是电路板或压缩机故障引起的。本节将通过维修案例具体讲解智能冰箱电路板故障的维修方法。

6.5.1　海尔冰箱通电无显示不制冷故障维修

（1）故障现象

一台海尔冰箱，客户反映冰箱通电无显示，不制冷。

（2）故障检测与维修

冰箱通电无显示通常是电源线损坏（如被老鼠咬断），或开关电源电路故障引起的，需重点检查电源电路板故障。故障维修方法如下。

① 首先检查冰箱的电源线，未发现电线损坏的情况。接着拆开电源板的挡板，

检查电源电路板，如图 6-25 所示。

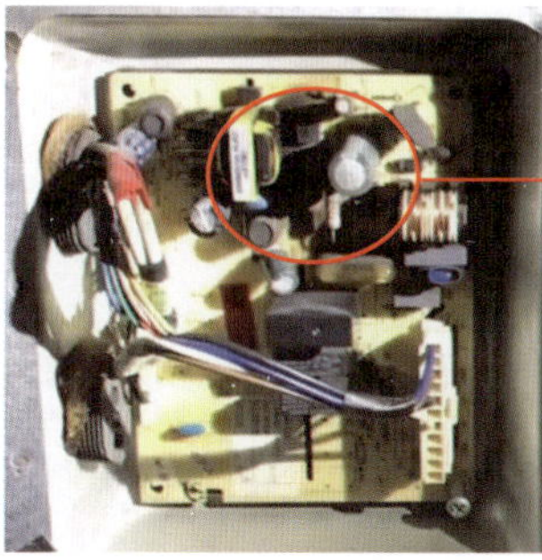

经检查发现电源电路板中有烧坏的痕迹，怀疑是电源电路板元器件损坏引起的。

图 6-25　检查电源电路板外观

② 拆下电源电路板，仔细检查电源电路板中的元器件，如图 6-26 所示。

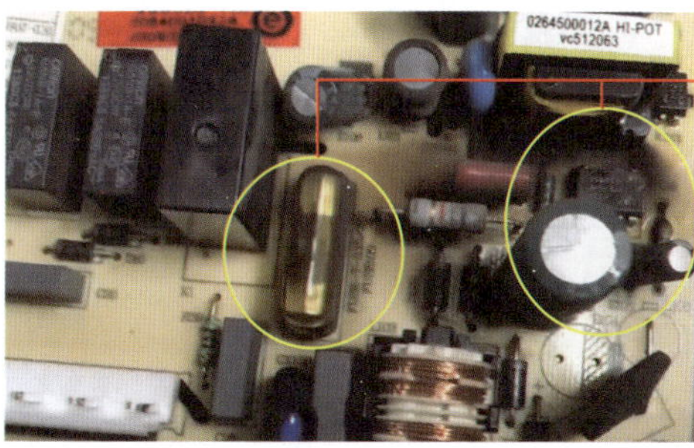

仔细检查电源电路板，发现电路板中的保险电阻、电源控制芯片烧黑损坏，300V滤波电容漏液鼓包损坏。

图 6-26　查找损坏的元器件

③ 将损坏的元器件拆下，用万用表二极管挡检测电路板中所有的二极管，看有无损坏的二极管，如图 6-27 所示。

拆下损坏的元器件，之后将万用表调到二极管挡，检测电路板中所有的二极管（红表笔接二极管正极，黑表笔接负极测量管电压），看有无损坏的二极管（正常管电压应为0.5V左右）。经检查未发现损坏的二极管。

图 6-27　检测电路板中的二极管

④ 检测电路板中的电阻器等元器件，如图 6-28 所示。

用万用表的蜂鸣挡测量电阻器、电容器、光耦合器等元器件，均未发现短路损坏的元器件。

图 6-28　检测电阻器等元器件

⑤ 更换损坏的元器件，通电测试，如图 6-29 所示。

将新的同型号的电源控制芯片、滤波电容、保险电阻等元器件焊接到电路板，进行通电测试。

图 6-29　更换损坏的元器件

⑥ 给电路板通电，测量 5V 输出电压，如图 6-30 所示。

将万用表调到直流电压20V挡，测量5V输出整流滤波电路中的整流二极管负极与接地端的电压。测量的电压值为5V，电压正常。

图 6-30　测量 5V 输出电压

⑦ 再测量 12V 输出电压，如图 6-31 所示。

⑧ 将电路板安装回冰箱，通电测试，如图 6-32 所示。

将万用表调到直流电压20V挡，测量12V输出整流滤波电路中的整流二极管负极与接地端的电压。测量的电压值为12.6V，电压正常。

图 6-31　测量 12V 输出电压

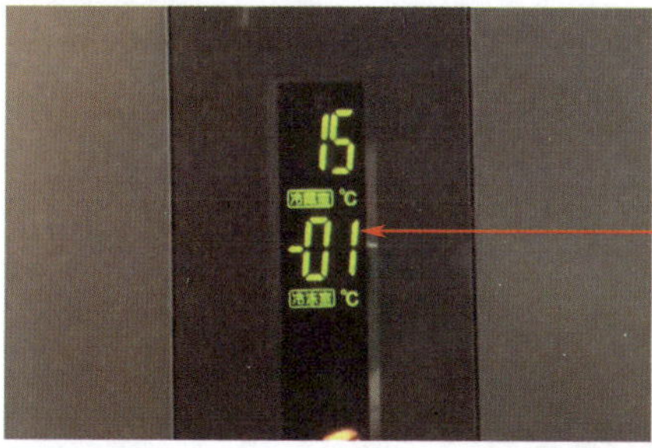

通电测试，冰箱显示板可以正常显示，且制冷正常，故障排除。

图 6-32　通电测试

6.5.2　新飞冰箱不通电显示屏不亮故障维修

（1）故障现象

一台新飞冰箱，客户反映冰箱不通电，显示屏不亮。

（2）故障检测与维修

冰箱不通电通常是冰箱电源线断线或冰箱电源板故障引起的，需重点检查电源电路板故障。故障维修方法如下。

① 检测电路板中的元器件，如图 6-33 所示。

首先检测电路板中有无明显烧黑、断裂、鼓包等损坏的元器件。经检查未发现明显损坏的元器件。然后用万用表测量电源板上主要元器件是否有短路的故障（如保险管、整流二极管、滤波电容、电阻、开关管等）。经检查未发现短路损坏的元器件。

图 6-33　检测电路板中的元器件

② 给电路板通电，测量 5V 输出电压，如图 6-34 所示。

将万用表调到直流电压20V挡，红表笔接5V电压输出端的正极，黑表笔接负极，测量5V输出电压。测量值为0V，没有5V输出电压。

图 6-34　测量 5V 输出电压

③ 测量 12V 输出电压，如图 6-35 所示。

将万用表调到直流电压20V挡，红表笔接12V电压输出端的正极，黑表笔接负极，测量12V输出电压。测量值为0V，没有12V输出电压。

图 6-35　测量 12V 输出电压

④ 测量整流滤波电路输出的电压，如图 6-36 所示。

将万用表调到直流电压1000V挡，两支表笔接整流滤波电路中的大电容两端，测量直流电压。测量的电压为331.4V，电压正常。

图 6-36　测量整流滤波电路输出的电压

⑤ 怀疑输出电路有问题，然后检测输出电路中的元器件，如图 6-37 所示。

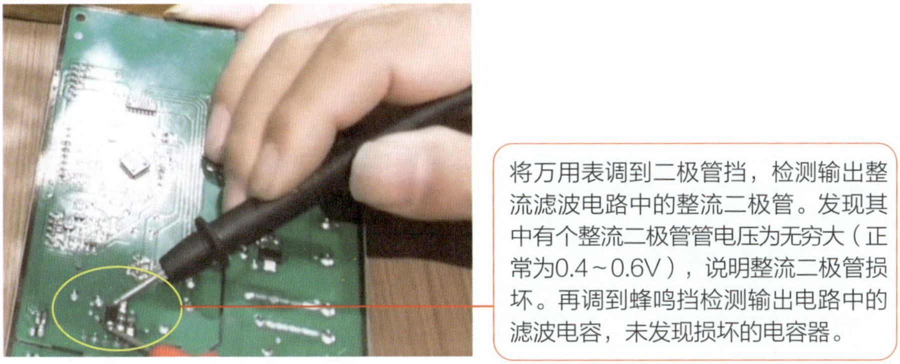

图 6-37　检测整流二极管和滤波电容

⑥ 更换同型号的整流二极管，如图 6-38 所示。

图 6-38　更换损坏的二极管

⑦ 更换损坏的二极管后，给电路板接上电源，进行测试，如图 6-39 所示。

图 6-39　通电测试

6.5.3 松下变频冰箱显示屏闪动不制冷故障维修

（1）故障现象

一台松下变频冰箱，客户反映冰箱通电后，显示屏无法正常显示，一直闪动，并且冰箱不能制冷。

（2）故障检测与维修

根据故障现象分析，由于冰箱显示屏显示不正常，而显示屏由控制电路控制，如果控制电路出现故障，就无法正常向变频电路发出控制信号，从而导致变频电路无法正常工作，变频器不能正常运转。也有可能控制电路和变频电路同时有故障，接下来重点检查这些方面的故障。故障维修方法如下。

① 给冰箱通电，观察冰箱故障现象，如图 6-40 所示。

图 6-40 观察冰箱故障现象

② 检查冰箱的变频压缩机和电路板，如图 6-41 所示。

图 6-41 检查冰箱的变频压缩机和电路板

③ 变频压缩机没有运转，可能是变频压缩机损坏，也可能是电路板故障，导致没有驱动电压输出。接下来先检查电路板，如图 6-42 所示。

图 6-42　检查电路板中的元器件

④ 由于显示屏不能正常显示，而显示屏由控制电路控制，接下来检测控制电路的 14V 工作电压，如图 6-43 所示。

图 6-43　检测 14V 供电电压

⑤ 由于控制电路的 14V 电压是由电源电路输送的，接下来先将电源电路板拆下，进行检查，如图 6-44 所示。

图 6-44　检查电源电路板

⑥ 检测 14V 供电电路中的元器件，如图 6-45 所示。

用万用表检测稳压二极管、电感、电容等元器件，发现稳压二极管的管电压正常，电感没有断路故障，滤波电容也未发现明显短路损坏。

图 6-45　检测 14V 供电电路中的元器件

⑦ 用替换法进一步检测，如图 6-46 所示。

怀疑滤波电容的容量可能降低，导致14V电压不稳定。接着将一个同型号好的滤波电容并联到14V供电电路中进行测试。

图 6-46　用替换法进一步检测

⑧ 将电源电路板接入到冰箱进行测试，如图 6-47 所示。

将电源电路板接入冰箱后，给冰箱通电，然后将万用表调到20V直流电压挡，黑表笔接地，红表笔接14V电压测试点，测量控制电路板中的14V电压。测量的电压值为13.96V，且很稳定，说明供电电压正常了。

图 6-47　将电源电路板接入到冰箱进行测试

⑨ 检查冰箱的显示屏，如图 6-48 所示。

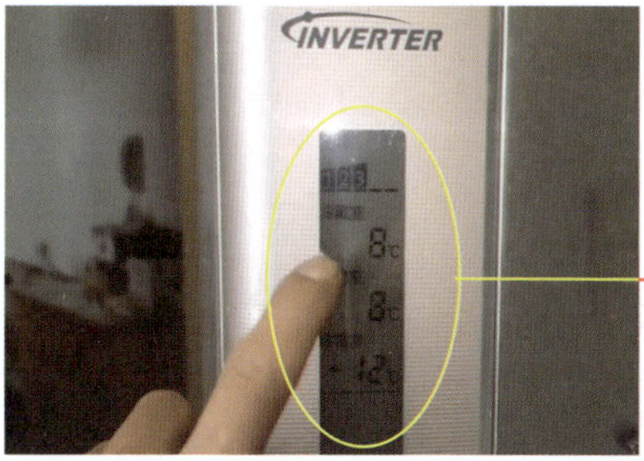

图 6-48　检查冰箱的显示屏

⑩ 接下来更换电容器，如图 6-49 所示。

图 6-49　更换电容器

⑪ 再次接通电源进行测试，如图 6-50 所示。

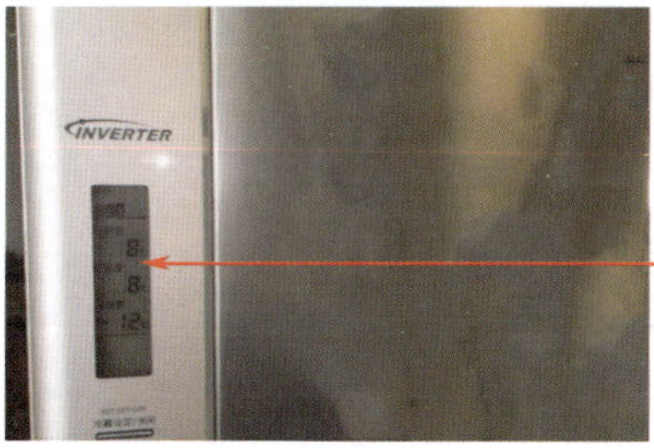

图 6-50　测试变频冰箱

6.5.4　容声变频冰箱无法制冷故障维修

（1）故障现象

一台容声变频冰箱，客户反映冰箱不制冷。

（2）故障检测与维修

根据故障现象分析，冰箱不制冷，应该是变频压缩机没有工作，导致变频压缩机无法工作的原因可能是变频压缩机损坏、变频电路故障等，接下来重点检查变频电路的故障。故障维修方法如下。

① 给冰箱通电，观察冰箱的故障现象，如图 6-51 所示。

图 6-51　观察冰箱故障现象

② 检查冰箱的变频压缩机和电路板，如图 6-52 所示。

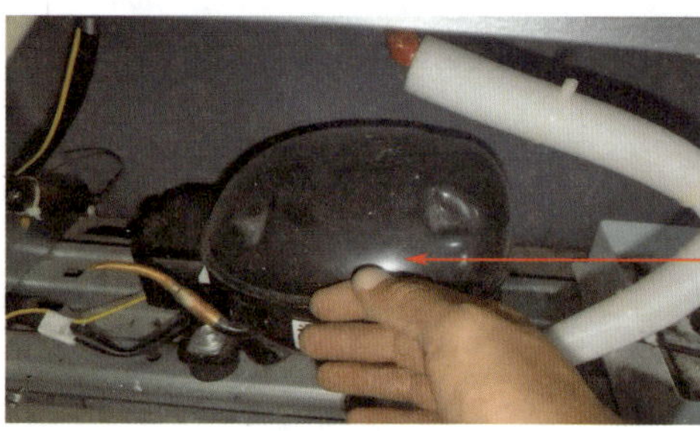

图 6-52　检查冰箱的变频压缩机和电路板

③ 变频压缩机没有运转，可能是变频压缩机损坏，也可能是电源电路板故障，导致没有压缩机驱动电压输出。接下来先检查电路板，如图 6-53 所示。

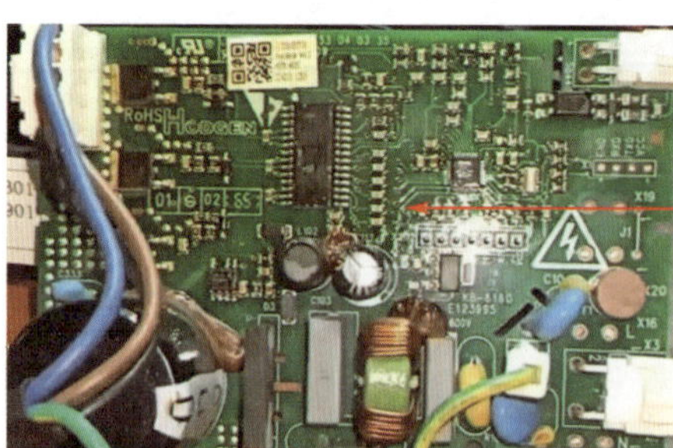

图 6-53　检查电路板

④ 检查变频压缩机的驱动电压，如图 6-54 所示。

图 6-54　检查变频压缩机的驱动电压

⑤ 检查电路板中整流滤波电路输出的 310V 直流电压，如图 6-55 所示。

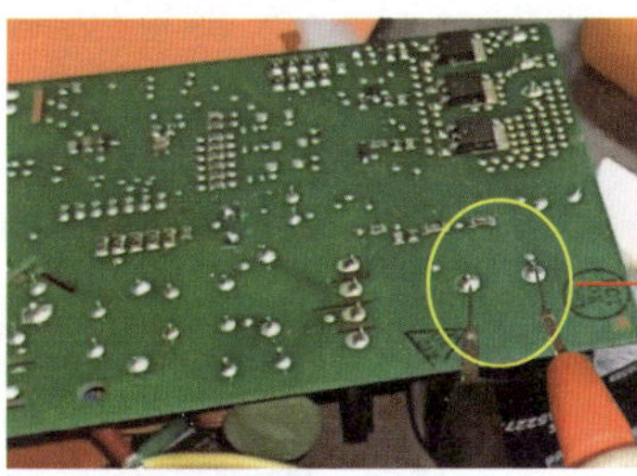

图 6-55　检查电路板中整流滤波电路

⑥ 310V 直流电压正常，则逆变电路中的 IGBT 变频管的供电电压就正常。接下来检测 IGBT 变频管，如图 6-56 所示。

图 6-56　检测 IGBT 变频管

⑦ 逆变电路工作的另一个条件是有驱动控制信号。此驱动控制信号一般由驱动电路提供，接着检测驱动电路中的元器件，如图 6-57 所示。

一般驱动电路中驱动芯片的15V供电电路中的滤波电容、电感等比较容易损坏。接下来给电路板通电，然后将万用表调到直流电压20V挡，红黑两支表笔接电路板背面滤波电容的两个引脚，测量供电电压。测量的电压值为11.9V，电压偏低。

图 6-57　检测驱动电路中的元器件

⑧ 通常电压偏低都是由于滤波电容容量下降引起，接下来用替换法进行检测，如图 6-58 所示。

用替换法更换掉15V供电电路中的滤波电容，然后进行测试。给电路板通电，将万用表调到直流电压20V挡，红黑表笔接电路板背面新换的滤波电容的两个引脚，测量供电电压。测量的电压值为15.19V，电压正常。

图 6-58　用替换法进行检测

⑨ 最后将电路板装回冰箱进行测试，如图 6-59 所示。

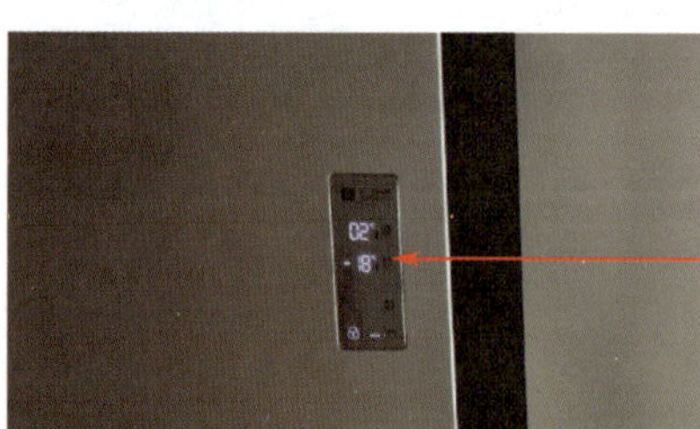

给冰箱通电进行测试。冰箱工作一会儿后，检查冰箱的温度，显示-18℃，打开冷冻室，有凉气，冰箱工作正常，故障排除。

图 6-59　将电路板装回冰箱进行测试

6.5.5 海尔变频冰箱显示正常但不制冷故障维修

（1）故障现象

一台海尔变频冰箱，客户反映冰箱通电后，显示屏可以正常显示并设置温度，但是不能制冷，也不显示任何故障代码。

（2）故障检测与维修

根据故障现象分析，冰箱不制冷，应该是变频压缩机没有工作，而导致变频压缩机无法工作的原因可能是变频压缩机损坏、变频电路故障等，接下来重点检查此这两方面故障。故障维修方法如下。

① 给冰箱通电，观察冰箱故障现象，如图 6-60 所示。

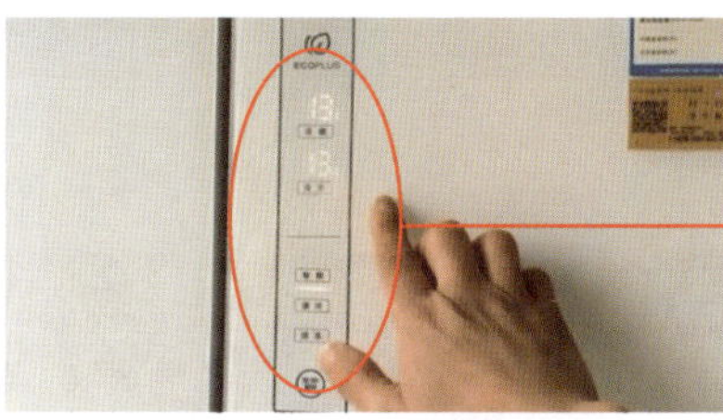

将冰箱通电，然后设置冷冻室为−18℃，过了一会发现温度一直在13℃没降低。打开冰箱门，冰箱内的照明灯正常点亮，故障如客户所言。

图 6-60　观察冰箱故障现象

② 检查冰箱的变频压缩机是否运转，如图 6-61 所示。

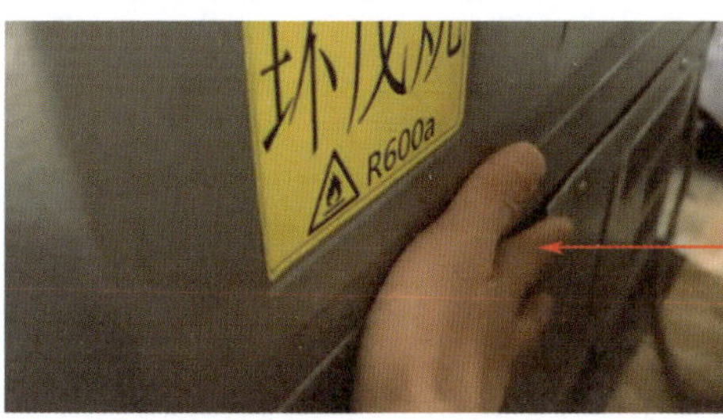

在通电状态下，先用手摸冰箱后面压缩机位置挡板，发现没有响声和任何振动，说明变频压缩机没有运转。

图 6-61　检查变频压缩机和电路板

③ 拆开冰箱外壳，拆下变频板进行检查，如图 6-62 所示。

④ 断开电源，拆下变频压缩机的电源线，测量变频压缩机的阻值，如图 6-63 所示。

⑤ 拆开变频板外壳，检查变频电路板，如图 6-64 所示。

⑥ 用万用表检测变频电路板中的元器件，如图 6-65 所示。

⑦ 给变频电路板接上电源，然后检测电路板中的关键信号，如图 6-66 所示。

⑧ 更换损坏的滤波电容，然后再次测量，如图 6-67 所示。

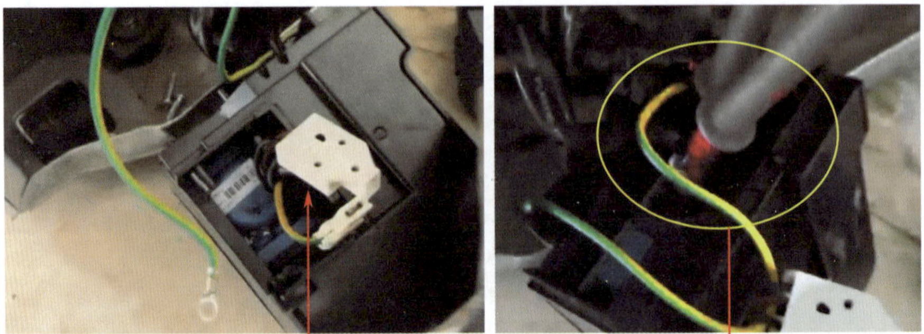

①拆下变频板后，在通电状态下，检查变频板指示灯，发现指示灯未被点亮。

②接着将万用表调到交流电压1000V挡，两表笔接变频板电源接口，测量输入电压。测量值为224V，电压正常。

图 6-62　检查变频板

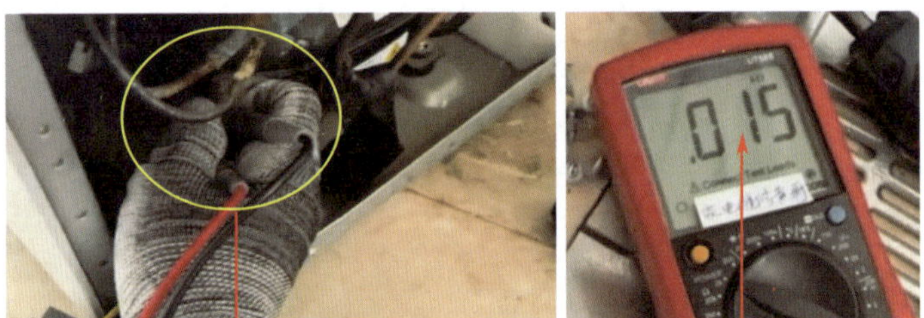

将万用表调到欧姆挡，两支表笔接变频压缩机接线柱的任意两个，测量3组阻值，测量值都为15Ω，说明变频压缩机正常。

图 6-63　检测变频压缩机

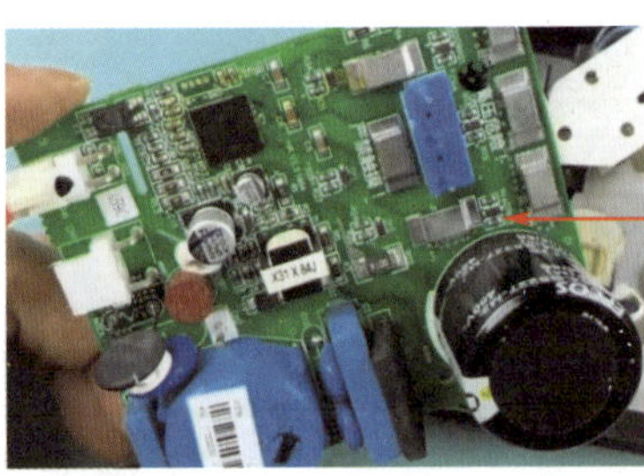

检查电路板中有无明显烧坏、发黑、炸裂、鼓包等损坏的元器件。经检查，未发现明显损坏的元器件。

图 6-64　检查变频电路板

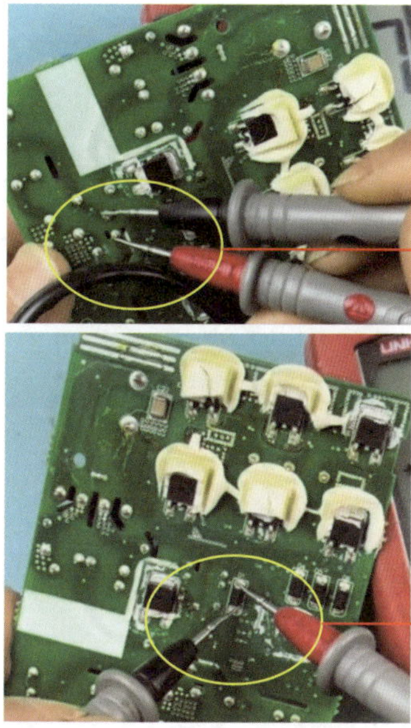

图 6-65　检测变频电路板中的元器件

图 6-66　检测电路板中的关键信号

所测电容器两端的电压不正常，说明电容器可能损坏。更换一个参数相同的电容器。然后再次通电测量，测得电压值为24.1V，电压值变正常。

图 6-67　更换损坏的滤波电容并测量

⑨ 将变频板装回冰箱，然后通电检测，如图 6-68 所示。

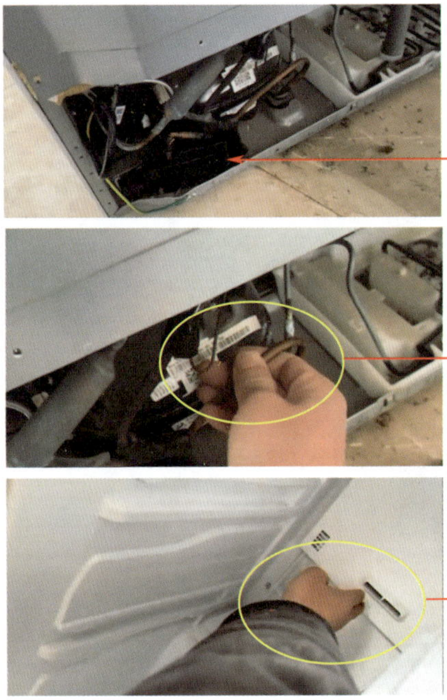

①将变频板安装回冰箱，然后通电测试。

②通电一会儿后，用手摸变频压缩机连接的铜管，铜管变凉，说明压缩机工作正常。

③打开冰箱门，把手放在通风口，可以感觉到凉风，说明冰箱恢复正常，故障排除。

图 6-68　通电检测

第 7 章

智能洗衣机故障维修实战

智能全自动洗衣机中故障率较高的是电源电路、上盖控制系统、排水系统、电动机等，因此在维修智能全自动洗衣机时，要重点掌握电源电路、上盖控制系统、排水系统等常见故障的维修诊断技巧。本章将重点讲解智能全自动洗衣机易坏元件、故障检测点、故障检修流程、常见故障维修和故障维修实战案例等内容。

7.1 智能全自动洗衣机易坏元件

智能全自动洗衣机易坏元器件主要有继电器、压敏电阻、整流二极管、滤波电容、电源控制芯片、开关管（有的集成在电源控制芯片中）、开关变压器、二极管、取样电阻、稳压器、精密稳压器、光耦合器、水位传感器、进水阀、排水泵、电动机等，如图 7-1 所示。

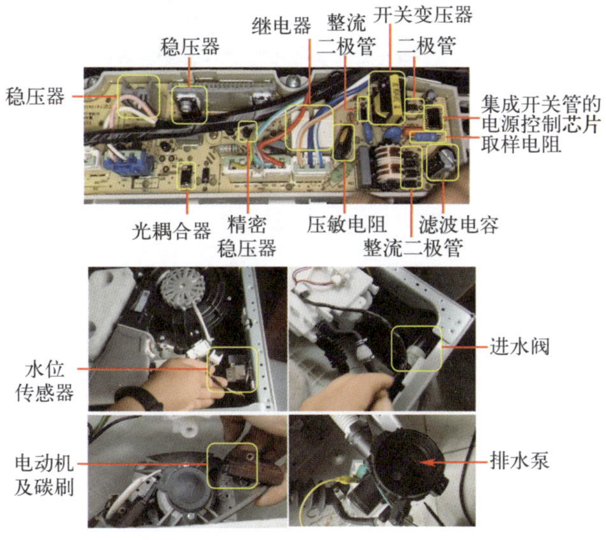

图 7-1 智能全自动洗衣机易坏元件

7.2 智能全自动洗衣机电路板故障检测点

由于智能全自动洗衣机工作在潮湿的环境中，极易引起一些元件接触不良或短路损坏，如电路板中的电容、传感器等。因此在进行故障检测时，要重点检测这些易坏元器件，以便快速找到故障原因。下面介绍智能洗衣机的故障检测点。

7.2.1 关键电压检测点

诊断智能全自动洗衣机电路板故障时，可以通过测量电路中关键电压信号来排查故障发生在哪个功能电路中。如通过测量整流滤波电路中滤波电容的300V直流电压是否正常，来判断EMI滤波电路和整流滤波电路工作是否正常，以此来缩小故障排查区域，快速找到故障点。图7-2所示为智能全自动洗衣机电路板关键电压检测点。

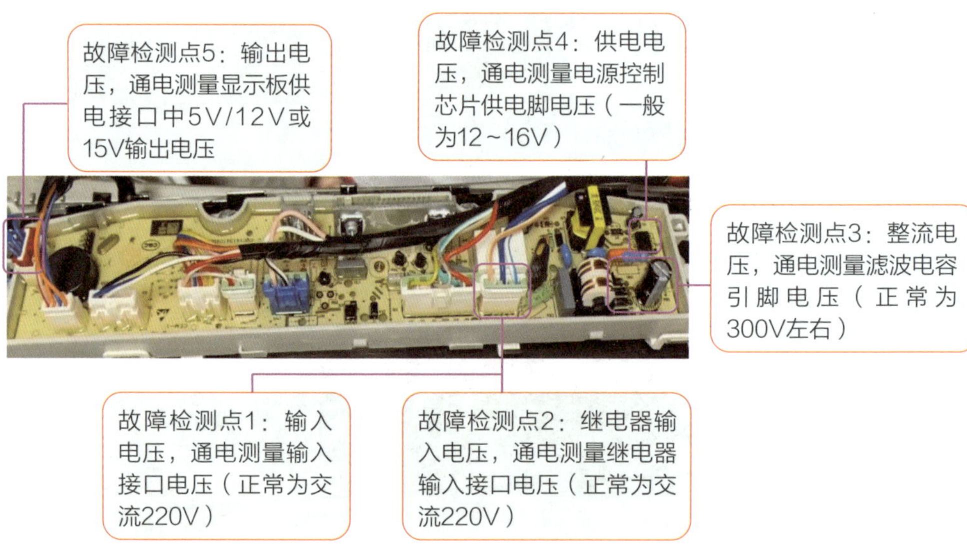

图7-2 智能全自动洗衣机电路板关键电压检测点

7.2.2 关键元器件检测点

检查智能全自动洗衣机故障时，要重点检测故障率较高的元器件，这样可以快速找到故障原因。图7-3所示为智能全自动洗衣机关键元器件检测点。

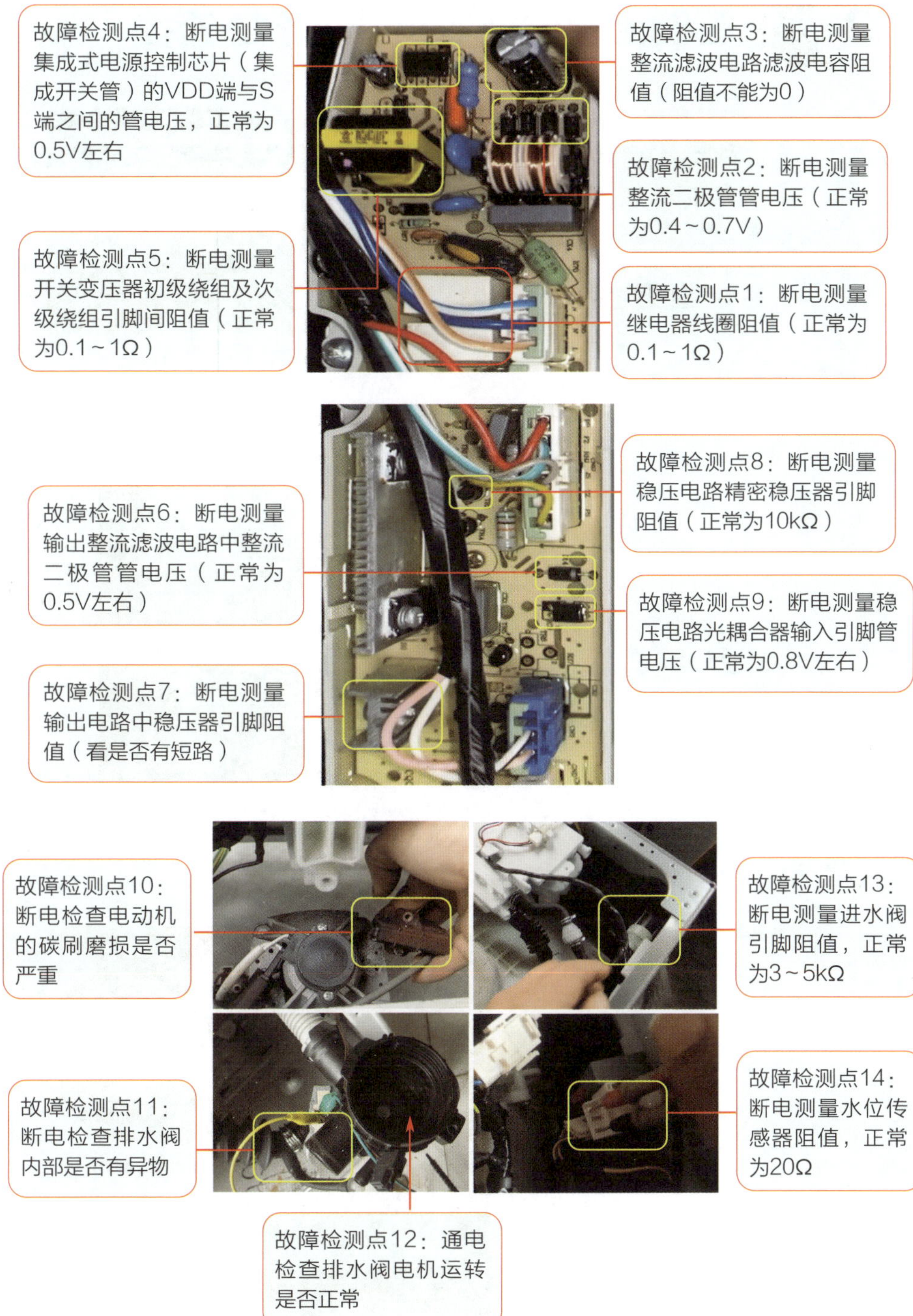

图 7-3　智能全自动洗衣机关键元器件检测点

7.3 智能全自动洗衣机故障诊断流程

智能全自动洗衣机常见故障主要表现为洗衣机不排水、洗衣机不开机、洗衣机不进水、洗衣机脱水内桶不转等。造成智能全自动洗衣机故障的原因可能是电源电路板故障、显示板故障、传感器故障、进水阀故障、排水阀故障、电动机故障等。图 7-4 所示为智能全自动洗衣机不通电故障检修流程。

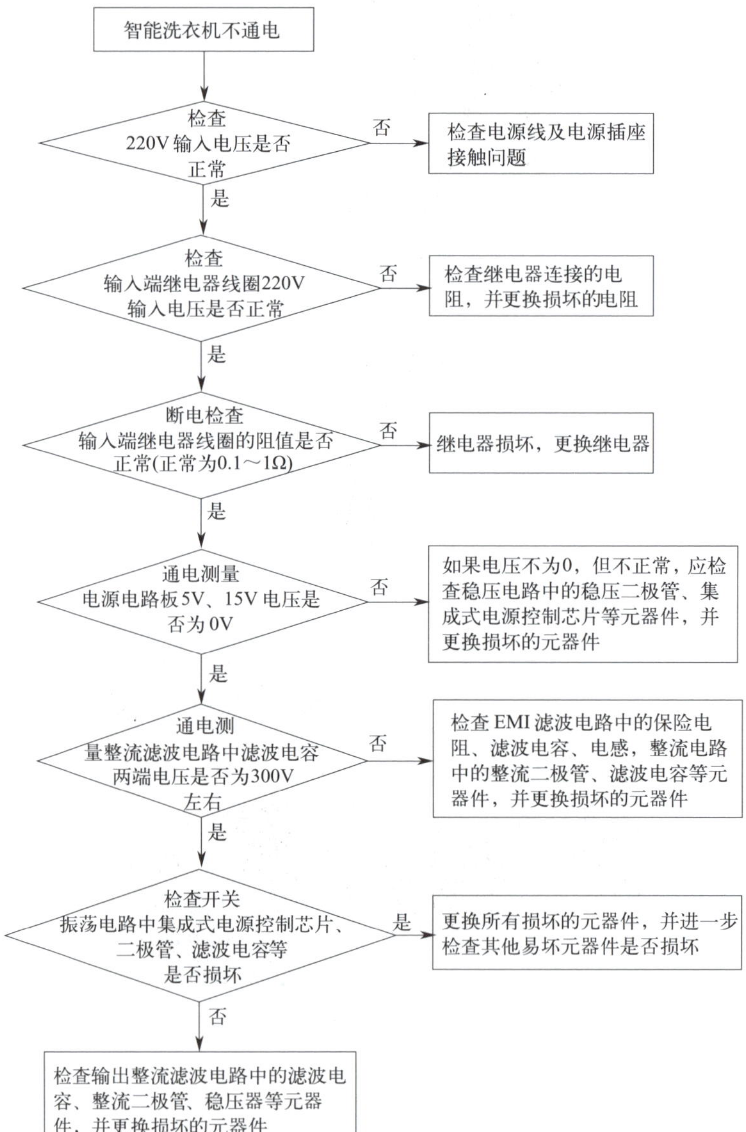

图 7-4　智能全自动洗衣机不通电故障检修流程

7.4 快速诊断智能全自动洗衣机不通电故障

智能全自动洗衣机工作在潮湿的环境，电源电路板、各种传感器等容易出现故障，导致智能全自动洗衣机通电无反应、无法正常运转等故障。本节将重点讲解智能全自动洗衣机不通电故障的维修方法。

智能洗衣机通电无反应故障维修方法如下。

① 拆下电路板，检查电路板中的元器件是否正常，如图 7-5 所示。

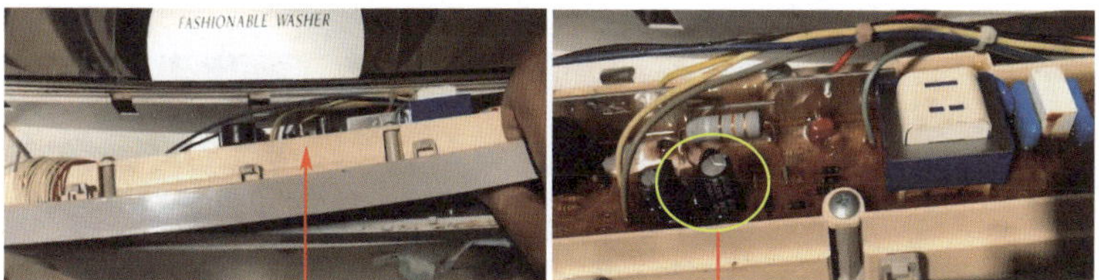

先拆开洗衣机的显示板和电源板，然后检查电源电路板，看电源电路板中有无鼓包、烧黑、开裂等明显损坏的元器件。如果有损坏的元器件，更换即可。

图 7-5 检查电源电路板中的元器件

② 如果电源电路板中无明显损坏的元器件，接着通电检测电源电路板电源输入接口的 220V 交流电压是否正常，如图 7-6 所示。

将万用表调到交流电压750V挡，两支表笔接电源电路板中电源插座的L、N电源线的针脚，测量交流电压，正常电压值为交流220V左右。如果电压不正常，则检查电源输入线及电源接口有无接触不良问题。

图 7-6 测量输入电压

③ 检测电源输入端继电器的控制电压是否正常，如图 7-7 所示。

④ 如果输入电压正常，接着通电测量 5V/12V 输出电压是否正常，如图 7-8 所示。

⑤ 如果 5V/12V 电压为 0V，接着检查电源电路板中整流滤波电路输出的 300V 直流电压是否正常，如图 7-9 所示。

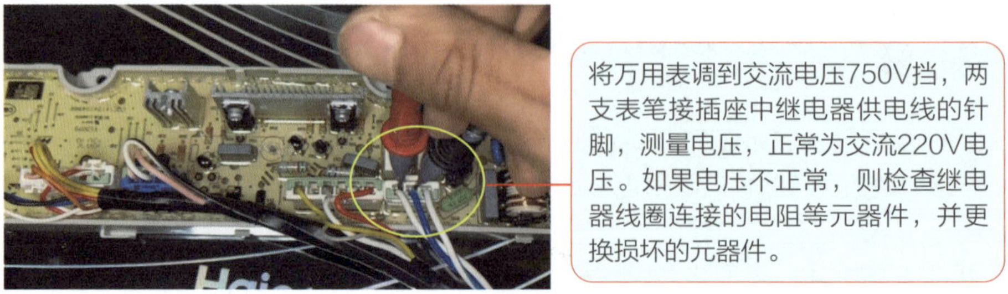

图 7-7　检测继电器控制电压

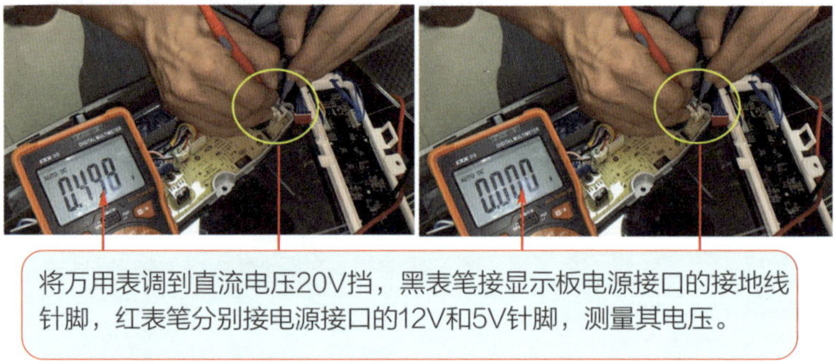

图 7-8　测量 5V 和 12V 电压

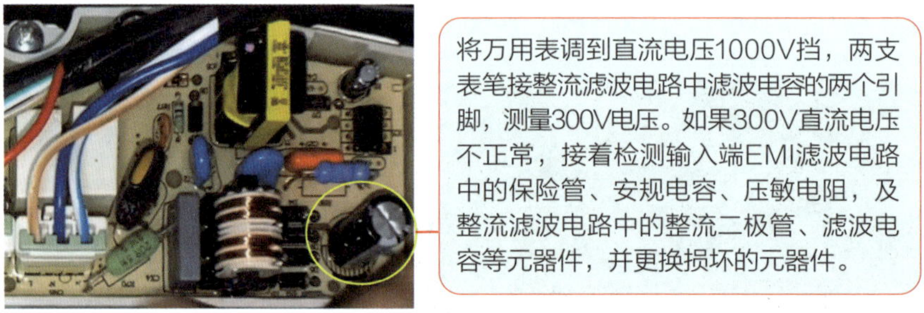

图 7-9　测量 300V 直流电压

⑥ 如果上一步测量的 300V 电压正常，则说明 EMI 滤波电路和整流滤波电路正常，接着在断电情况下检测开关振荡电路，如图 7-10 所示。

⑦ 如果开关振荡电路中元器件均正常，接着检测输出整流滤波电路中的元器件，如图 7-11 所示。

⑧ 如果 5V/12V 电压过低或过高，则检测稳压电路中的精密稳压器、分压电阻、光耦合器等元器件，并更换损坏的元器件。

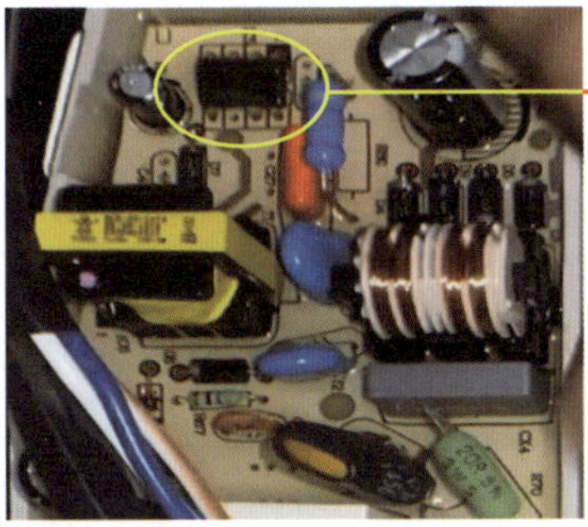

断电并用万用表二极管挡检测集成式电源管理芯片（集成开关管）的VDD端与S端之间的管电压，正常为0.5V左右。如果为0，则是击穿损坏；接着测量电源芯片连接的二极管的管电压，正常也为0.5V左右。然后用万用表电阻挡检测电源管理芯片连接的取样电阻是否有短路或断路故障，滤波电容是否被击穿。如果有问题，则更换故障元器件。

图 7-10　检测开关振荡电路

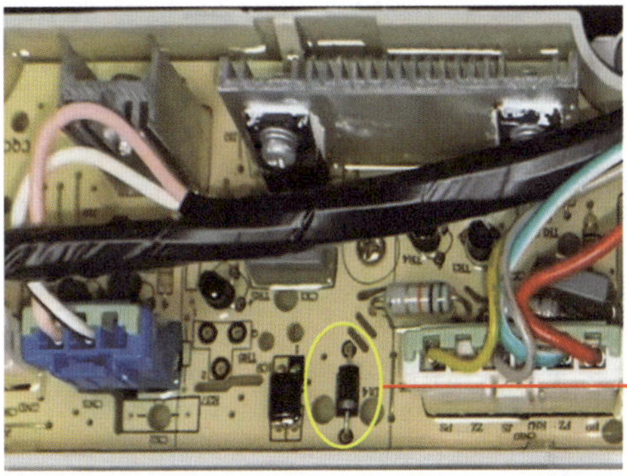

在断电情况下，用万用表二极管挡检测输出电路中整流二极管的管电压，正常为0.5V左右。再用蜂鸣挡检测滤波电容，如果阻值为0，说明击穿损坏。更换损坏的元器件。另外，通电测量稳压器输入引脚电压和输出引脚电压是否正常，如果输入电压正常，输出电压不正常，则是稳压器损坏。

图 7-11　检测输出电路

7.5 动手维修：全自动洗衣机故障维修实战

关于全自动洗衣机故障的维修方法，前面章节已经做了分析，本节将通过几个典型实例来讲解全自动洗衣机故障的检测维修过程。

7.5.1 美的全自动洗衣机不脱水故障维修

（1）故障现象

一台美的全自动洗衣机，客户反映开机后，洗衣机可以正常转动洗涤，但脱水时显示“E2”故障代码，无法正常脱水。

（2）故障检测与维修

根据故障代码分析，“E2”故障代码表示脱水超时，因此故障应该与脱水系统中的零部件问题有关，应重点检查脱水系统中的零部件故障。故障维修方法如下。

① 将洗衣机接上电源，然后进行脱水测试，如图 7-12 所示。

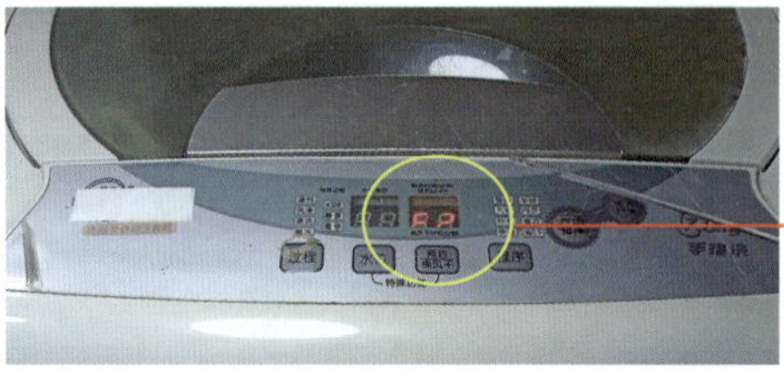

图 7-12 开机查看故障现象

② 拆开洗衣机的上盖，检查脱水的相关部件是否正常，如图 7-13 所示。

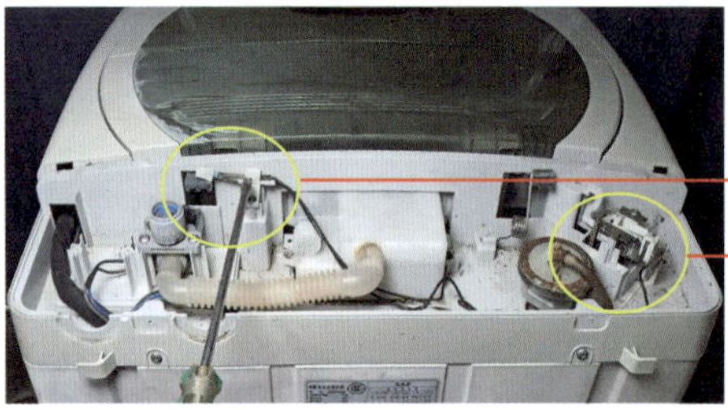

图 7-13 检查脱水系统的部件

③ 修复防撞开关问题，如图 7-14 所示。

图 7-14 修复防撞开关

④ 修复上盖开合控制器接触不良问题，如图 7-15 所示。

⑤ 将全自动洗衣机上盖装好，然后通电开机进行脱水测试，如图 7-16 所示。

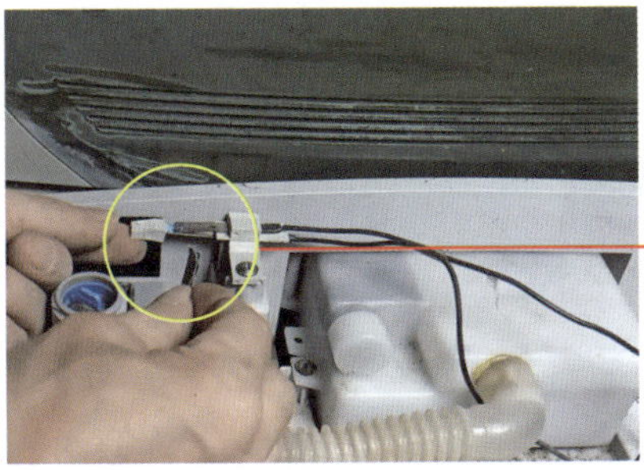

图 7-15　修复上盖开合控制器

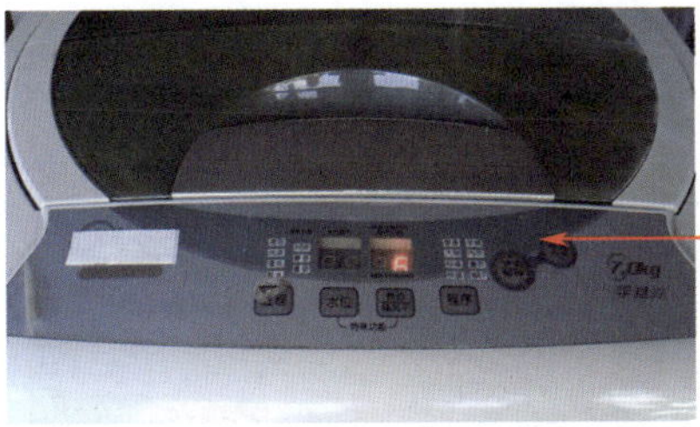

图 7-16　测试全自动洗衣机

7.5.2　海尔全自动洗衣机不通电故障维修

（1）故障现象

一台海尔全自动洗衣机，客户反映洗衣机接上电源后，按电源开关没反应，即通电无法开机。

（2）故障检测与维修

根据故障现象分析，通电无法开机可能是触摸板问题、电源电路板问题、电源线问题或电源插座问题等引起，接下来重点检查这几个方面。故障维修方法如下。

① 将洗衣机接上电源，查看全自动洗衣机故障现象，如图 7-17 所示。

图 7-17　开机查看故障现象

② 用万用表测量供电电压是否正常，如图 7-18 所示。

图 7-18　测量供电电压

③ 拆开洗衣机的电源板和显示板，测量供电电压是否正常，如图 7-19 所示。

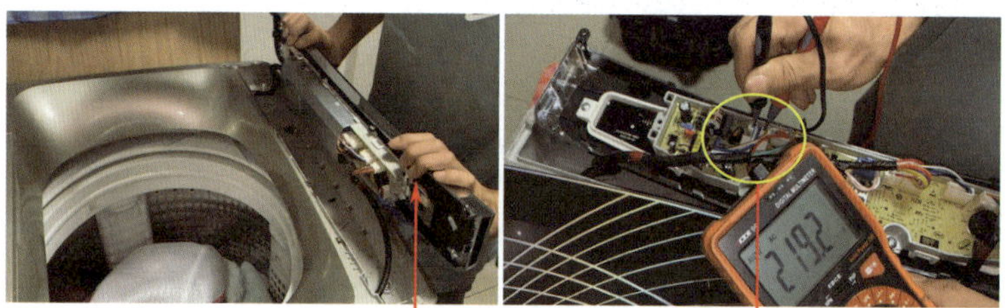

图 7-19　测量电源板电源插座的电压

④ 由于显示板问题也会导致按电源开关后无法开机的故障，接下来先清洁显示板，如图 7-20 所示。

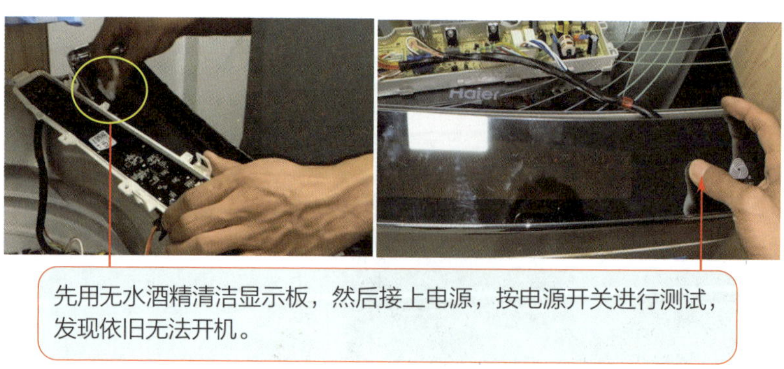

图 7-20　清洁显示板

⑤ 测量显示板的供电电压是否正常，如图 7-21 所示。

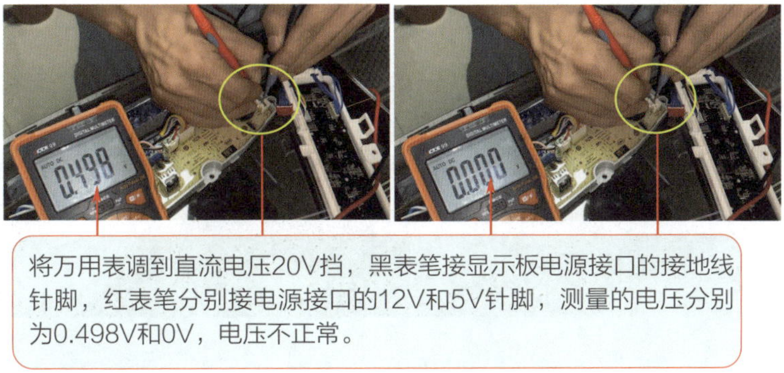

图 7-21　测量显示板的供电电压

⑥ 显示板接口电压不正常，可能是电源板电路没有正常工作，接下来先测量电源板中的继电器是否正常，如图 7-22 所示。

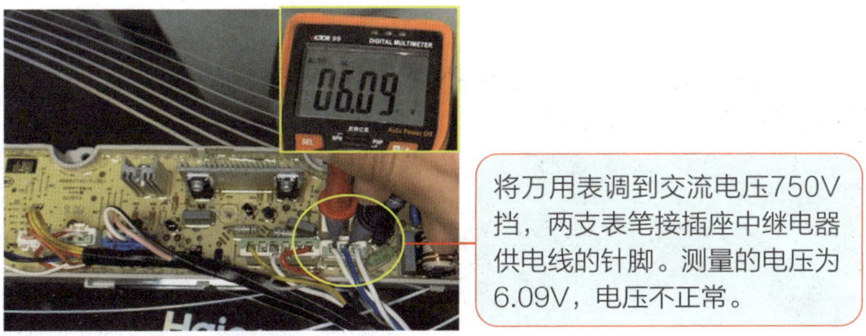

图 7-22　测量电源板继电器供电电压

⑦ 怀疑电源板中继电器相关电路有问题，接着拆开电源板的外壳，并检测继电器电路中的元器件是否正常，如图 7-23 所示。

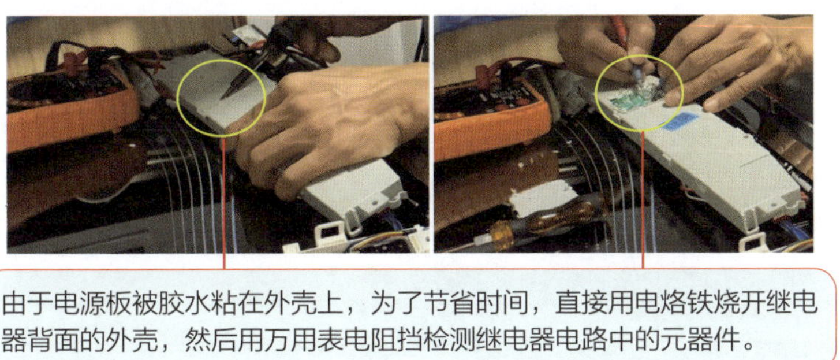

图 7-23　检测继电器电路中的元器件

⑧ 经检测发现继电器电路中的一个贴片电阻器损坏，直接更换损坏的电阻器，

如图 7-24 所示。

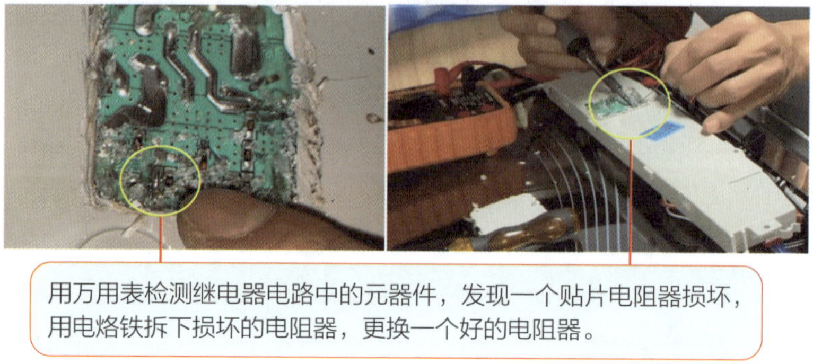

图 7-24 更换损坏的元器件

⑨ 更换损坏的电阻器后，给洗衣机通电，然后按电源开关进行测试，如图 7-25 所示。

图 7-25 测试洗衣机

7.5.3 三洋全自动洗衣机不工作故障维修

（1）故障现象

一台三洋全自动洗衣机，客户反映洗衣机接上电源后按电源开关不工作。

（2）故障检测与维修

根据故障现象分析，洗衣机通电无法开机工作可能是触摸板故障、电源电路板故障、电源线故障或电源插座故障等引起，接下来重点检查这几个方面。故障维修方法如下。

① 将洗衣机接上电源，然后查看全自动洗衣机故障现象，如图 7-26 所示。

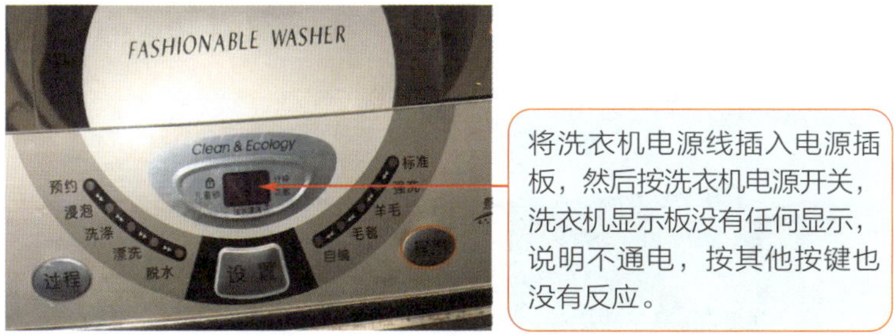

图 7-26　开机查看故障现象

② 拆开洗衣机的电源板和显示板，测量供电电压是否正常，如图 7-27 所示。

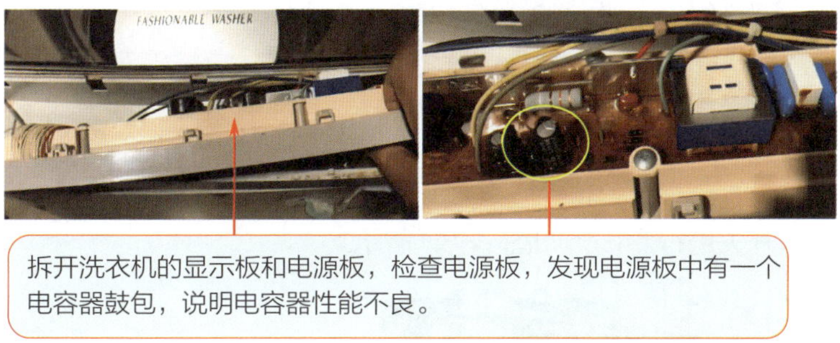

图 7-27　检查电源板

③ 检查发现损坏的电容器是 5V 和 15V 供电电路中的元器件，怀疑故障是由于电容器损坏导致供电电压不正常引起的。接下来更换损坏的电容器，如图 7-28 所示。

图 7-28　更换电容器

④ 更换损坏的电容器后，接下来通电测量5V和15V供电电压，如图7-29所示。

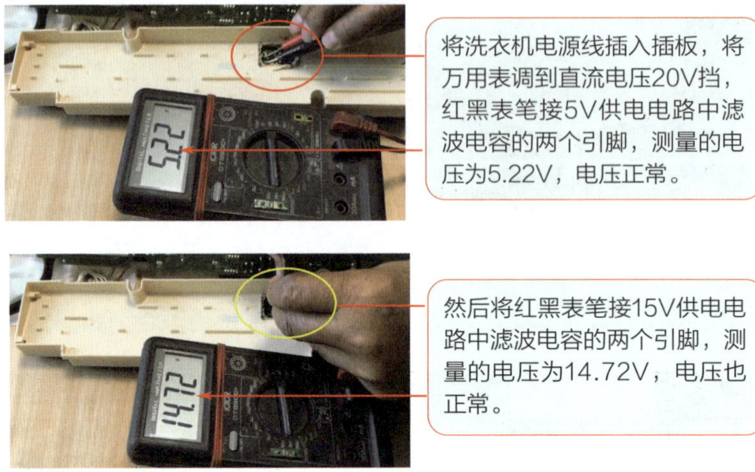

图7-29 测量5V和15V供电电压

⑤ 按电源开关进行测试，如图7-30所示。

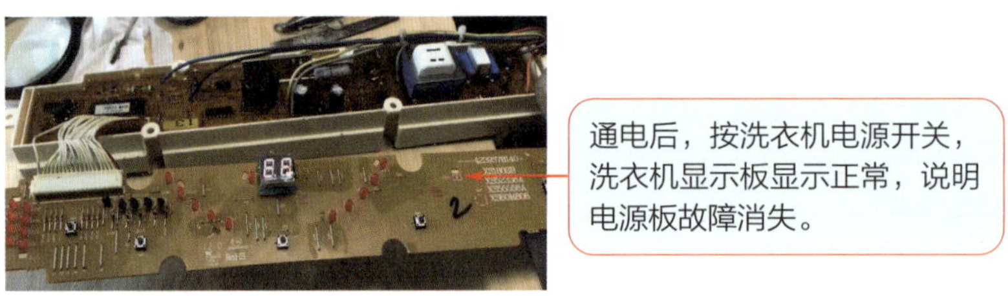

图7-30 测试电源板

⑥ 用胶封住更换的电容器，将全自动洗衣机上盖装好，通电开机进行测试，如图7-31所示。

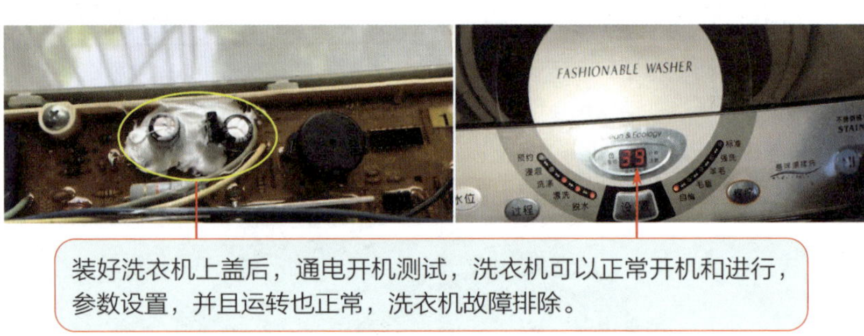

图7-31 测试全自动洗衣机

7.5.4 海尔全自动洗衣机不工作并出现错误代码故障维修

（1）故障现象

一台海尔全自动滚筒洗衣机，客户反映洗衣机接通电源后，按电源开关有显示，但不工作，过一会儿显示 Err7 故障代码。

（2）故障检测与维修

根据故障现象分析，海尔洗衣机显示 Err7 故障代码通常表示电机过热保护。此故障可能是由于过载导致电机过热、电机损坏、电机驱动器有故障或控制板有故障等引起，接下来重点检查这几个方面。故障维修方法如下。

① 将洗衣机接电，查看洗衣机故障现象，如图 7-32 所示。

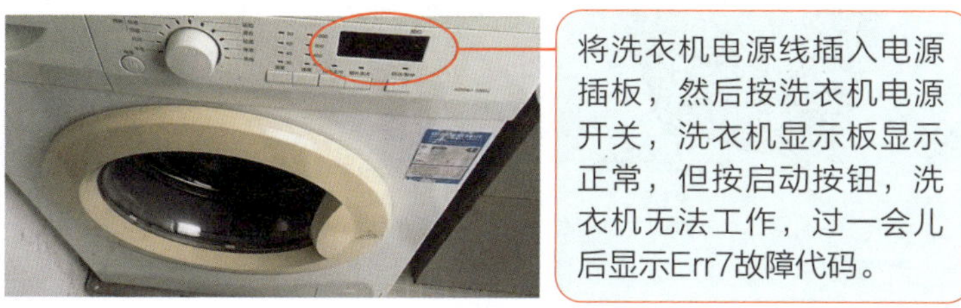

图 7-32 开机查看故障现象

② 根据 Err7 故障代码的含义，可能是电机有问题，接下来拆开洗衣机外壳，先检查电机是否正常，如图 7-33 所示。

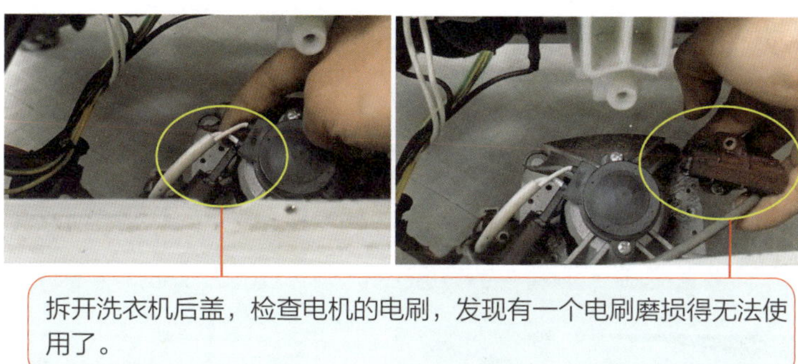

图 7-33 检查电机

③ 更换有问题的炭刷，如图 7-34 所示。

④ 更换炭刷后，通电进行测试，如图 7-35 所示。

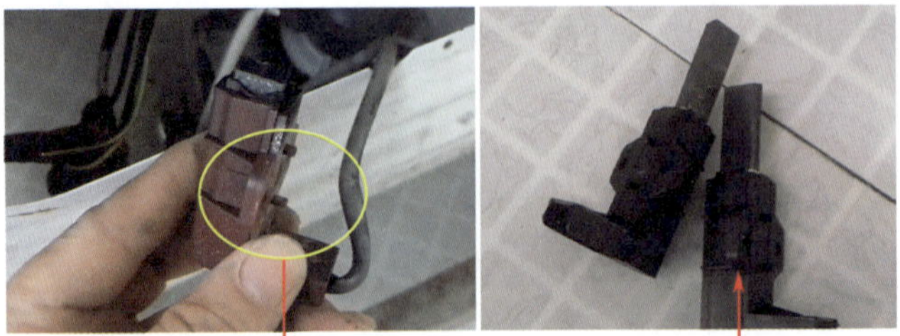

图 7-34　更换炭刷

图 7-35　测试洗衣机

7.5.5　西门子全自动洗衣机不排水故障维修

（1）故障现象

一台西门子滚筒全自动洗衣机，客户反映洗衣机自动洗涤时不排水。

（2）故障检测与维修

根据故障现象分析，洗衣机无法排水可能是控制电路板故障或排水阀故障引起，接下来重点检查这两个方面。故障维修方法如下。

① 将洗衣机接上电源，查看全自动洗衣机故障现象，如图 7-36 所示。

图 7-36　开机查看故障现象

② 排水问题通常都是排水阀内部进入硬币等杂物引起的，接下来拆开洗衣机外壳，检查排水阀是否正常，如图 7-37 所示。

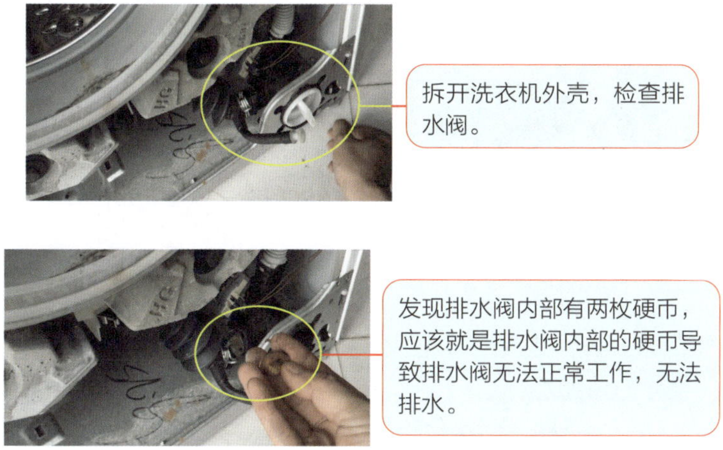

图 7-37　检查排水阀

③ 检测排水阀是否能正常工作，给排水阀通电，检查排水阀工作是否正常，如图 7-38 所示。

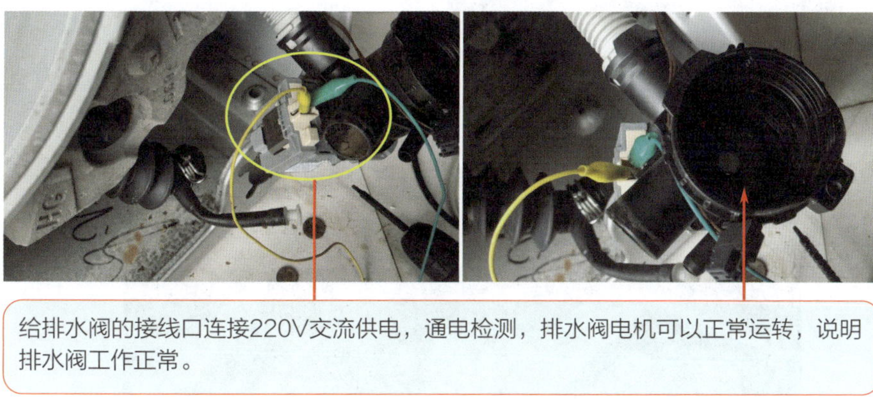

图 7-38　检测排水阀是否正常

④ 将洗衣机排水阀安装好，然后安装好外壳，通电进行测试，如图 7-39 所示。

7.5.6　美的全自动洗衣机工作不正常并出现错误提示故障维修

（1）故障现象

一台美的全自动滚筒洗衣机，客户反映洗衣过程中出现报警，显示屏提示 E33

故障代码，洗衣机无法正常洗涤。

图 7-39　测试洗衣机

（2）故障检测与维修

根据故障现象分析，此故障可能是水位传感器故障引起，接下来重点检查水位传感器。故障维修方法如下。

① 将洗衣机接上电源，查看滚筒洗衣机故障现象，如图 7-40 所示。

图 7-40　开机查看故障现象

② 根据 E33 故障代码的含义，可能是水位传感器有问题，接下来拆开洗衣机外壳，检查水位传感器，如图 7-41 所示。

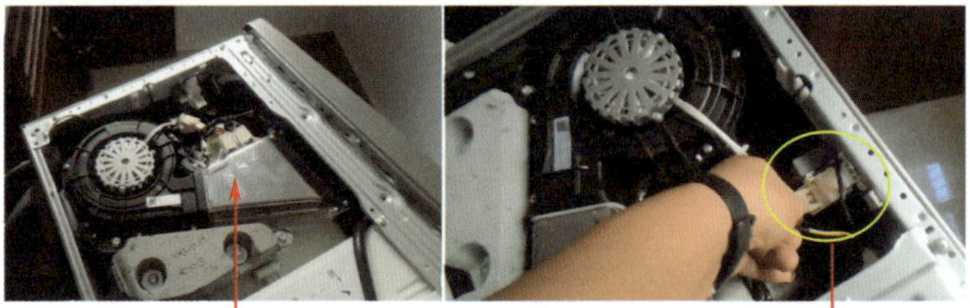

图 7-41　拆开洗衣机上盖进行检查

③ 用万用表测量水位传感器的阻值是否正常，如图 7-42 所示。

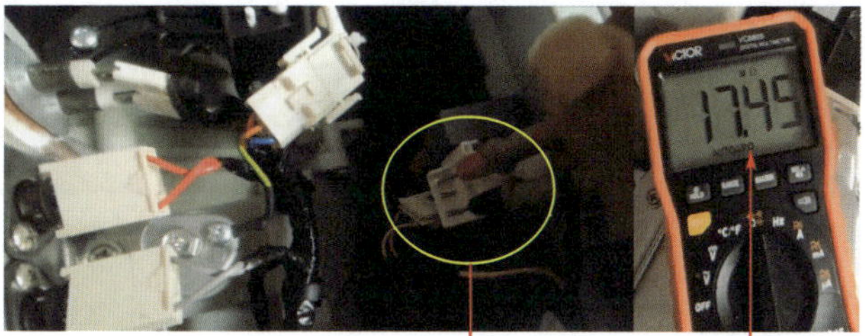

图 7-42　检测水位传感器

④ 更换损坏的水位传感器，如图 7-43 所示。

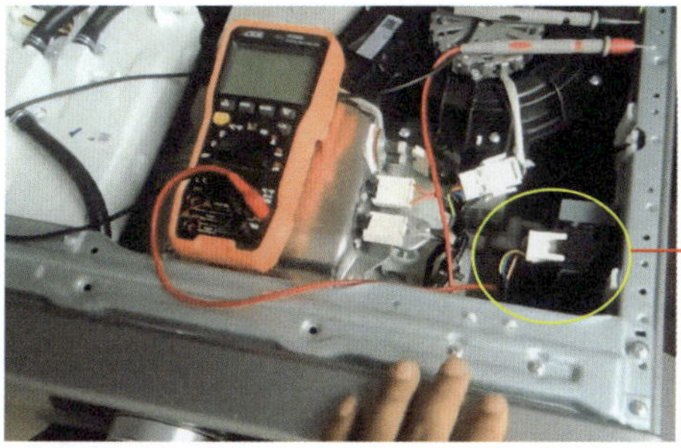

图 7-43　更换水位传感器

⑤ 将洗衣机上盖装好，通电进行测试，如图 7-44 所示。

图 7-44　测试洗衣机

第 8 章

智能热水器故障维修实战

智能热水器中故障率较高的是温度传感器、点火针、感应针、电磁阀、风压开关等，因此在维修智能热水器时，要重点掌握这些部件的故障维修诊断技巧。本章将重点讲解智能热水器易坏元件、故障检测点、故障检修流程、常见故障维修和故障维修实战案例等内容。

8.1 智能热水器易坏元件

智能热水器易坏元器件主要有保险电阻、整流二极管、滤波电容、开关管（有的与电源控制芯片集成在一起）、开关变压器、稳压器、点火针、感应针、温度传感器、电磁阀、风机风嘴等，如图 8-1 所示。

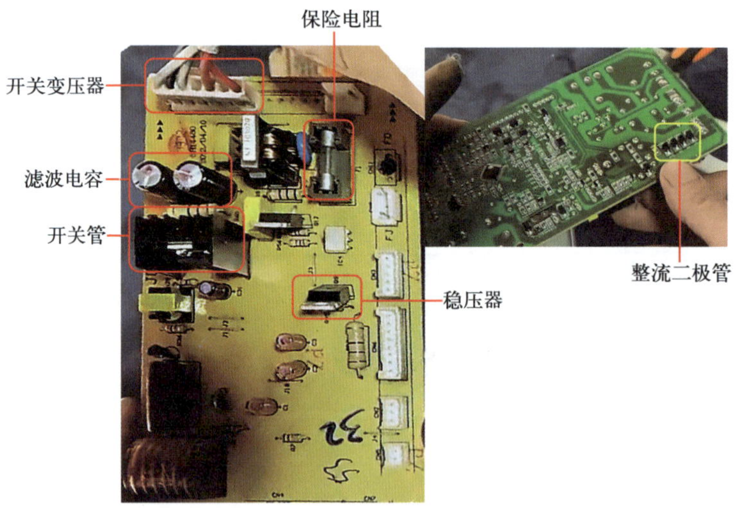

图 8-1　智能热水器易坏元件

8.2 智能热水器故障检测点

由于智能热水器工作在高温、潮湿的环境中，极易引起一些元件接触不良，或性能下降损坏，如电路板中的电容性能下降、温度传感器损坏等。因此在进行故障检测时，要重点检测这些易坏元器件，以便快速找到故障原因。图 8-2 所示为智能热水器关键元件检测点。

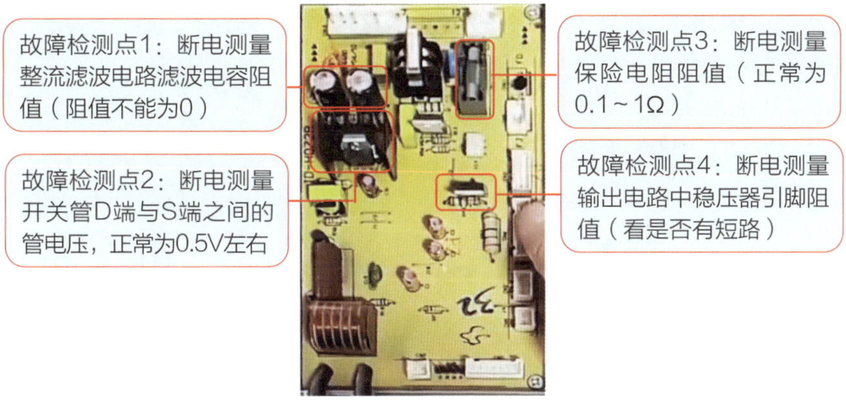

图 8-2

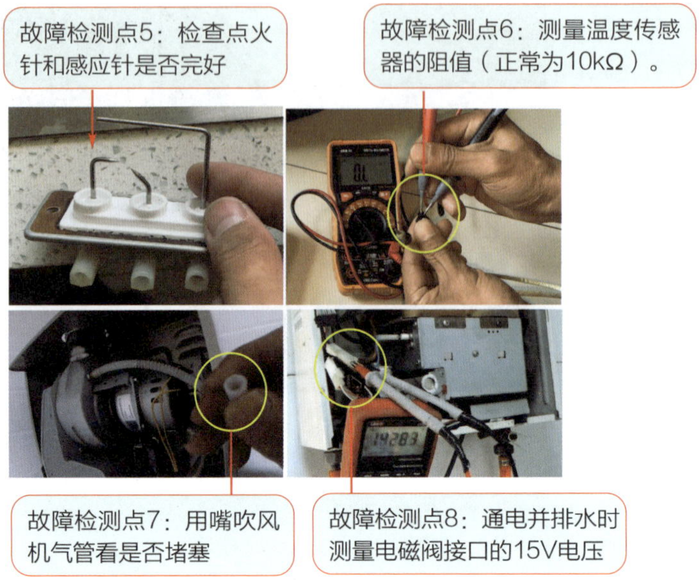

图 8-2　智能热水器关键元件检测点

8.3 智能热水器故障诊断流程

智能热水器常见故障主要表现为不点火、不加热等。造成智能热水器故障的原因可能是电源电路板故障、点火针故障、温度传感器故障等。图 8-3 所示为智能热水器故障检修流程。

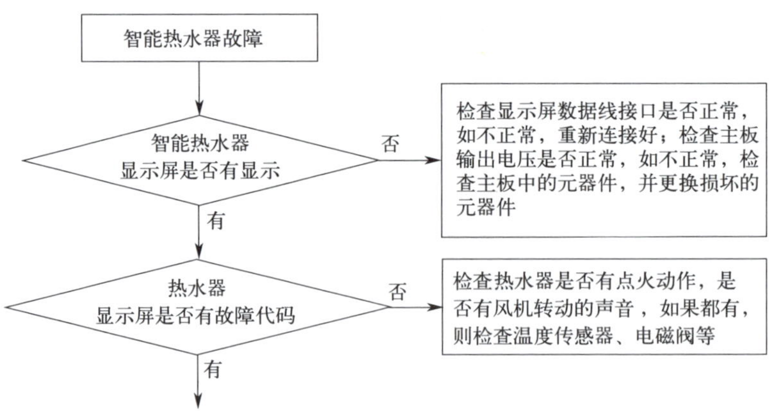

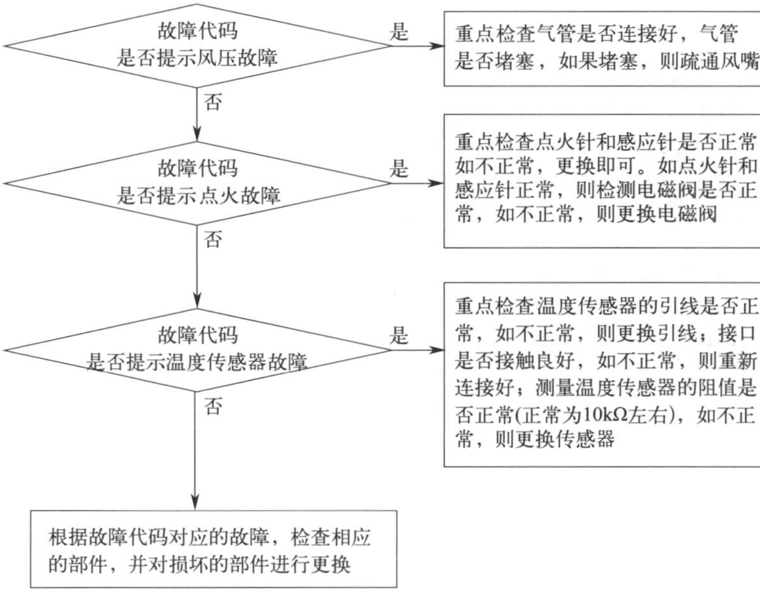

图 8-3　智能热水器故障检修流程

8.4 快速诊断智能热水器故障

智能热水器一般工作在高温潮湿的环境下，电源电路板、各种传感器等容易出现故障，导致智能热水器出现不加热等故障。

智能热水器故障维修方法如下。

① 首先检查热水器的故障代码，如果热水器有故障代码，则先查出故障代码的含义，然后根据故障代码的含义对相应的部件进行检查维修，如图 8-4 所示。

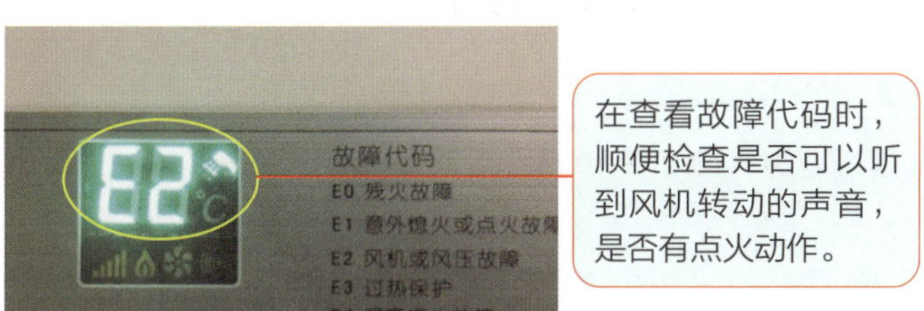

图 8-4　开机查看故障现象

② 如果有风机转动的声音和点火声音，还提示点火问题，则应重点检查电磁

阀是否正常，如图 8-5 所示。

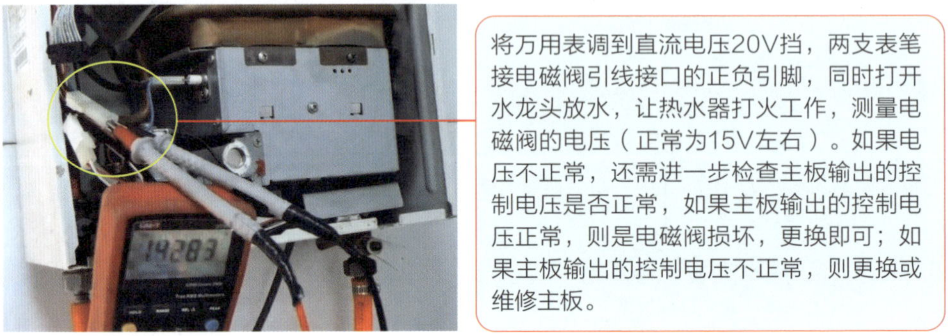

图 8-5　检查电磁阀

③ 如果故障代码提示风压故障，则应重点检查风机、风压开关、气管等是否正常，如图 8-6 所示。

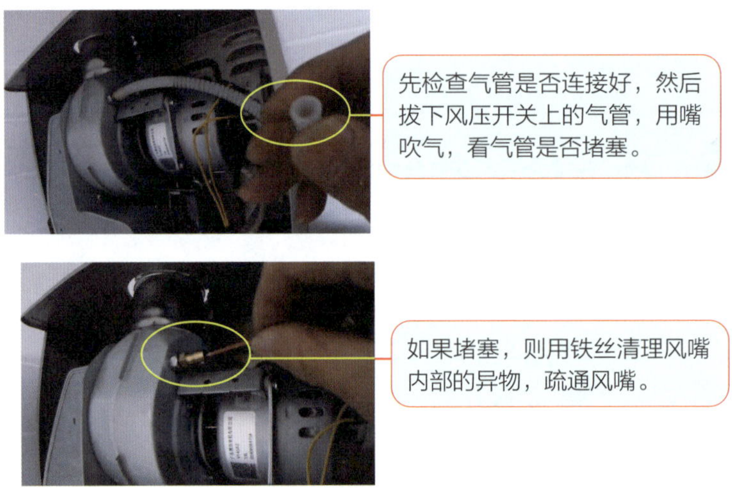

图 8-6　检查风机等

④ 如果故障代码提示点火不良故障，则应重点检查点火针和感应针是否正常，如图 8-7 所示。

⑤ 如果故障代码提示温度传感器故障，则应重点检查温度传感器的引线、接口、阻值等是否正常，如图 8-8 所示。

⑥ 如果热水器显示屏没有显示，则应重点检查主板的输出电压是否正常，如图 8-9 所示。

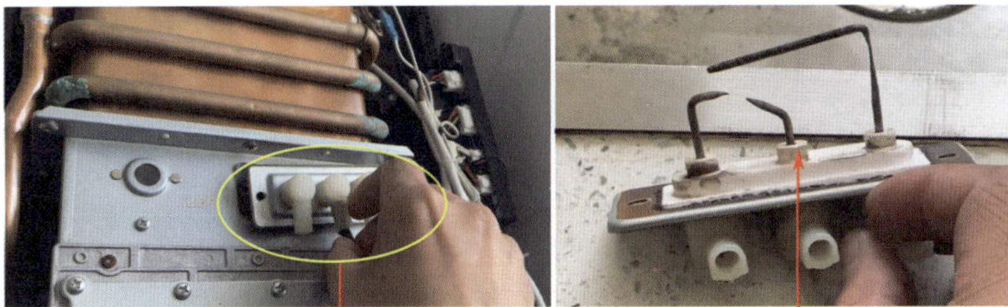

先用螺丝刀拧下点火针的螺钉，然后拔下连接线束，检查点火针和感应针，如果有异常，直接更换点火针和感应针。

图 8-7　检查点火针和感应针

拆下温度传感器，然后将万用表调到欧姆挡合适挡位，两支表笔接温度传感器接口的两个针脚，测量温度传感器的阻值（正常为10kΩ左右）。如果阻值为0或无穷大，说明温度传感器已经损坏，直接更换即可。

图 8-8　检查温度传感器

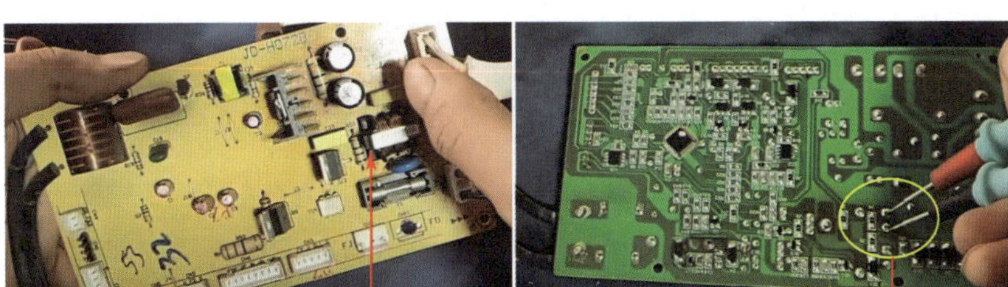

先仔细检查主板中的元器件，看有无明显损坏的元器件。接着用万用表重点检测主板电路中的电容、二极管、开关管等元器件，看有无损坏的元器件。最后通电测量主板的一些关键电压，如12V输出电压、300V直流电压、输入电压等是否正常，根据电压情况，排查相应的电路。

图 8-9　检查主板

8.5 动手维修：智能热水器故障维修实战

关于智能热水器故障的维修方法，前面章节已经做了分析，本节将通过几个典型实例来讲解智能热水器故障的检测维修过程。

8.5.1 变频热水器工作不正常提示 E1 故障维修

（1）故障现象

一台 Huotinti 变频热水器开机后，可以正常烧水，过几分钟后，热水器停止加热，显示屏显示“E1”故障代码。

（2）故障检测与维修

根据故障代码分析，此故障可能是点火线圈故障、感应针故障或控制器故障等引起的，应重点检查这几个方面。故障维修方法如下。

① 按热水器开关，查看热水器故障现象，如图 8-10 所示。

图 8-10　开机查看故障现象

② 查看热水器侧面故障代码表的故障原因分析，如图 8-11 所示。

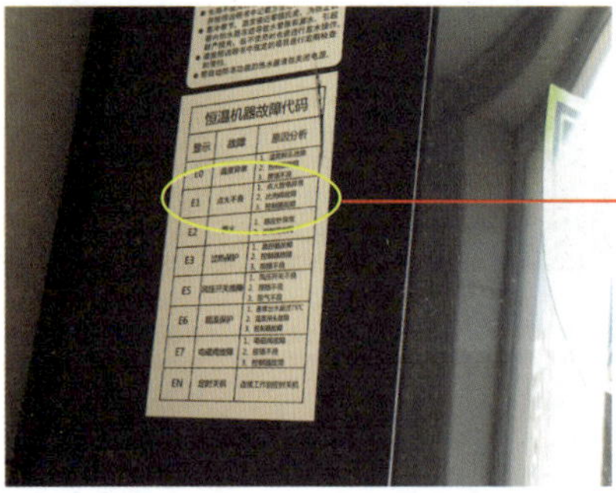

图 8-11　查看故障代码含义

③ 拆开热水器的外壳，然后拆下点火针及感应针，检查其是否正常，如图 8-12 所示。

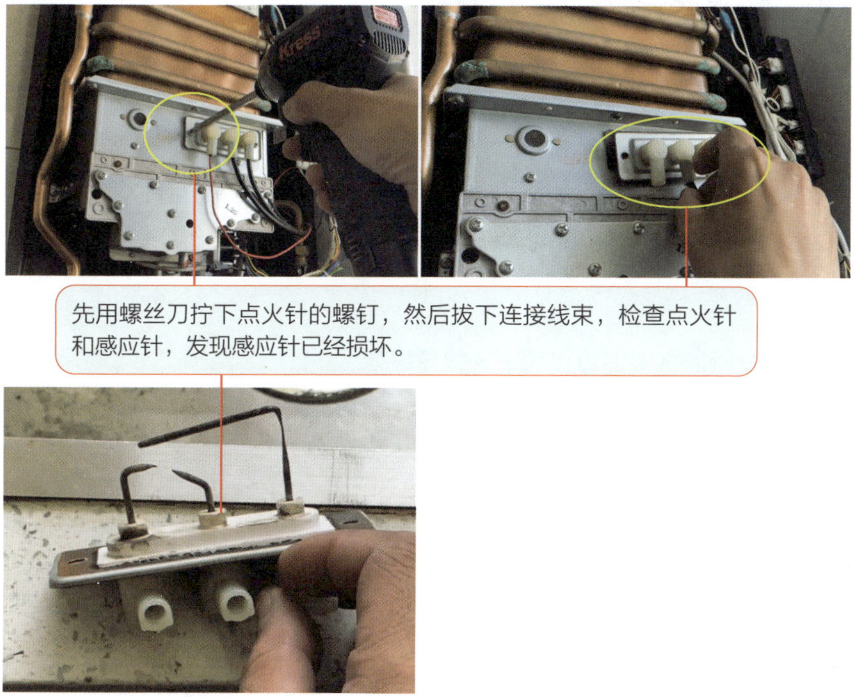

图 8-12　检查点火针和感应针

④ 将新的点火针和感应针安装到热水器，如图 8-13 所示。

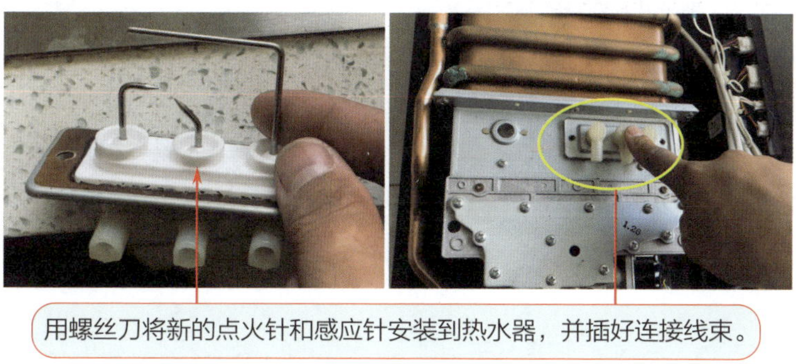

图 8-13　安装新的点火针和感应针

⑤ 安装好点火针和感应针后，装好外壳，然后开机测试，如图 8-14 所示。

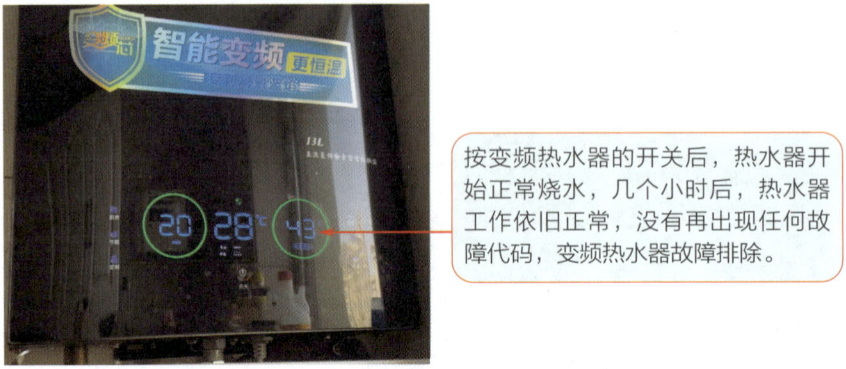

图 8-14　测试变频热水器

8.5.2　海尔智能热水器加热出现 F5 故障维修

（1）故障现象

一台海尔智能热水器开机后，加热不正常，过 1min 显示屏显示“F5”故障代码。

（2）故障检测与维修

根据故障代码进行分析，故障代码 F5 表示风压故障，可能是风机故障、开关故障、气管故障或气孔堵塞故障等引起。接下来重点检查这几个方面。故障维修方法如下。

① 按热水器开关，查看热水器故障现象，如图 8-15 所示。

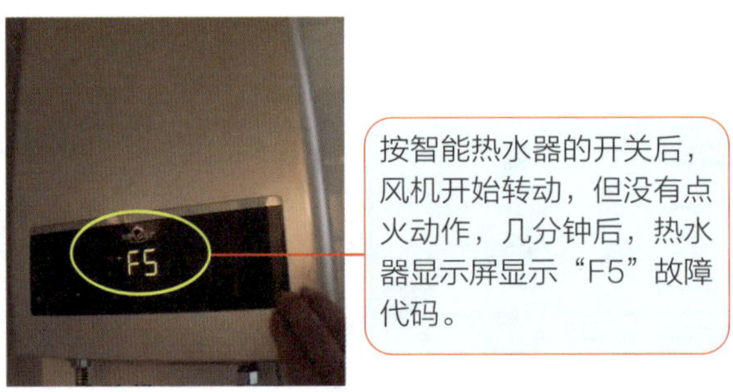

图 8-15　开机查看故障现象

② 根据故障代码含义，接下来拆开热水器的外壳，检查风机、风压开关、气管等是否正常，如图 8-16 所示。

③ 拔下气管，然后用嘴吹气，检查气管是否堵塞，如图 8-17 所示。

④ 拔下风机上的气管，然后将铁丝插入风嘴，检查风嘴是否堵塞，如图 8-18 所示。

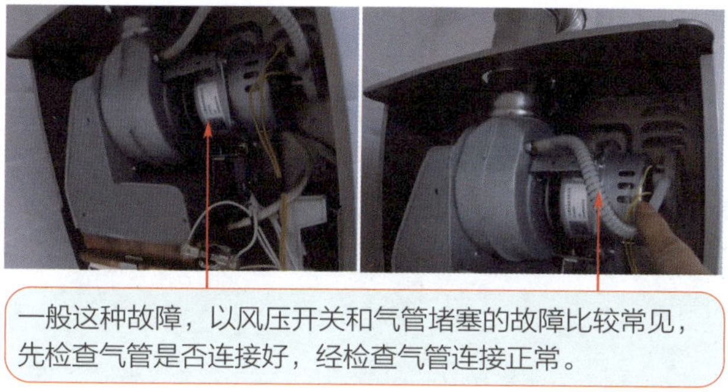

图 8-16　检查气管连接

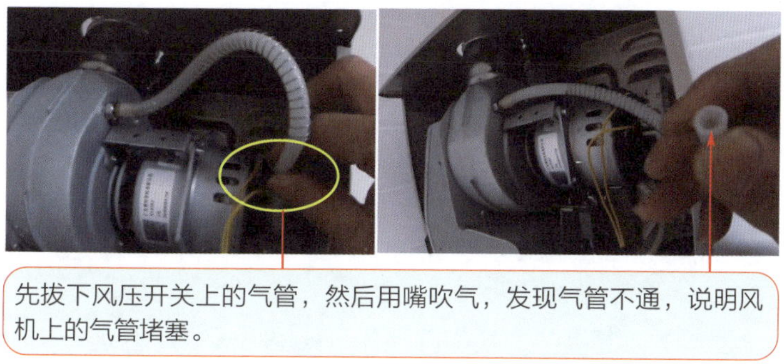

图 8-17　检查气管

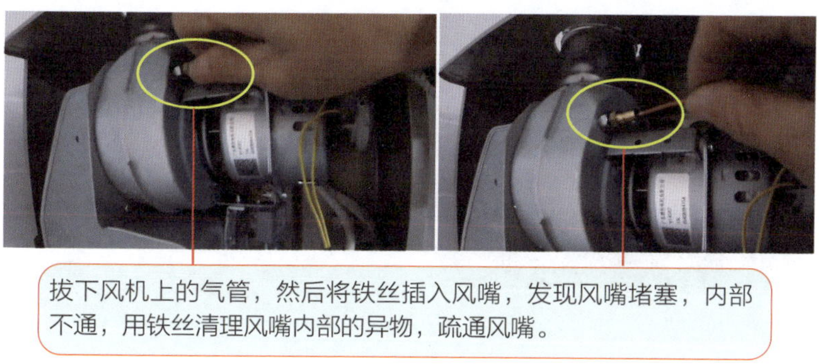

图 8-18　疏通风嘴

⑤ 将气管插好，再装上外壳，开机测试热水器，如图 8-19 所示。

8.5.3　美的智能变频热水器加热出现 E0 故障维修实战

（1）故障现象

一台美的智能变频热水器可以正常开机，但加热时会显示 E0 故障代码，无法正常加热。

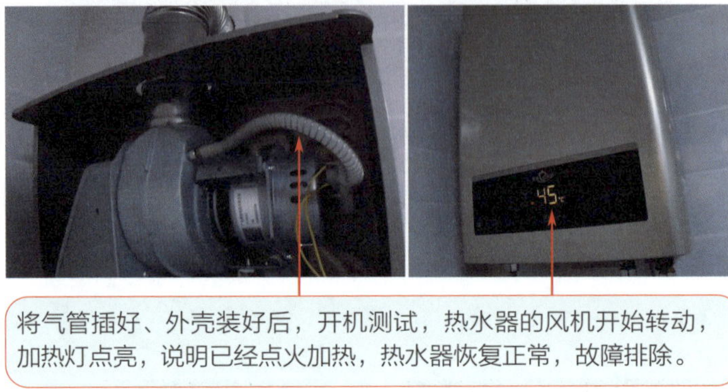

图 8-19　测试热水器

（2）故障检测与维修

根据故障代码进行分析，故障代码 E0 表示温度传感器故障，可能是温度传感器损坏或温度传感器接口接触不良等问题引起，接下来重点检查这几个方面。故障维修方法如下。

① 按热水器开关，查看热水器故障现象，如图 8-20 所示。

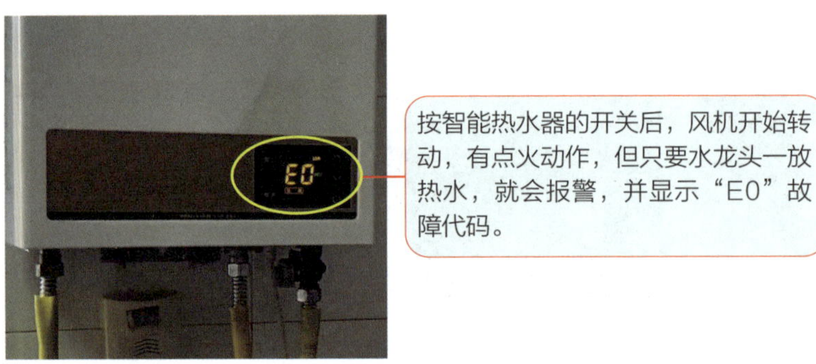

图 8-20　开机查看故障现象

② 查询故障代码表，E0 表示温度传感器故障，接下来拆开热水器的外壳，检查温度传感器的引线，如图 8-21 所示。

③ 检查温度传感器的接口是否正常，如图 8-22 所示。

④ 拆下温度传感器，测量温度传感器的阻值是否正常，如图 8-23 所示。

⑤ 更换一个新的温度传感器，如图 8-24 所示。

⑥ 将热水器外壳装好，开机测试热水器，如图 8-25 所示。

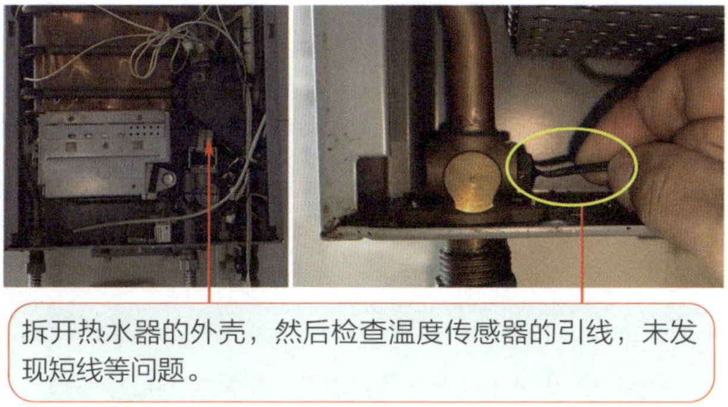

图 8-21　检查温度传感器的引线

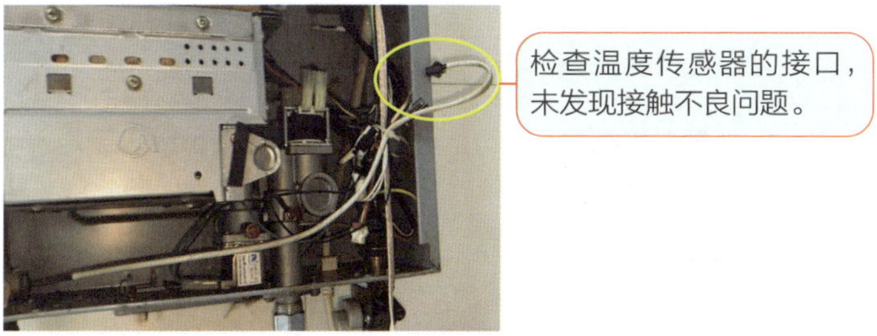

图 8-22　检查温度传感器的接口

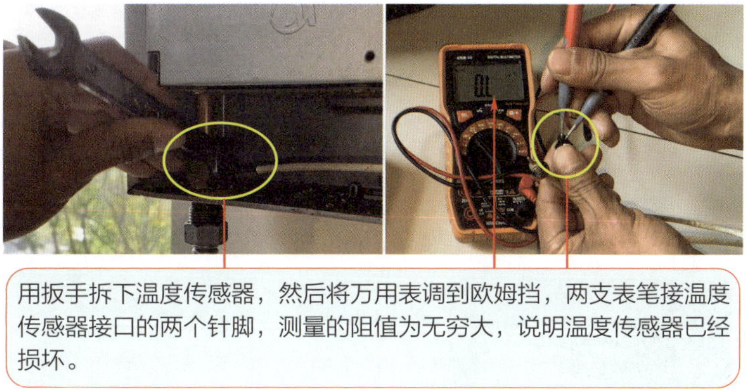

图 8-23　测量温度传感器阻值

8.5.4　智能变频热水器开机不加热故障维修

（1）故障现象

一台智能变频热水器可以正常开机，但风机不转，放不出热水，没有故障代码。

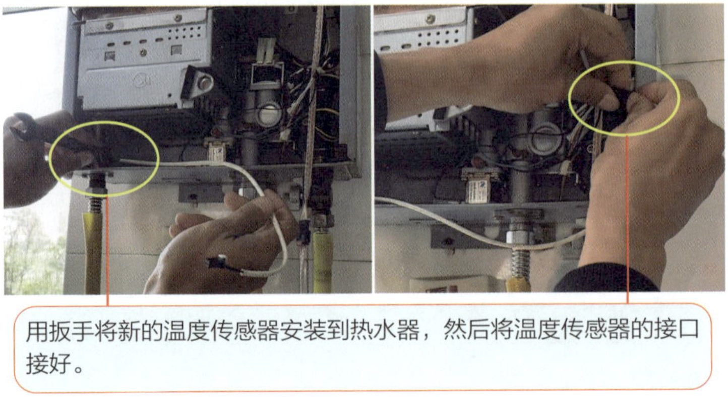

图 8-24 更换温度传感器

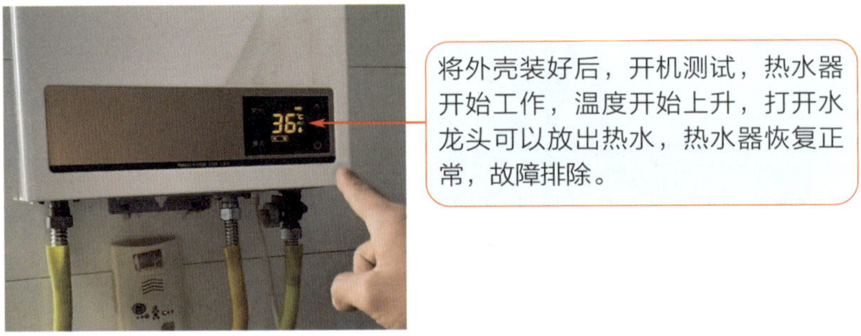

图 8-25 测试热水器

（2）故障检测与维修

根据故障现象进行分析，一般出现热水器开机没反应，又不显示故障代码的故障，大多是由温度传感器故障引起，接下来重点检查温度传感器故障。故障维修方法如下。

① 按热水器开关，查看热水器故障现象，如图 8-26 所示。

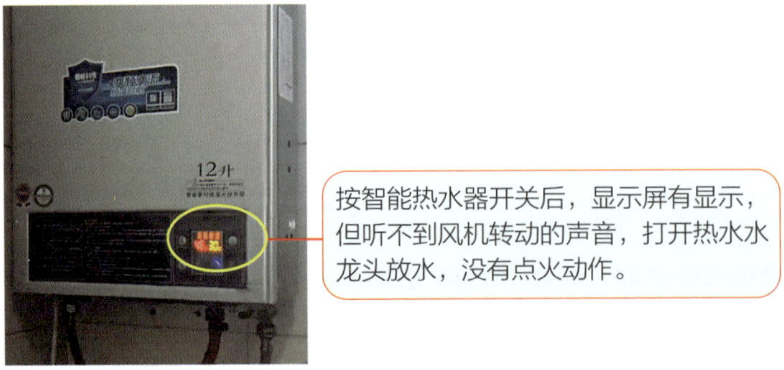

图 8-26 开机查看故障现象

② 关闭热水器的电源开关，然后重新开机，观察故障是否消失，如图 8-27 所示。

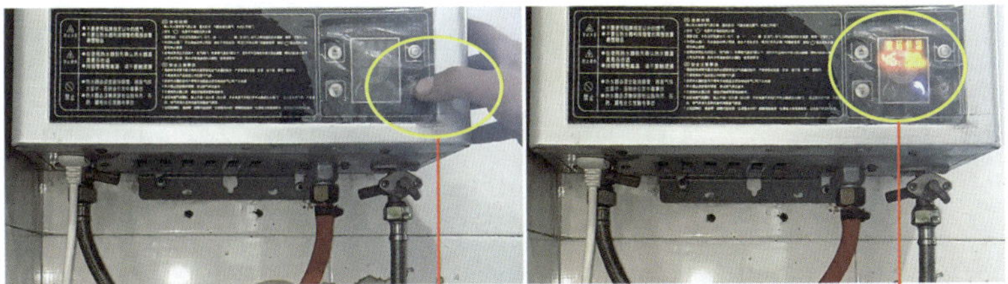

按智能热水器的开关将热水器关机，然后再重新开机，显示屏有显示，但温度依旧没有变化，故障依旧。

图 8-27　重新开机

③ 关机，并拆下热水器的外壳，然后检查温度传感器是否损坏，如图 8-28 所示。

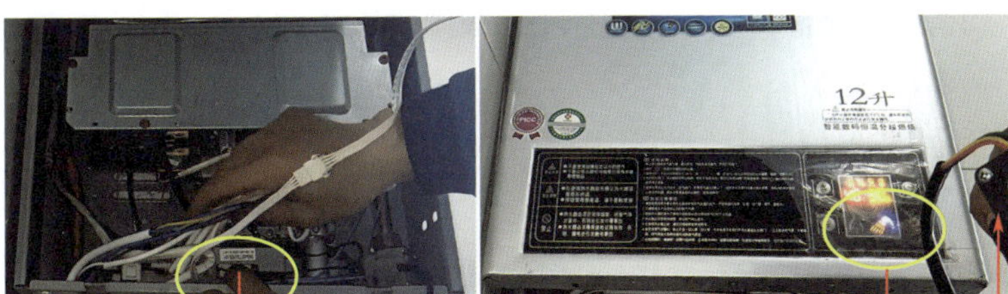

先拔下温度传感器的插头，然后将一个好的温度传感器连接到热水器上。接着开机，用嘴吹温度传感器，观察到显示屏有加热的动画，说明原先的温度传感器损坏。

图 8-28　检查温度传感器

④ 将原先的温度传感器拆下，更换新的温度传感器，如图 8-29 所示。

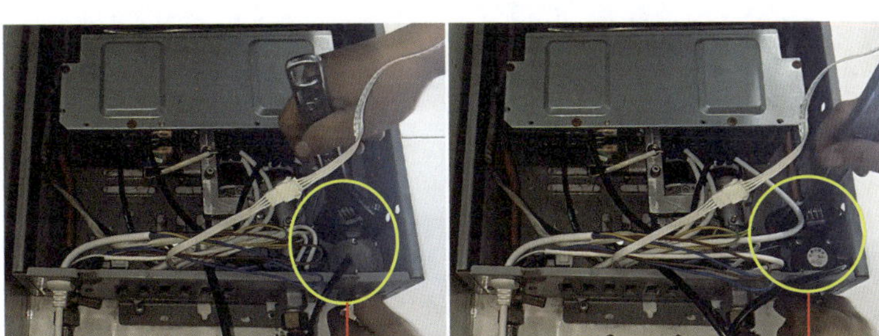

用活动扳手先拆下温度传感器连接的水管，再拆下温度传感器。接着将一个好的温度传感器安装到热水器上，并接上水管。

图 8-29　更换新的温度传感器

⑤ 装好外壳，然后按下电源开关，测试热水器，如图 8-30 所示。

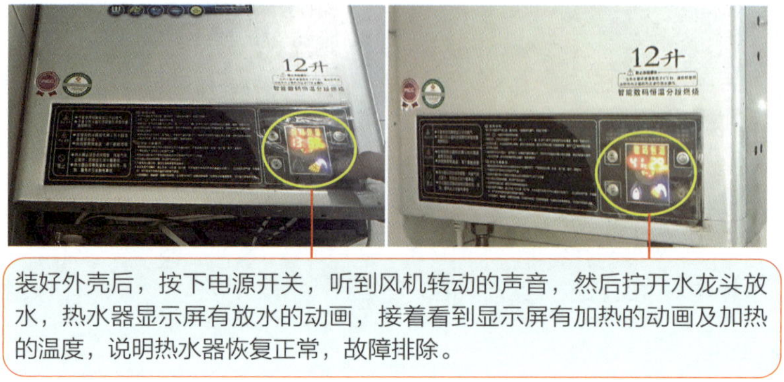

图 8-30　测试热水器

8.5.5　万和智能热水器开机工作提示 E1 故障维修

（1）故障现象

一台万和智能热水器开机显示屏有显示，风机正常转动，也有打火声音，但火没有点着，等一会儿后显示故障代码 E1。

（2）故障检测与维修

根据故障现象进行分析，热水器出现 E1 故障代码表示点火失败。由于热水器有打火声音，说明点火针正常，怀疑控制天然气的电磁阀出现问题，接下来重点检查电磁阀故障。故障维修方法如下。

① 按热水器开关，查看热水器故障现象，如图 8-31 所示。

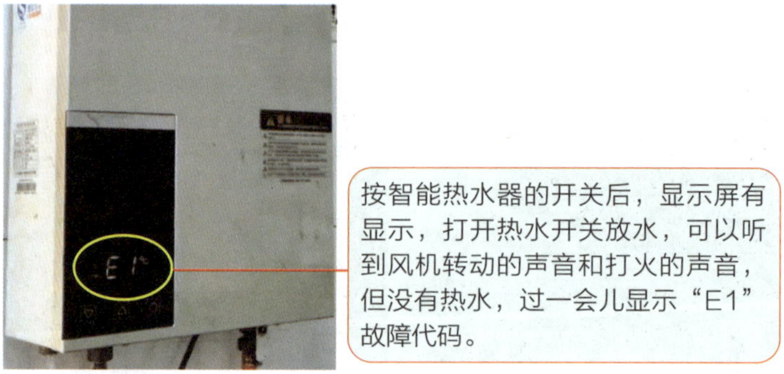

图 8-31　开机查看故障现象

② 热水器风机转动，且有打火声音，怀疑控制天然气的电磁阀问题引起。接下来拆开热水器的外壳进行检查，如图 8-32 所示。

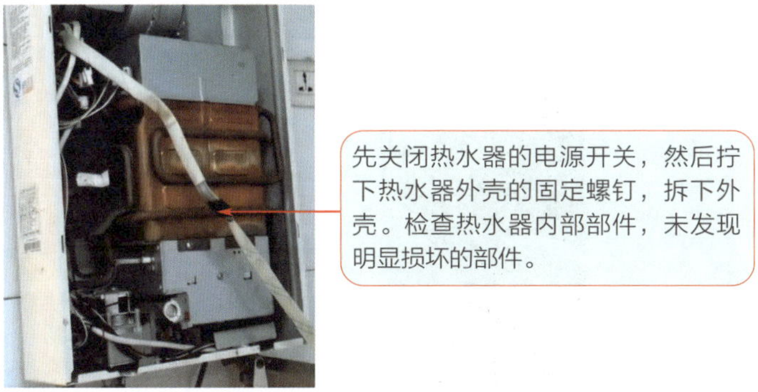

图 8-32　拆开热水器的外壳进行检查

③ 重新按热水器的电源开关，测量电磁阀工作电压，如图 8-33 所示。

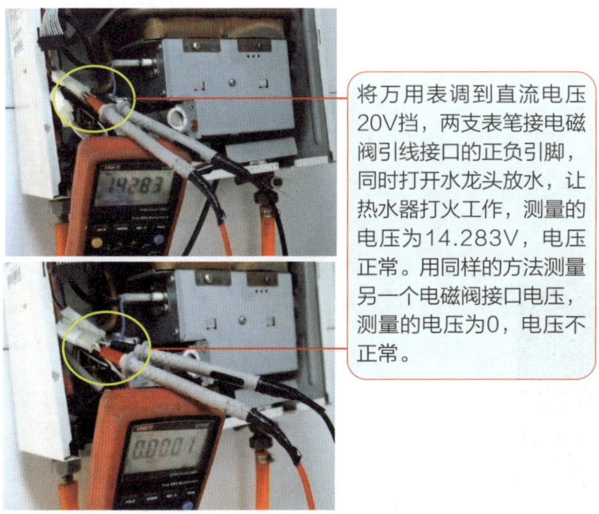

图 8-33　测量电磁阀工作电压

④ 由于其中一个电磁阀的工作电压不正常，接下来检测主板输出的电磁阀控制信号是否正常，如图 8-34 所示。

图 8-34　检测主板电磁阀控制电压

⑤ 将损坏的主板拆下，然后将新的主板连接到热水器中，如图 8-35 所示。

图 8-35　更换损坏的主板

⑥ 将热水器的外壳装好，开机测试热水器，如图 8-36 所示。

图 8-36　测试热水器

8.5.6　智能热水器不点火故障维修

（1）故障现象

一台樱雪智能热水器开机显示屏有温度显示，放水时运行指示灯闪一下就熄灭了，没有打火声音，风机也不转，没有故障代码。

（2）故障检测与维修

根据故障现象进行分析，开机运行时，热水器运行指示灯闪一下就熄灭，说明热水器各个系统运行了一下，但可能主板供电不足，带不动负载，因此运行一下就停了，接下来重点检查供电方面的故障。故障维修方法如下。

① 按热水器开关，查看热水器故障现象，如图 8-37 所示。

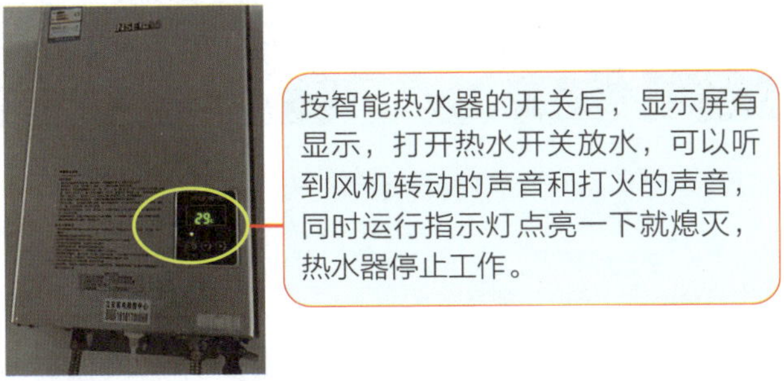

图 8-37 开机查看故障现象

② 由于热水器运行指示灯闪一下就熄灭，说明热水器各个系统运行了一下，然后热水器停止工作，怀疑主板供电不足，带不动负载。接下来拆开热水器的外壳，然后拆下主板，如图 8-38 所示。

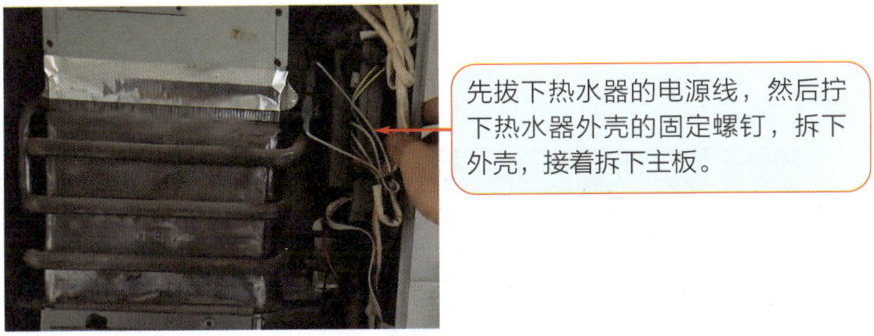

图 8-38 拆下热水器主板

③ 拆下主板后，拆开主板的塑料壳，检查主板中的元器件，如图 8-39 所示。

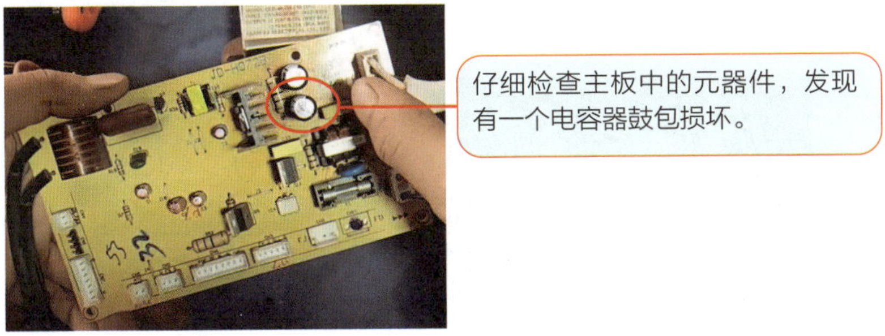

图 8-39 检查主板中的元器件

④ 更换损坏的电容器，如图 8-40 所示。

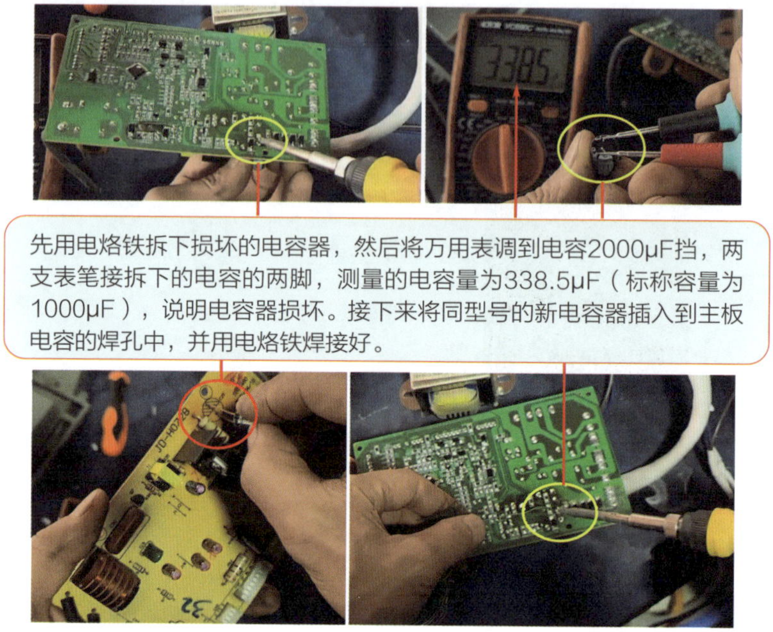

图 8-40　更换损坏的电容器

⑤ 更换新的电容器后，测量主板的输出电压是否正常，如图 8-41 所示。

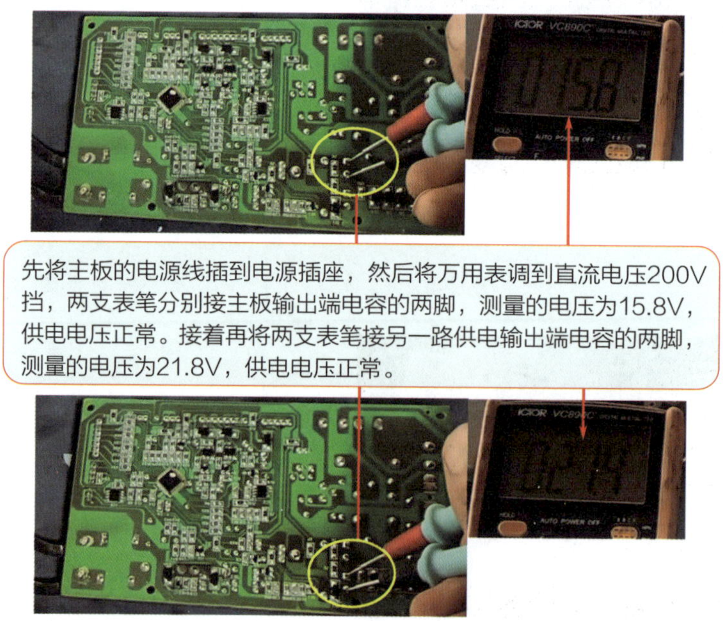

图 8-41　测量主板供电电压

⑥ 最后将热水器的主板固定好，再将外壳装好，然后开机测试热水器，如图 8-42 所示。

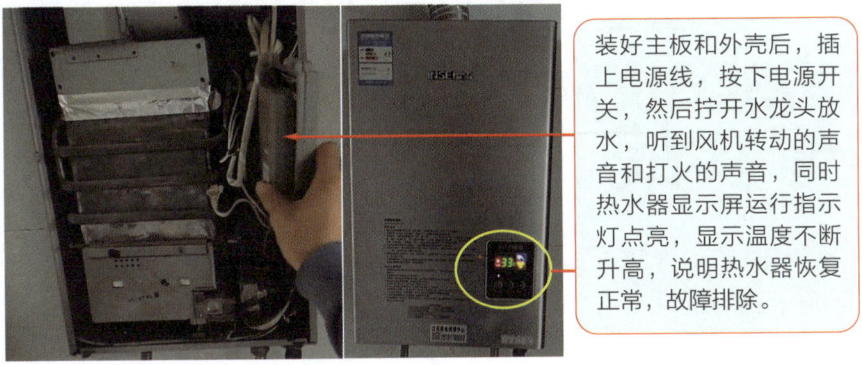

图 8-42　测试热水器

第 9 章

智能微波炉故障维修实战

智能微波炉中故障率较高的是高压保险、高压电容、磁控管、开关电源电路等，因此在维修智能微波炉时，要重点掌握这几个方面的故障维修诊断技巧。本章将重点讲解智能微波炉易坏元件、故障检测点、故障检修流程、常见故障维修和故障维修实战案例等内容。

9.1 智能微波炉易坏元件

智能微波炉易坏元器件主要有高压保险管、整流二极管、滤波电容、集成式电源控制芯片、开关变压器、光耦合器、IGBT 变频管、整流桥堆、高压电容、高压二极管、磁控管等，如图 9-1 所示。

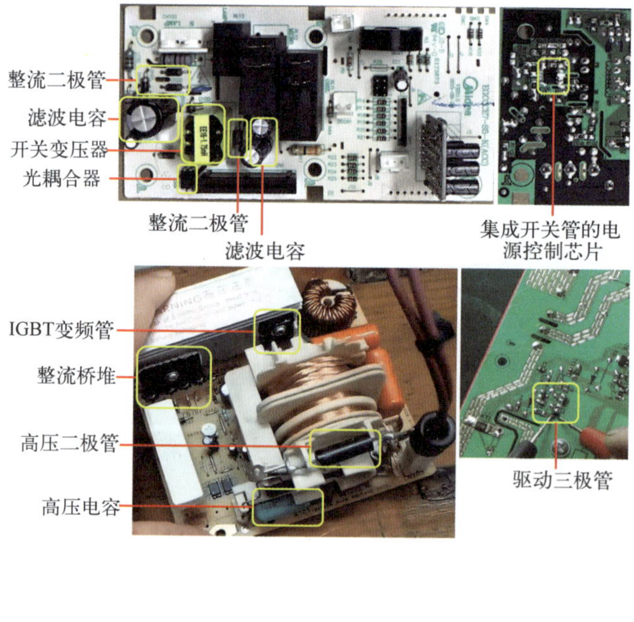

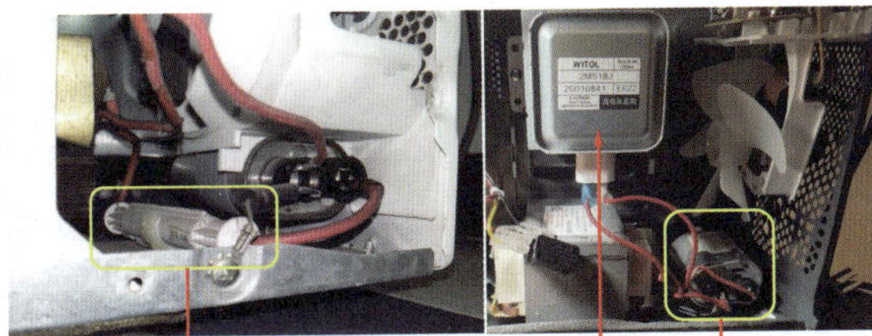

图 9-1　智能微波炉易坏元件

9.2 智能微波炉故障检测点

由于智能微波炉的关键元件工作在高温、高压的环境中，因此极易损坏，如电路板中的电容性能下降、高压保险管烧断、IGBT 变频管损坏、整流桥堆损坏等。因此在进行故障检测时，要重点检测这些易坏元器件，以便快速找到故障原因。图 9-2 所示为智能微波炉关键元件检测点。

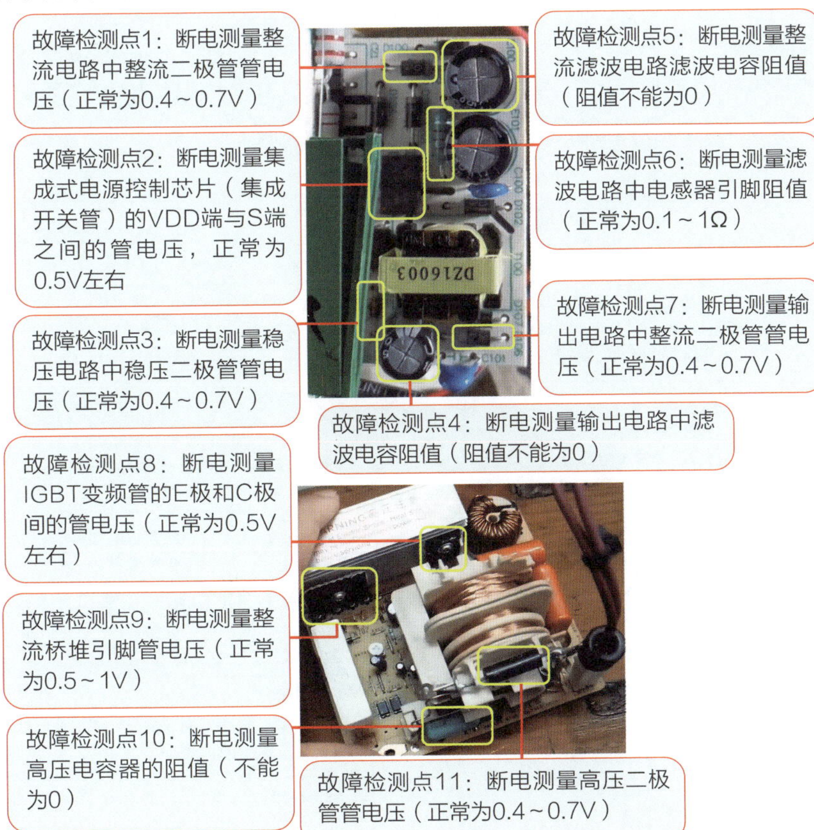

图 9-2

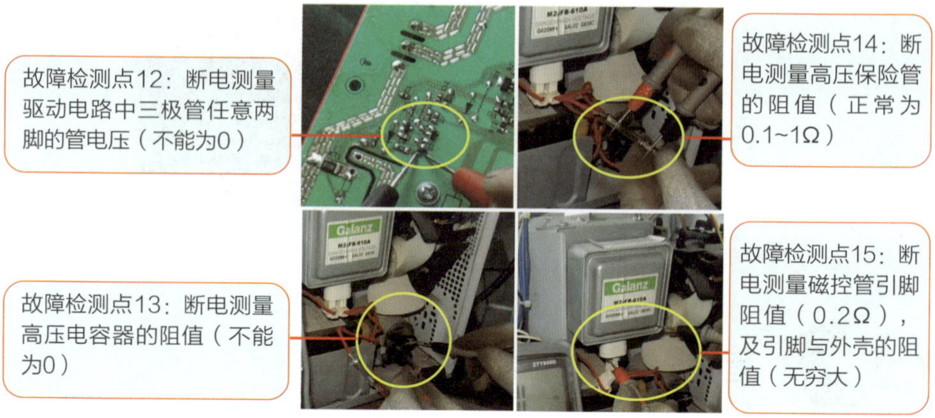

图 9-2　智能微波炉关键元件检测点

9.3 智能微波炉故障诊断流程

智能微波炉常见故障主要表现为不通电、不加热、不显示、按键没反应等。造成智能微波炉故障的原因可能是电源电路故障、变频电路故障、磁控管故障、按键故障等。图 9-3 所示为智能微波炉不通电故障检修流程。

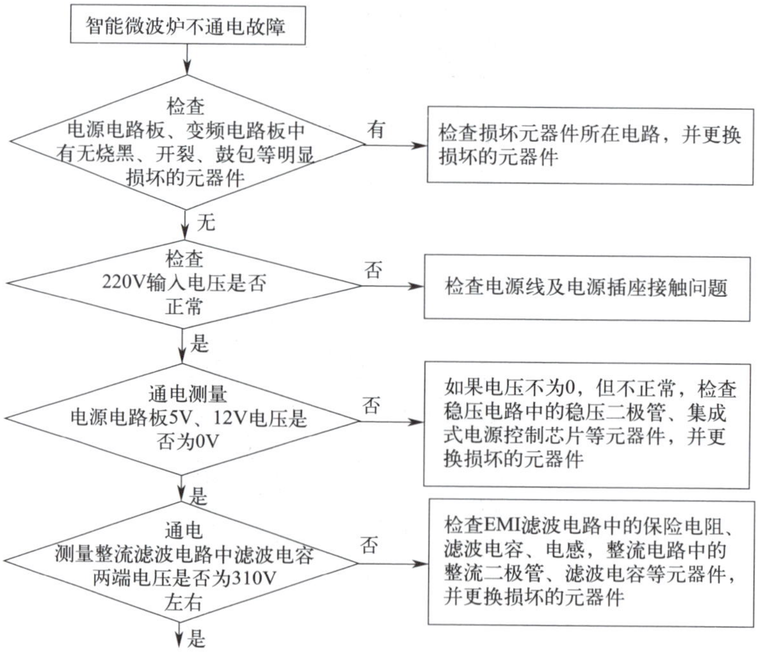

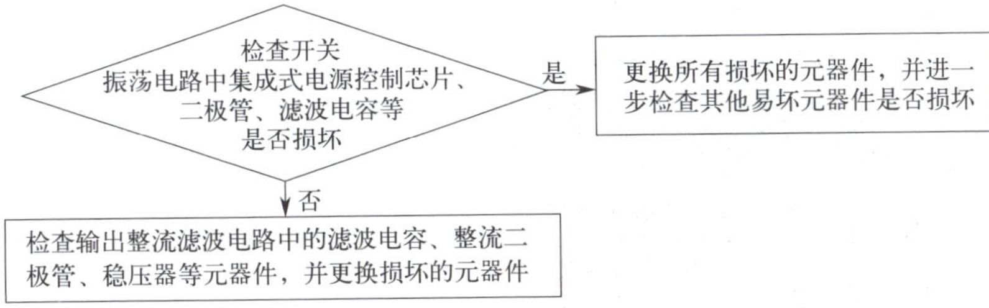

图 9-3　智能微波炉不通电故障检修流程

9.4 快速诊断智能微波炉故障

智能微波炉工作在高温、高压的环境下，因此电源电路、变频电路中的元器件、高压保险管、高压电容、磁控管等容易出现损坏，导致智能微波炉不加热等故障。本节将重点讲解智能微波炉故障的维修方法。

9.4.1 快速诊断智能微波炉不通电故障

智能微波炉通电无反应故障，通常是由电源电路板或变频电路板中的元器件损坏引起的，应重点检查电源电路板、变频电路板中的整流二极管、滤波电容、取样电阻、开关管、IGBT 变频管等。智能微波炉不通电故障维修方法如下。

① 检查电源电路板中有无明显损坏的元器件，如图 9-4 所示。

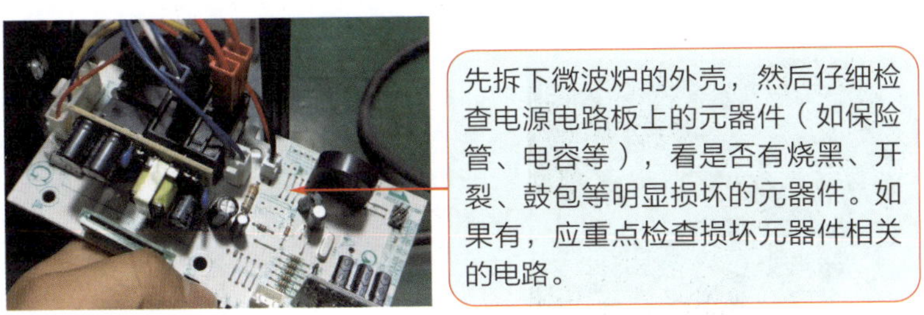

图 9-4　检查电源电路板

② 如果电路板中没有明显损坏的元器件，接下来给微波炉接上电源，测量电源电路板的输入电压是否正常，如图 9-5 所示。

③ 如果输入电压正常，接着测量整流滤波电路中的 310V 直流电压是否正常，如图 9-6 所示。

④ 如果整流滤波电路输出的 310V 电压正常，说明整流滤波电路及之前电路均正常，接着测量振荡电路和输出滤波电路，如图 9-7 所示。

将万用表调到交流电压750V挡，红黑表笔分别接电源电路板上的220V交流输入端两个引脚，测量输入电压，正常为交流220V左右。如果输入电压不正常，则检查电源线及电源线接口。

图 9-5　测量输入电压

将万用表调到直流电压750V挡，红黑表笔分别接整流滤波电路中其中一个滤波电容的两个引脚，测量整流滤波后的电压，正常为310V左右。如果电压不正常，则重点检查整流滤波电路中的整流二极管或整流桥堆、滤波电容，及输入滤波电路中的压敏电阻、滤波电容、电感等元器件，并更换损坏的元器件。

图 9-6　测量整流滤波电路的输出电压

断电并用万用表二极管挡检测集成式电源控制芯片（集成开关管）的VDD端与S端之间的管电压，正常为0.5V左右。如果为0，则是击穿损坏；接着测量电源芯片连接的二极管的管电压，正常也为0.5V左右。然后用万用表电阻挡测量电源控制芯片连接的取样电阻是否有短路或断路故障，滤波电容是否被击穿。如果有问题，则更换故障元器件。

图 9-7　检测振荡电路

⑤ 如果振荡电路中的元器件均正常，接着用万用表的二极管挡测量输出滤波电路中整流二极管的管电压（正常为 0.5V 左右），之后再用万用表蜂鸣挡测量输出滤波电路中滤波电容的阻值（阻值不能为 0）。

⑥ 如果微波炉是变频微波炉，则先检查变频电路板中的整流桥堆是否正常，

如图 9-8 所示。

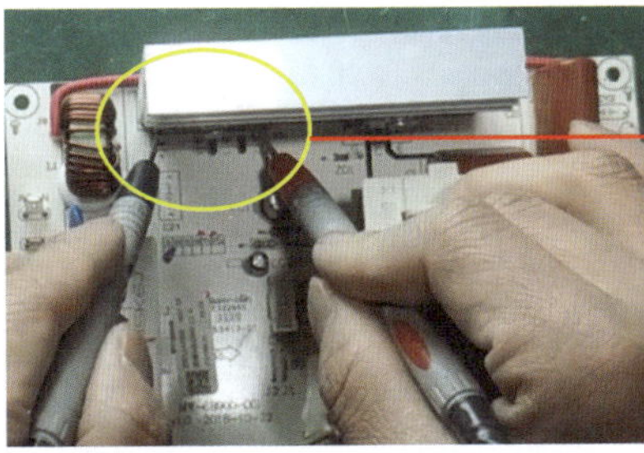

拆下变频电路板，将万用表调到二极管挡，红表笔接变频电路板中整流桥堆的负极，黑表笔分别接第2、3脚，测量管电压（正常为0.6~1V）。然后再将黑表笔接整流桥堆的正极，红表笔分别接第2、3脚，测量管电压。如果测量的管电压有不正常的情况，说明整流桥堆损坏。

图 9-8　检测整流桥堆

⑦ 再检测变频电路板中的 IGBT 变频管是否正常，如图 9-9 所示。

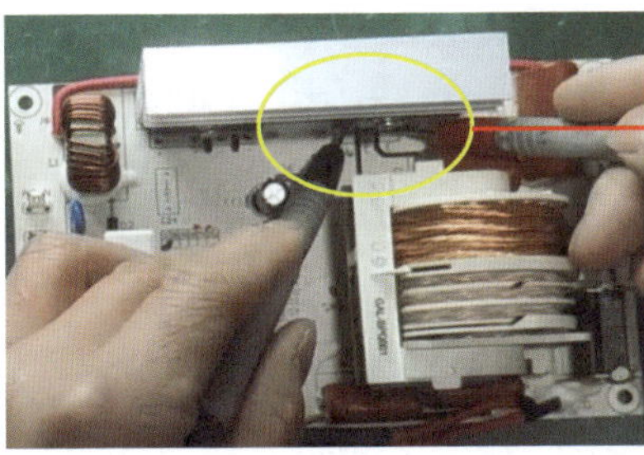

将万用表调到二极管挡，红表笔接IGBT变频管的E极，黑表笔接C极，测量IGBT变频管的管电压（正常应为0.5V左右）。如果管电压不正常，说明IGBT变频管损坏。

图 9-9　检测变频管

⑧ 如果整流桥堆和 IGBT 变频管均正常，接着检测 IGBT 变频管驱动电路中的三极管是否正常，如图 9-10 所示。

将万用表调到二极管挡，红黑表笔分别接三极管的任意两个引脚，测量管电压。正常情况下测量的管电压为0.7V左右，且没有为0的情况。如果测量值不正常，说明三极管损坏。

图 9-10　检测三极管

9.4.2 快速诊断智能微波炉通电不加热故障

智能微波炉通电不加热故障，通常是由高压保险管、高压二极管、高压电容器、磁控管等元器件故障引起，应重点检查这几个部件。智能微波炉通电不加热故障的维修方法如下。

① 检测高压二极管是否正常，如图 9-11 所示。

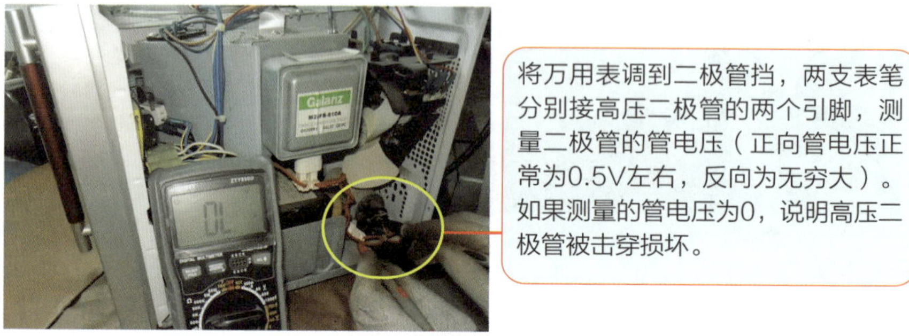

图 9-11　检测高压二极管

② 如果高压二极管正常，接着测量高压保险管是否正常，如图 9-12 所示。

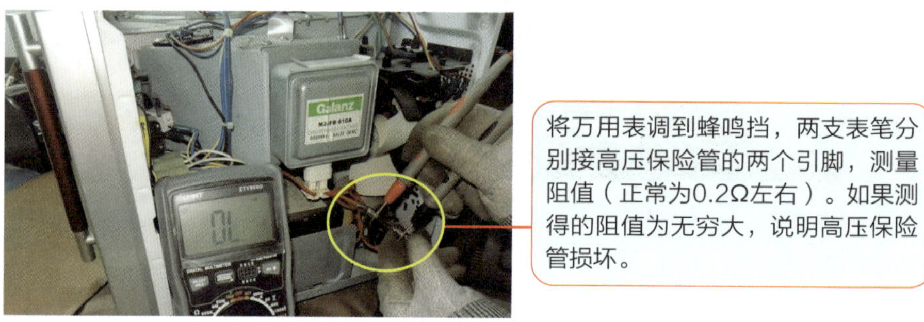

图 9-12　检测高压保险管

③ 如果高压保险管正常，接着先给高压电容器放电（在电容的两个引脚连接一个灯泡或大电阻），然后检测高压电容器是否正常，如图 9-13 所示。

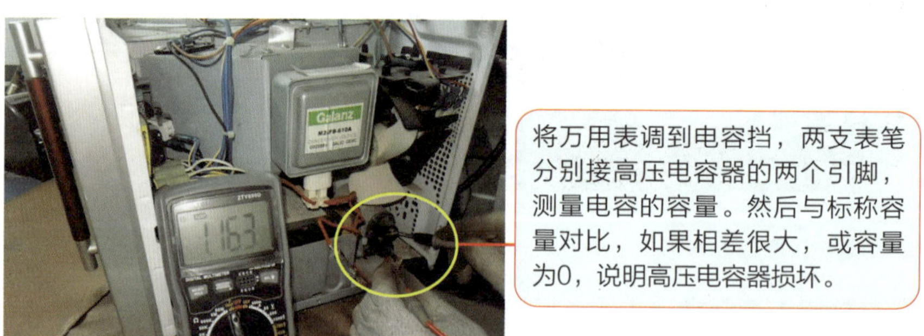

图 9-13　检测高压电容器

④ 如果前面测量均正常，接下来拆下磁控管的接线，测量磁控管的阻值，如图 9-14 所示。

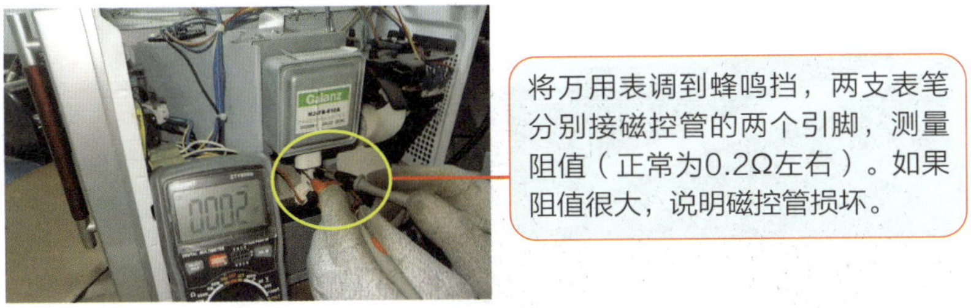

图 9-14　测量磁控管阻值

⑤ 接下来测量磁控管的绝缘阻值是否正常，如图 9-15 所示。

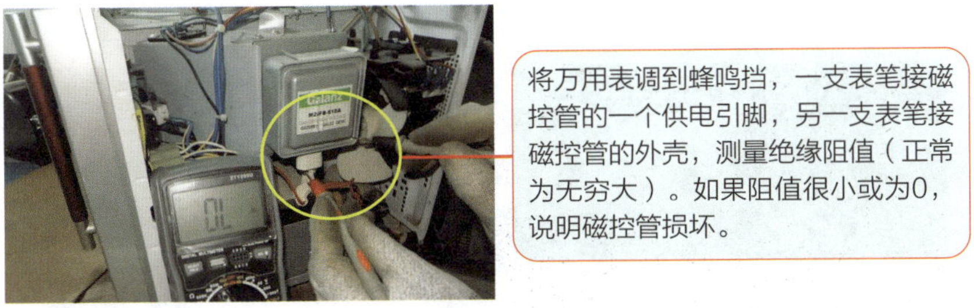

图 9-15　测量磁控管的绝缘阻值

9.5 动手维修：智能微波炉故障维修实战

智能微波炉故障的维修方法，前面章节已经做了分析，本节将通过几个典型实例来讲解智能微波炉故障的检测维修过程。

9.5.1 美的变频微波炉不通电故障维修

（1）故障现象

一台美的变频微波炉接上电源线后不通电，显示屏没有任何显示，无法开机。

（2）故障检测与维修

根据故障现象进行分析，此故障可能是电源电路板故障引起的，接下来重点检查电源电路板。故障维修方法如下。

① 将微波炉通电，查看微波炉故障现象，如图 9-16 所示。

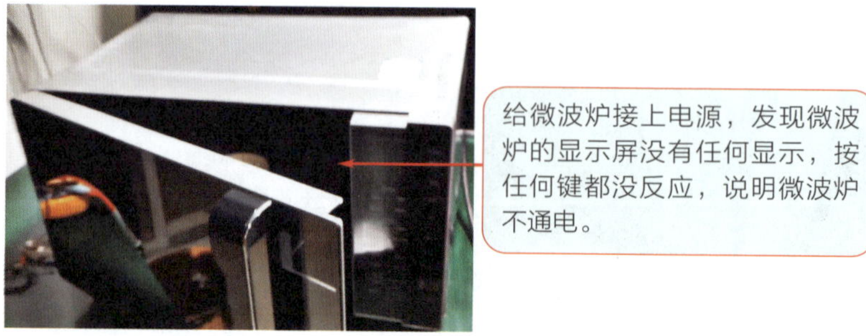

图 9-16　开机查看故障现象

② 由于显示屏由电源电路板供电，怀疑微波炉的电源电路板有问题，接着拆开微波炉检查电源电路板，如图 9-17 所示。

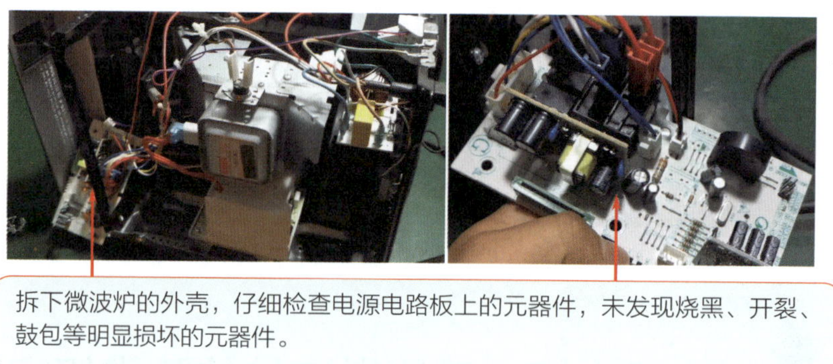

图 9-17　检查电源电路板

③ 给微波炉接上电源，测量电源电路板的输入电压是否正常，如图 9-18 所示。

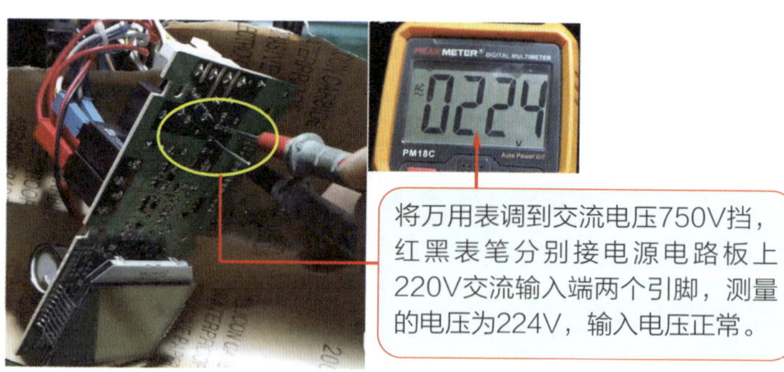

图 9-18　测量输入电压

④ 输入电压正常，接着测量整流滤波电路中的 310V 直流电压是否正常，如图 9-19 所示。

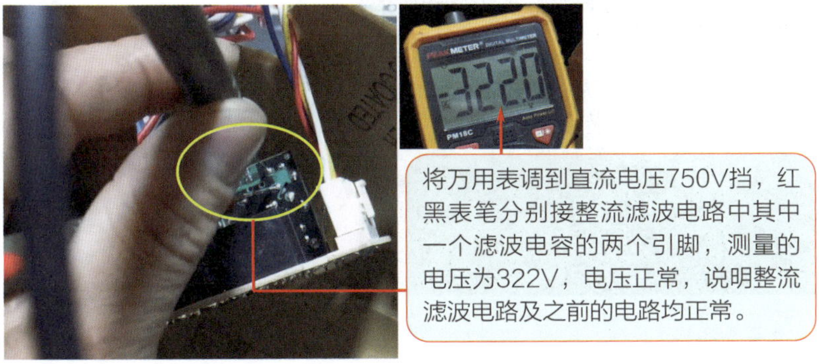

图 9-19　测量整流滤波电路的输出电压

⑤ 再测量整流滤波电路中另一个滤波电容两端的电压，如图 9-20 所示。

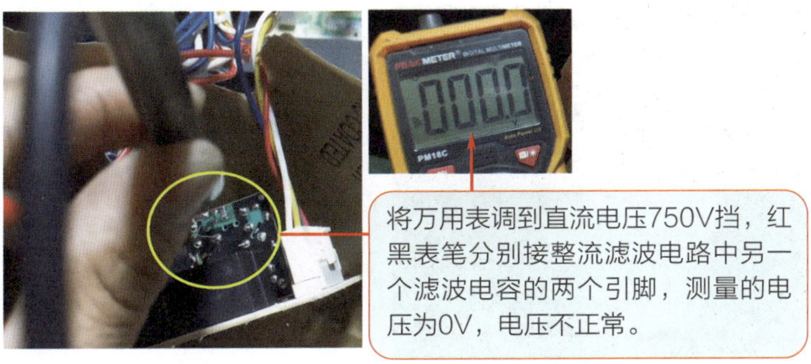

图 9-20　测量整流滤波电路滤波电容的电压

⑥ 由于整流滤波电路中一个滤波电容的电压正常，说明整流滤波电路中 4 个整流管和一个滤波电容正常，而另一个滤波电容通过一个电感连接到整流电路，接下来检测连接的电感是否正常，如图 9-21 所示。

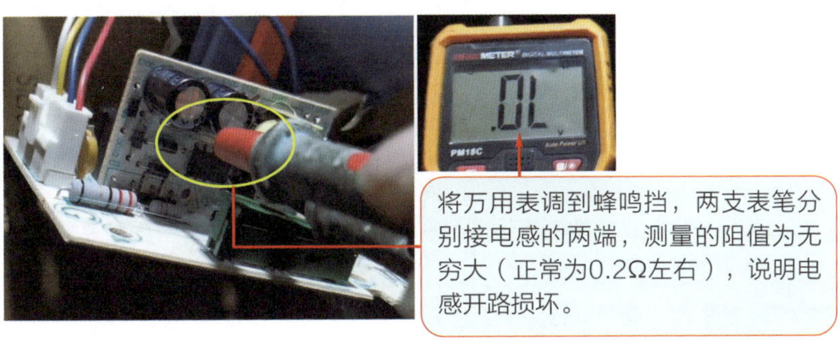

图 9-21　检测电感好坏

⑦ 更换损坏的电感，然后测试电源电路板，如图 9-22 所示。

图 9-22　测试电源电路板

⑧ 将微波炉装好，然后将装有水的杯子放到微波炉进行加热测试，如图 9-23 所示。

图 9-23　测试微波炉

9.5.2　格兰仕微波炉按键失灵故障维修

（1）故障现象

一台格兰仕微波炉接上电源后可以正常通电显示，并设置加热时间，但按启动键没有反应，按键失灵。

（2）故障检测与维修

根据故障现象分析，此故障可能是按键面板损坏引起的，接下来重点检查按键面板。故障维修方法如下。

① 将微波炉通电，查看微波炉故障现象，如图 9-24 所示。

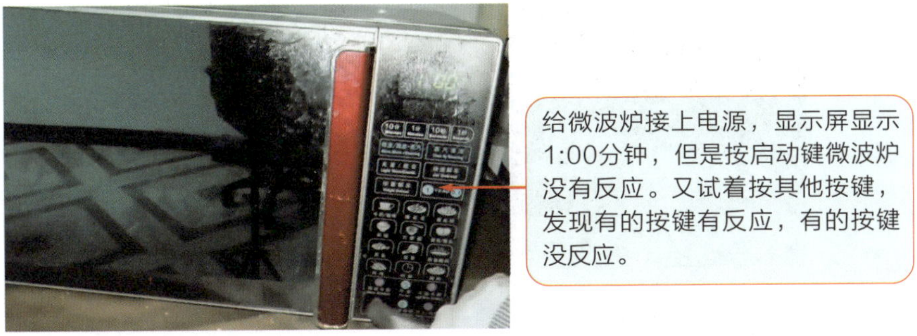

图 9-24　开机查看故障现象

② 由于有的按键起作用，有的按键不起作用，判断微波炉的按键面板损坏，接着拆开微波炉外壳，然后拆下按键面板，如图 9-25 所示。

图 9-25　拆下按键面板

③ 安装新的按键面板，如图 9-26 所示。

④ 安装好按键面板后，将微波炉的电源线插入电源插板，然后将装有水的杯子放进微波炉，设置加热时间，进行加热测试，如图 9-27 所示。

图 9-26　安装新的按键面板

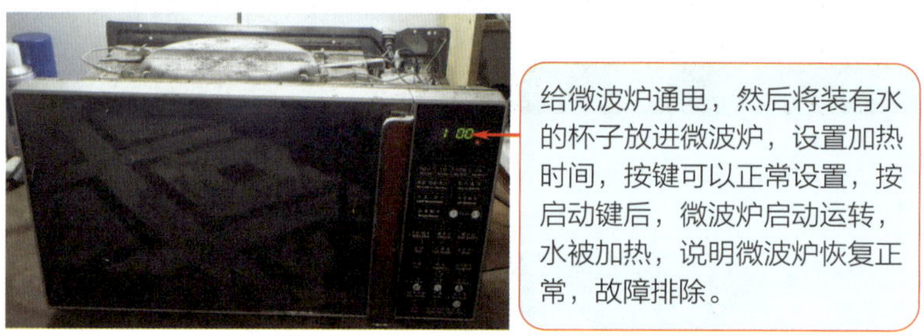

图 9-27　测试微波炉

9.5.3　格兰仕微波炉不加热故障维修

（1）故障现象

一台格兰仕微波炉通电后显示正常，按键操作也正常，按启动按钮后，可以正常运转，但不加热。

（2）故障检测与维修

根据故障现象分析，此故障可能是磁控管没有工作导致的，应重点检查高压保险管、高压电容、高压二极管、磁控管等是否损坏。故障维修方法如下。

① 将微波炉通电，查看微波炉故障现象，如图 9-28 所示。

在微波炉里放入半杯水，然后用高火加热1min，之后取出，发现微波炉运转正常，水没有被加热。

图 9-28　开机查看故障现象

② 拆开微波炉的外壳，检测高压二极管是否正常，如图 9-29 所示。

将万用表调到二极管挡，两支表笔分别接高压二极管的两个引脚，测量二极管的管电压。测量值正常（正向管电压为0.5V左右，反向管电压为无穷大），说明二极管没有损坏（被击穿时管电压为0）。

图 9-29　检测高压二极管

③ 检测高压保险管是否正常，如图 9-30 所示。

将万用表调到蜂鸣挡，两支表笔分别接高压保险管的两个引脚，测量的阻值为无穷大（正常为0.2Ω左右）。说明高压保险管已经损坏。

图 9-30　检测高压保险管

④ 先给高压电容器放电，然后检测高压电容器是否正常，如图 9-31 所示。

⑤ 拆下磁控管的接线，测量磁控管的阻值，如图 9-32 所示。

⑥ 测量磁控管的绝缘阻值是否正常，如图 9-33 所示。

⑦ 更换一个新的高压保险管，如图 9-34 所示。

将万用表调到电容挡，两支表笔分别接高压电容器的两个引脚，测量的容量为1.163μF。与标称容量接近，说明高压电容器正常。

图 9-31　检测高压电容器

将万用表调到蜂鸣挡，两支表笔分别接磁控管的两个引脚，测量的阻值为0.2Ω，说明磁控管正常。

图 9-32　测量磁控管阻值

将万用表调到蜂鸣挡，一支表笔接磁控管的一个供电引脚，另一支表笔接磁控管的外壳，测量的阻值为无穷大，阻值正常。

图 9-33　测量磁控管的绝缘阻值

拆下损坏的高压保险管，更换一个同型号的新的高压保险管，并装好保险管的保护壳。

图 9-34　更换高压保险管

⑧ 更换好保险管后，将微波炉的外壳装好，然后测试微波炉，如图 9-35 所示。

图 9-35 测试微波炉

9.5.4 美的变频微波炉不加热故障维修

（1）故障现象

一台美的变频微波炉可以正常开机，显示屏显示正常，选择菜单后可以正常运转，但不加热。

（2）故障检测与维修

根据故障现象分析，此故障可能是变频电路板故障、磁控管故障等引起的，应重点检查这几个方面。故障维修方法如下。

① 将微波炉通电，查看微波炉故障现象，如图 9-36 所示。

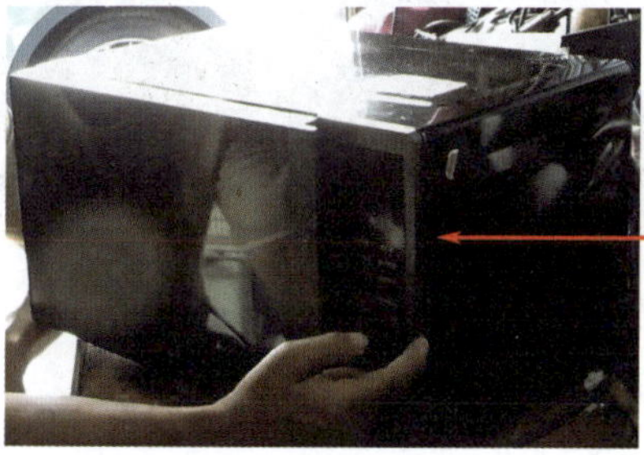

图 9-36 开机查看故障现象

② 怀疑微波炉的变频电路板或磁控管有问题，接着拆开微波炉，测量变频电路板的供电电压，如图 9-37 所示。

③ 判断是磁控管故障还是变频电路板故障，如图 9-38 所示。

④ 拆下磁控管，然后更换一个好的磁控管，如图 9-39 所示。

⑤ 将微波炉的外壳装好，然后测试微波炉，如图 9-40 所示。

拆开微波炉的外壳，然后将万用表调到交流电压750V挡，红黑表笔分别接变频电路板供电线的正负极，测量的电压为223.7V，供电电压正常。

图 9-37　测量变频板的供电电压

先检测磁控管是否正常。拆下万用表的一支表笔，将一端用夹子接磁控管的外壳，然后将微波炉通电，并启动运行，接着将表笔的另一端轻轻靠近磁控管的两根供电线中的一根，发现有打火现象，说明磁控管损坏。

图 9-38　检测磁控管好坏

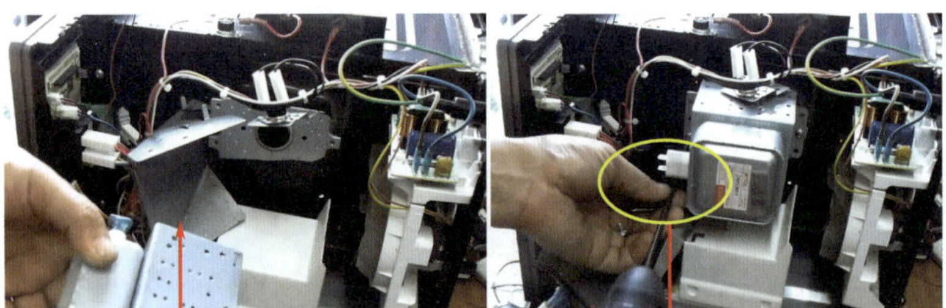

拆下损坏的磁控管，然后将一个好的磁控管安装到微波炉，并接好电源线。

图 9-39　更换磁控管

将微波炉通电，然后在微波炉里放入半杯水，并用高火加热1min，之后取出，发现水被加热，微波炉恢复正常，故障排除。

图 9-40　测试微波炉

9.5.5 格兰仕变频微波炉通电无显示故障维修

（1）故障现象

一台格兰仕变频微波炉接上电源后显示屏没有任何显示，无法开机使用。

（2）故障检测与维修

根据故障现象分析，此故障可能是电源电路板故障、变频电路板故障等引起的。接下来重点检查这几方面。故障维修方法如下。

① 将微波炉通电，查看微波炉故障现象，如图 9-41 所示。

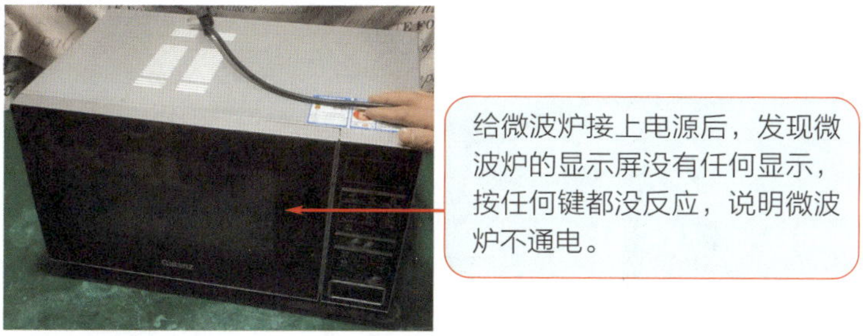

图 9-41 开机查看故障现象

② 由于显示屏由电源电路板供电，怀疑微波炉的电源电路板有问题，接着拆开微波炉检查电源电路板，如图 9-42 所示。

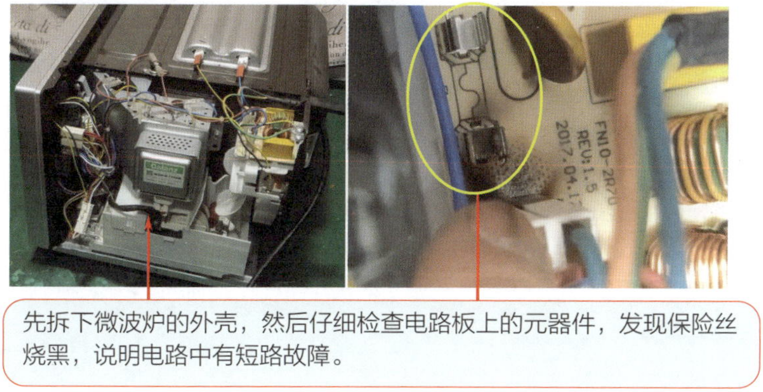

图 9-42 检查电路板中的元器件

③ 怀疑变频电路板中有短路的元器件，接着先检查变频电路板中的整流桥堆，如图 9-43 所示。

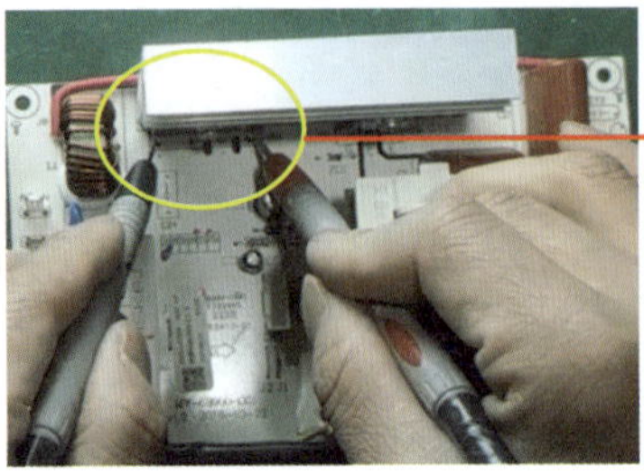

先拆下变频电路板，然后将万用表调到二极管挡，红表笔接变频电路板中整流桥堆的负极，黑表笔分别接第2、3脚，测量的管电压正常（正常为0.6～1V）。然后再将黑表笔接整流桥堆的正极，红表笔分别接第2、3脚，测量的管电压也正常。说明整流桥堆正常。

图 9-43　检查整流桥堆

④ 再检测变频电路板中的 IGBT 变频管，如图 9-44 所示。

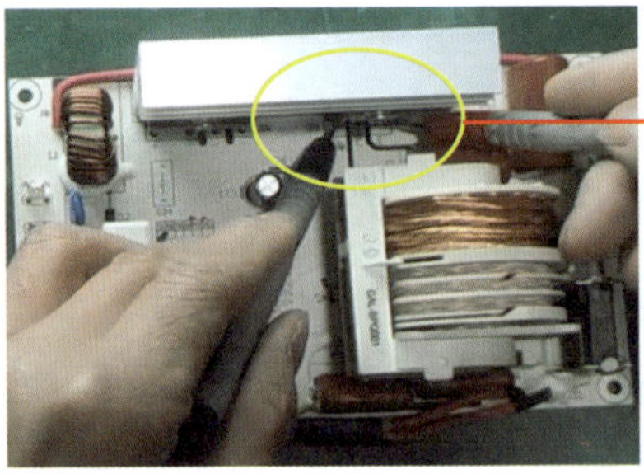

将万用表调到二极管挡，红表笔接IGBT变频管的E极，黑表笔接C极，测量的管压降为0（正常应为0.5V左右），说明IGBT变频管被击穿损坏。

图 9-44　检测变频管

⑤ 用电烙铁将 IGBT 变频管拆下，然后再次检测其是否损坏，如图 9-45 所示。

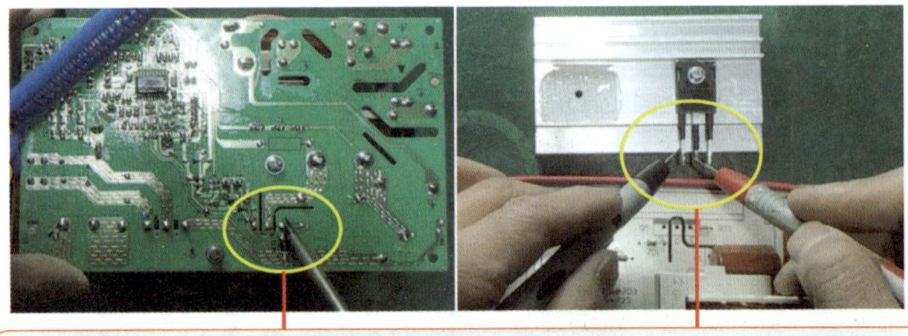

将IGBT变频管拆下，然后再次用万用表二极管挡测量，红表笔接IGBT变频管的E极，黑表笔接C极，测量的管压降为0，说明IGBT变频管确实被击穿损坏。

图 9-45　拆下 IGBT 变频管进行检测

⑥ 检测 IGBT 变频管边上的稳压管是否正常，如图 9-46 所示。

⑦ 检测 IGBT 变频管驱动电路中的三极管是否正常，如图 9-47 所示。

⑧ 更换损坏的 IGBT 变频管和稳压管，如图 9-48 所示。

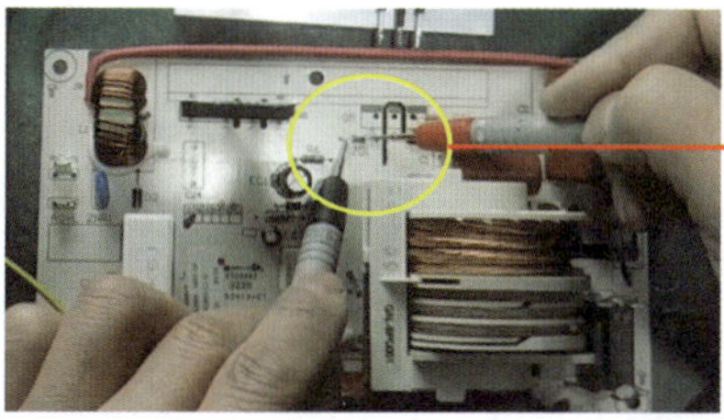

将万用表调到二极管挡，红表笔接稳压二极管的正极，黑表笔接负极，测量的管电压为0（正常为0.5V左右），说明稳压管击穿损坏。

图 9-46　检测稳压管

将万用表调到二极管挡，红黑表笔分别接三极管的任意两个引脚，测量的电压值正常（正常情况下两次测量的管电压为0.7V左右，且没有为0的情况），说明所测三极管正常。用同样的方法检测另一个三极管，也正常。

图 9-47　检测三极管

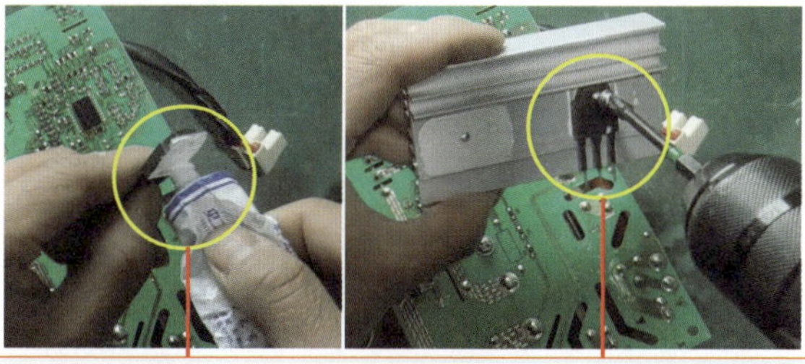

先在新的同规格的IGBT变频管的背面涂一些散热硅脂，然后将IGBT变频管固定到散热片上。用电烙铁将IGBT变频管焊接到电路板上。再将新的同规格的稳压管焊接到电路板上。

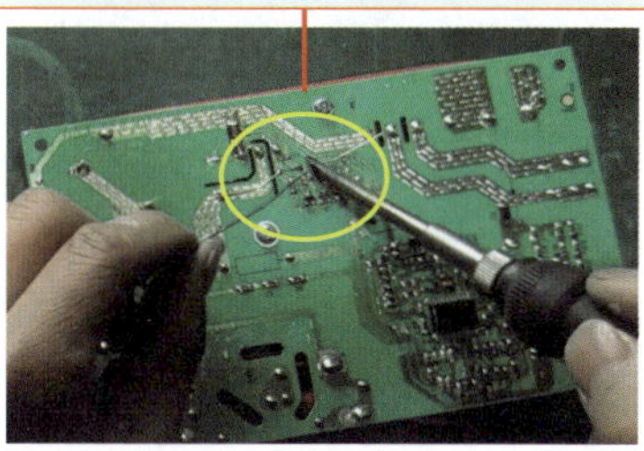

图 9-48　更换 IGBT 变频管和稳压管

⑨ 将变频电路板安装到微波炉，并更换电源电路板中的保险管，之后再将外壳装好，然后测试微波炉，如图 9-49 所示。

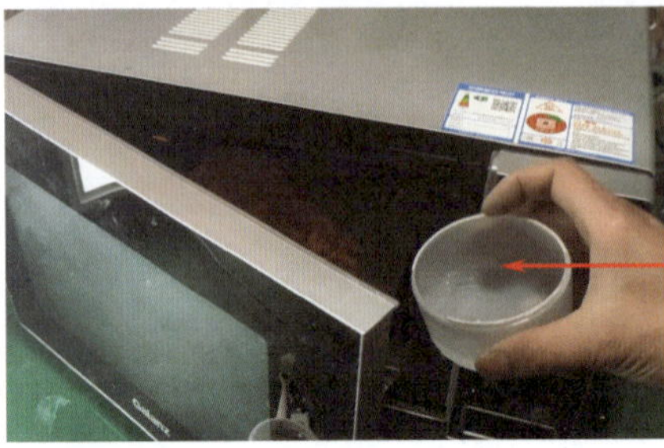

图 9-49　测试微波炉

第 10 章

智能电压力锅故障维修实战

智能电压力锅中故障率较高的是压力开关、开关电源电路等，因此在维修智能电压力锅时，要重点掌握这几个方面的故障维修诊断技巧。本章将重点讲解智能电压力锅易坏元件、故障检测点、故障检修流程、常见故障维修和故障维修实战案例等内容。

10.1 智能电压力锅易坏元件

智能电压力锅易坏元器件主要有保险电阻、整流二极管、滤波电容、集成开关管的电源控制芯片、开关变压器、稳压器、稳压二极管、继电器、温度传感器、压力开关、检测电阻等，如图 10-1 所示。

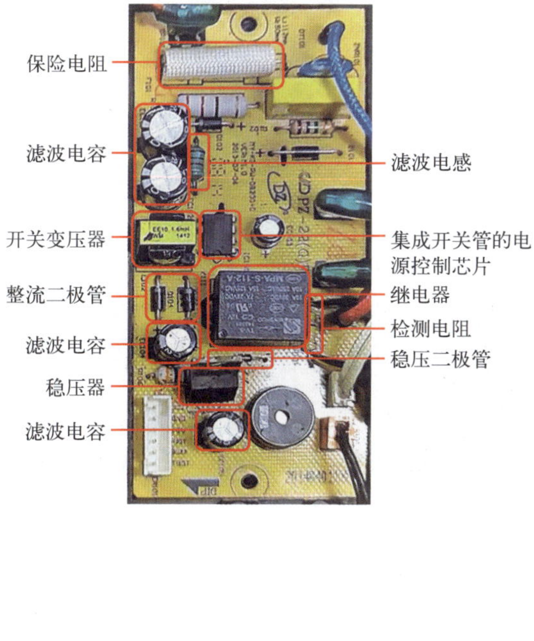

图 10-1

图 10-1　智能电压力锅易坏元件

10.2 智能电压力锅故障检测点

由于智能电压力锅的关键元件工作在高温、高压的环境中，极易引起一些元件损坏，如电路板中的检测电阻性能下降、电容器击穿损坏、压力开关脏污等。因此在进行故障检测时，要重点检测这些易坏元器件，以便快速找到故障原因。图 10-2 所示为智能电压力锅关键元件检测点。

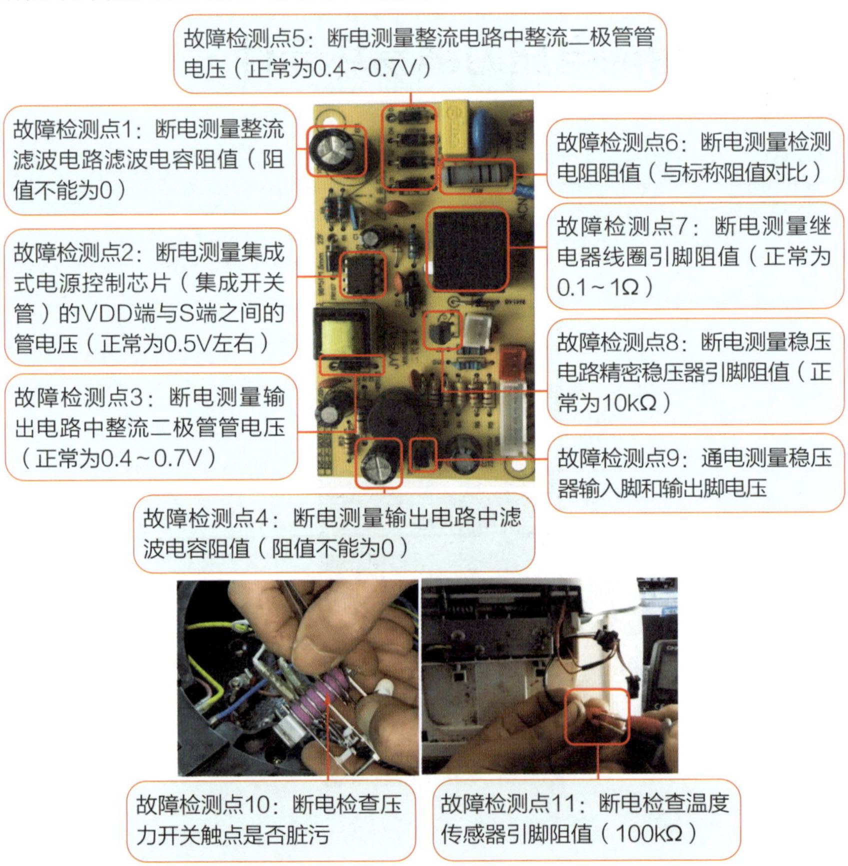

图 10-2　智能电压力锅关键元件检测点

10.3 智能电压力锅故障诊断流程

智能电压力锅常见故障主要表现为不通电、不加热、不显示等。造成智能电压力锅故障的原因可能是电源电路板故障、压力开关故障、温度传感器故障等。图10-3所示为智能电压力锅不加热故障检修流程。

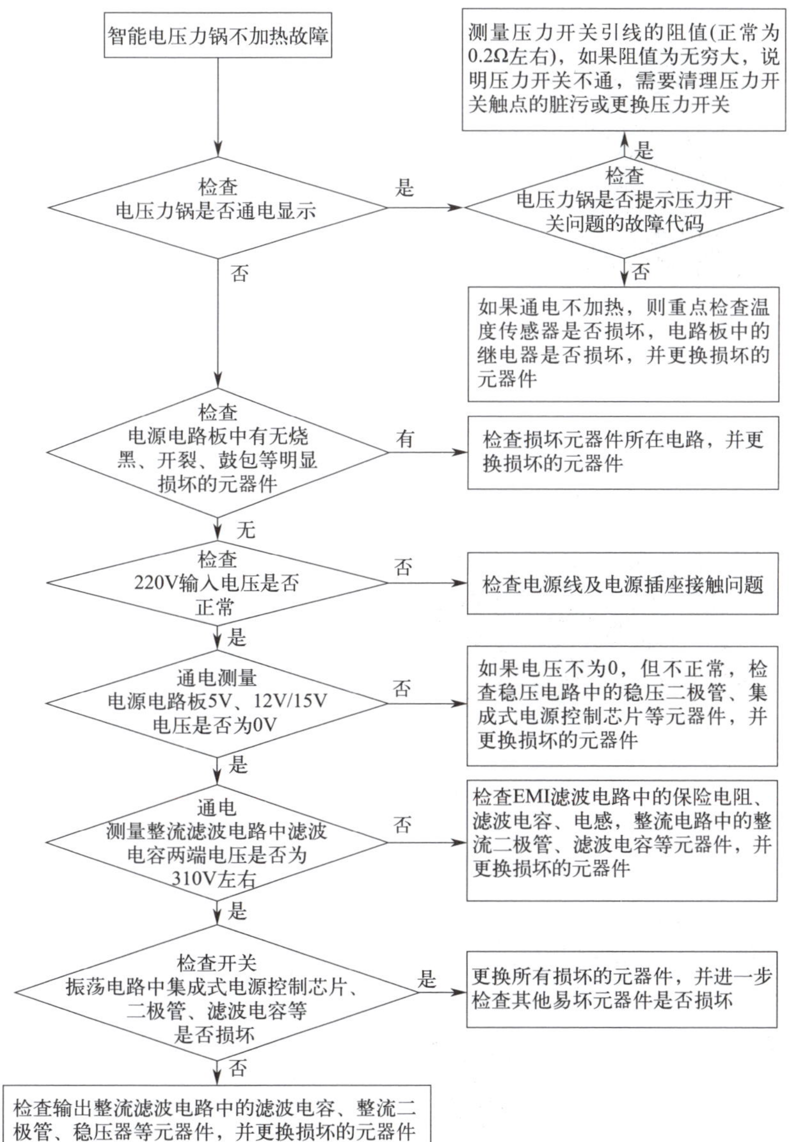

图10-3 智能电压力锅不加热故障检修流程

10.4 快速诊断智能电压力锅故障

智能电压力锅工作在高温、高压的环境下，温度传感器、电源电路板、压力开关等容易出现损坏，引起智能电压力锅不加热、不通电等故障。智能电压力锅故障维修方法如下。

① 检查智能电压力锅是否能通电显示，如图 10-4 所示。

给电压力锅接上电源后，观察智能电压力锅指示灯是否亮，显示屏是否有显示。如果显示屏和指示灯不亮，则先检查电源线是否插好，同时用一根好的电源线进行测试，排除电源线问题导致不通电。如果是电源线问题，则更换电源线即可。

图 10-4　检查电源线

② 如果智能电压力锅通电显示正常，则跳到第⑤步检查；如果智能电压力锅通电没有显示，指示灯不亮，接着检查电源电路板中有无明显损坏的元器件，如图 10-5 所示。

拆开智能电压力锅底壳，检查电源电路板上电源线是否插好，电源电路板中是否有烧黑、开裂、鼓包等明显损坏的元器件。如果有，则重点检查损坏元器件相关的电路。

图 10-5　检查电源电路板

③ 如果电路板中没有明显损坏的元器件，接下来给智能电压力锅接上电源，测量电源电路板的输出电压是否正常，如图 10-6 所示。

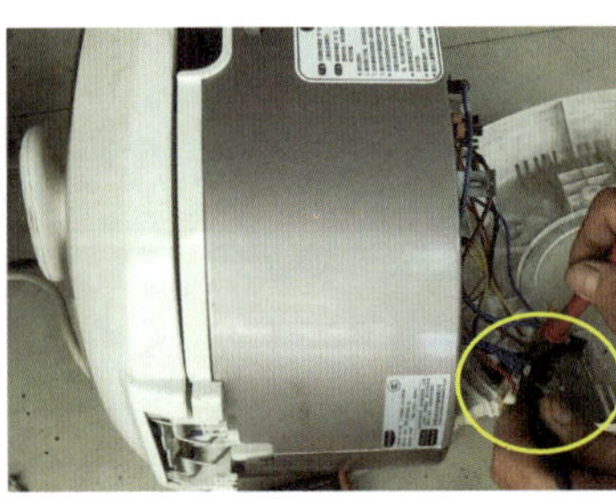

将万用表调到直流电压20V挡，黑表笔接电源电路板电压输出接口中的地线针脚，红表笔接电压输出接口中的5V和15V供电针脚，测量输出电压。如果输出电压正常，则可能是面板连线接触不良或损坏及面板损坏，应重点检查面板连接线和面板。

图 10-6　测量输出电压

④ 如果电源电路板输出电压不正常，则重点检查电源电路板，如图 10-7 所示。

先通电检测整流滤波电路输出的310V直流电压是否正常。将万用表调到直流电压750V挡，红黑表笔分别接整流滤波电路中滤波电容的两个引脚，测量整流滤波后的电压，正常为310V左右。如果电压不正常，则重点检查整流滤波电路中的整流二极管、滤波电容，及输入滤波电路中的保险电阻、压敏电阻、滤波电容、电感等元器件，并更换损坏的元器件。如果310V电压正常，则检查开关振荡电路中集成式电源控制芯片、整流二极管、取样电阻、滤波电容、稳压器等元器件，并更换损坏的元器件。

图 10-7　检查电源电路板

⑤ 如果智能电压力锅通电显示正常，接着检查智能电压力锅有无故障代码，如图 10-8 所示。

如果电压力锅显示故障代码，按故障代码提示检查相应的部件。如果故障代码显示压力开关相关问题，则将万用表调到蜂鸣挡，两支表笔分别接压力开关两根引线的接口，测量阻值（正常为0.1～1Ω）。如果阻值为无穷大，说明压力开关触点接触不良。

图 10-8　检查压力开关

⑥ 如果压力开关阻值异常，则拆下压力开关进行检查，如图 10-9 所示。

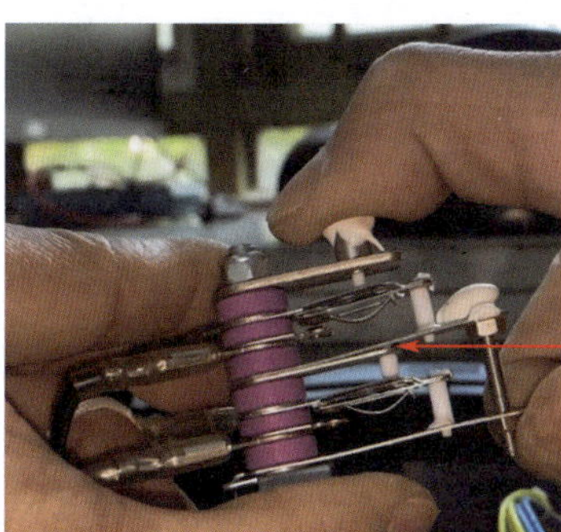

拆下压力开关，然后仔细检查压力开关。先用手按压弹簧，看弹簧的弹性是否良好，如果弹簧弹性下降，直接更换压力开关。之后再检查压力开关的触点，看触点有无污垢，如果有，用尖刀清洁压力开关触点上的污垢（也可以用砂纸清洁）。

图 10-9　清洁压力开关

⑦ 如果故障代码提示温度传感器有故障，或电压力锅开始加热后立刻自动停止加热，则应重点检查温度传感器，如果 10-10 所示。

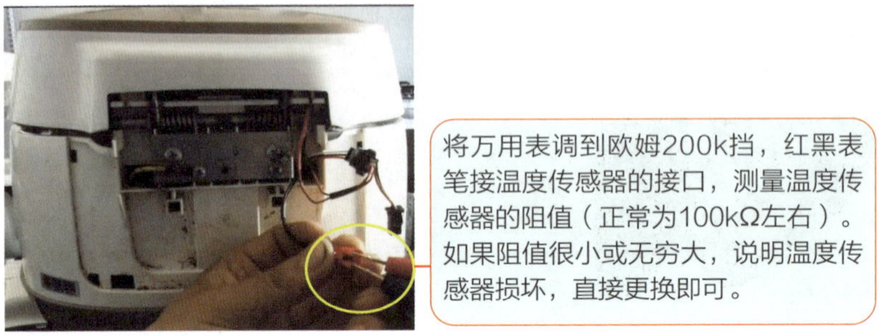

图 10-10　检测温度传感器

⑧ 如果智能电压力锅显示正常，但不加热，则应检查加热盘的供电电压是否正常，如图 10-11 所示。

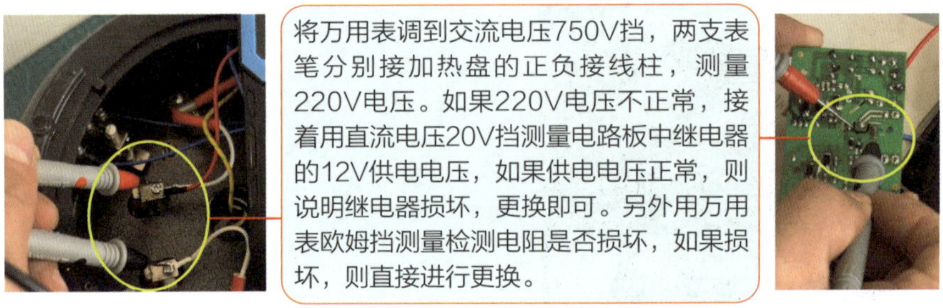

图 10-11　检查加热盘供电电压

10.5 动手维修：智能电压力锅故障维修实战

智能电压力锅故障的维修方法，前面章节已经做了分析，本节将通过几个典型实例来讲解智能电压力锅故障的检测维修过程。

10.5.1　九阳智能电压力锅提示 E3 故障维修

（1）故障现象

一台九阳智能电压力锅接上电源后正常显示，但按功能菜单开始加热后，过几分钟提示 E3 故障代码，停止加热。

（2）故障检测与维修

根据故障现象分析，此故障可能是压力开关故障、控制电路板故障、连接线接触不良等引起的，接下来重点检查这几个方面。故障维修方法如下。

① 将智能电压力锅通电，查看智能电压力锅故障现象，如图 10-12 所示。

图 10-12　开机查看故障现象

② 拆开电压力锅底壳，检查各个接口及电路板中元器件是否正常，如图 10-13 所示。

图 10-13　检查电压力锅电路板元器件及接口

③ 由于 E3 故障代码表示压力开关有问题，接着用万用表检测压力开关是否正常，如图 10-14 所示。

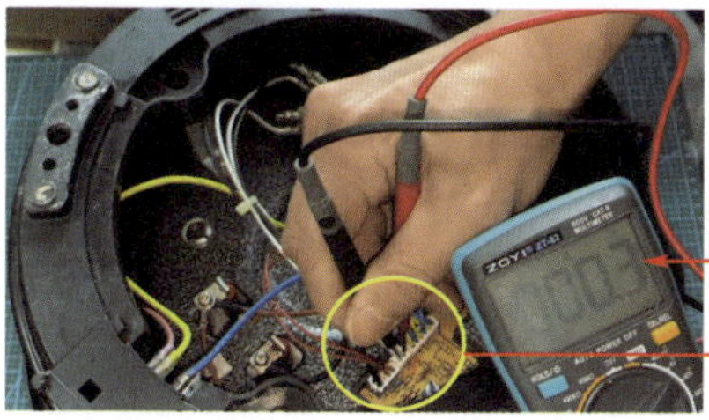

图 10-14

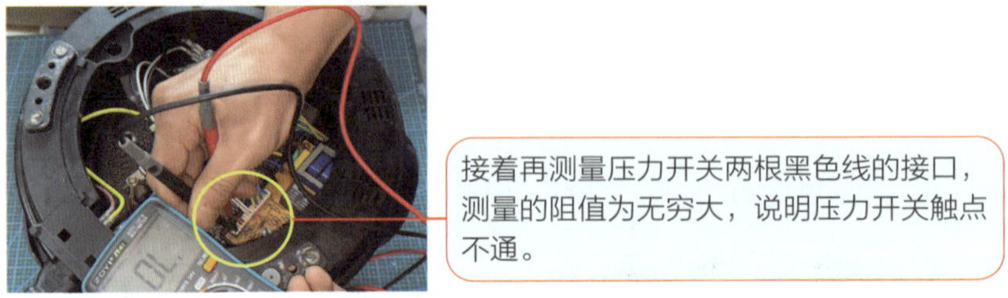

图 10-14 检测压力开关

④ 拆开压力开关，检查压力开关的弹簧和触点是否正常，如图 10-15 所示。

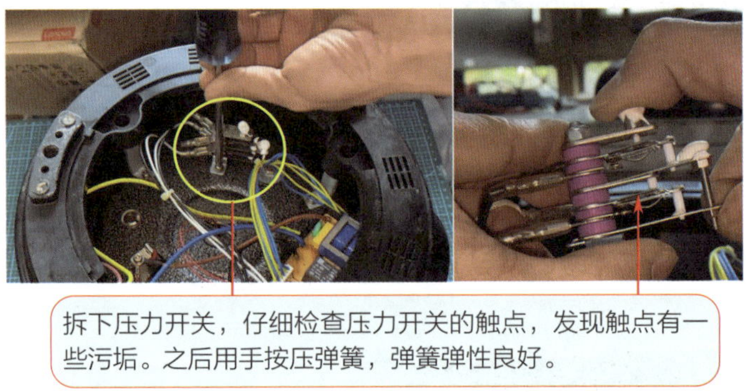

图 10-15 检查压力开关的弹簧和触点

⑤ 用尖刀或砂纸清洁压力开关的触点，如图 10-16 所示。

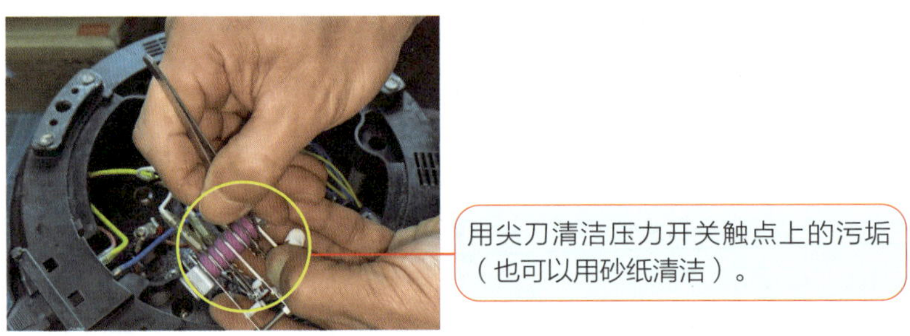

图 10-16 清洁压力开关的触点

⑥ 清洁压力开关后，将压力开关重新固定到电压力锅，然后重新测量压力开关两根黑色线间的阻值，如图 10-17 所示。

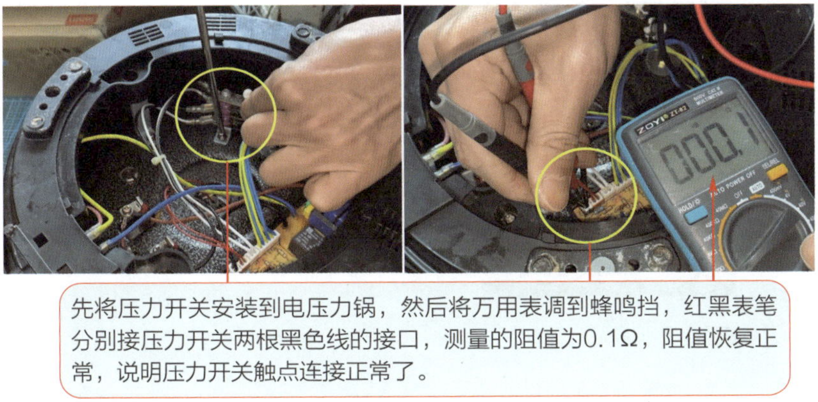

图 10-17　检测压力开关

⑦ 将电压力锅底壳装好，然后接上电源，测试电压力锅，如图 10-18 所示。

图 10-18　测试电压力锅

10.5.2　美的智能电压力锅提示 C6 故障维修

（1）故障现象

一台美的智能电压力锅接上电源后过一会儿显示 C6 故障代码，无法正常使用。

（2）故障检测与维修

根据故障现象分析，此故障可能是压力开关故障、控制电路板故障、连接线接触不良等引起的，接下来重点检查这几个方面。故障维修方法如下。

① 将智能电压力锅通电，查看智能电压力锅故障现象，如图 10-19 所示。

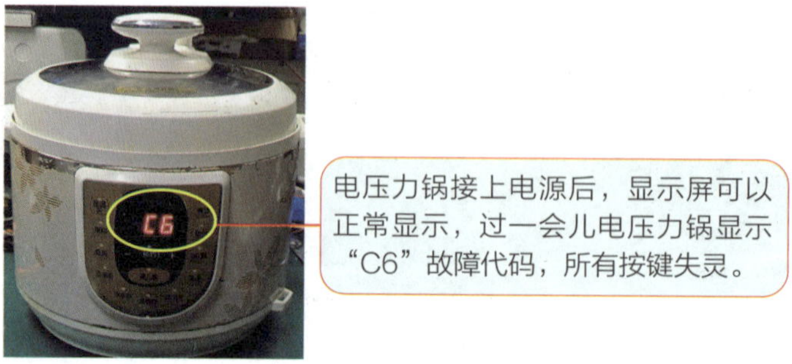

图 10-19　开机查看故障现象

② 拆开电压力锅底壳，检查各个接口及电路板中元器件是否正常，如图 10-20 所示。

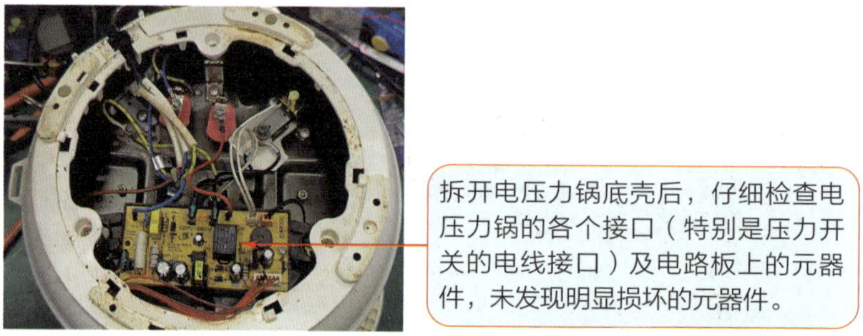

图 10-20　检查电压力锅电路板元器件及接口

③ 由于 C6 故障代码表示压力开关有问题，接着用万用表检测压力开关是否正常，如图 10-21 所示。

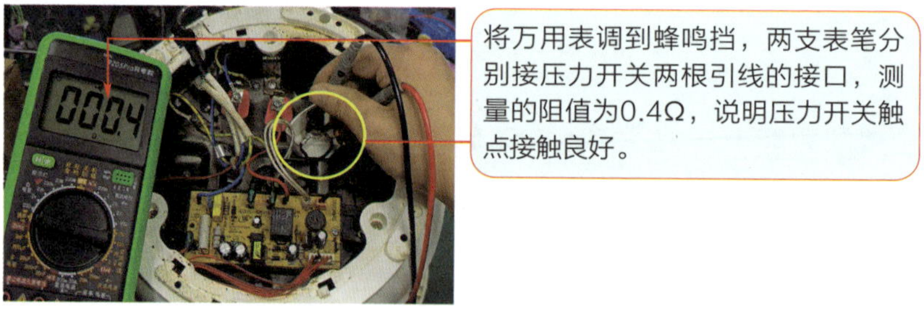

图 10-21　检测压力开关

④ 接着检查控制电路板中控制压力开关的元器件（如继电器、检测电阻等），如图 10-22 所示。

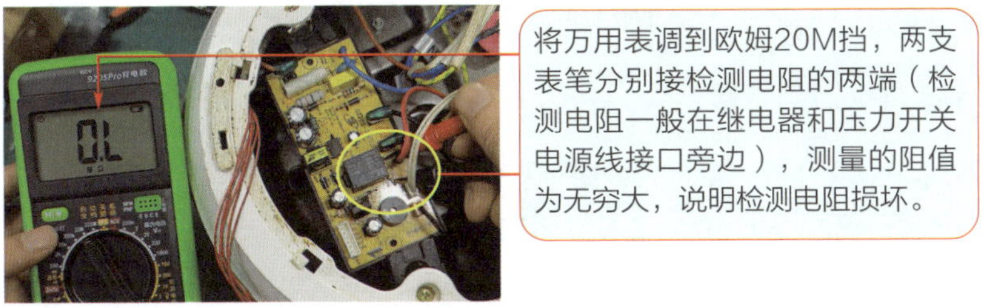

图 10-22　检测控制压力开关的电阻

⑤ 更换损坏的电阻器，如图 10-23 所示。

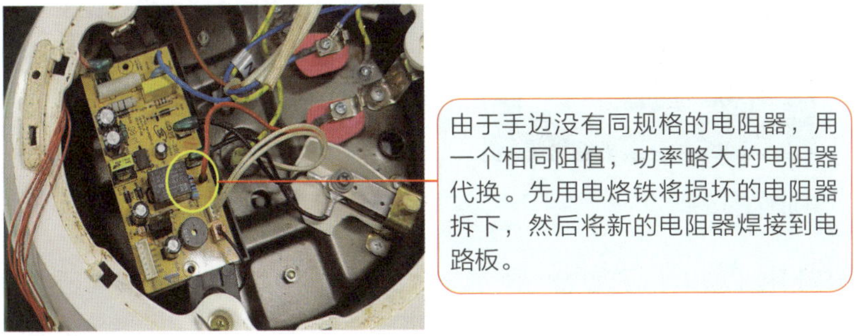

图 10-23　更换损坏的电阻器

⑥ 将电压力锅底壳装好，然后接上电源，测试电压力锅，如图 10-24 所示。

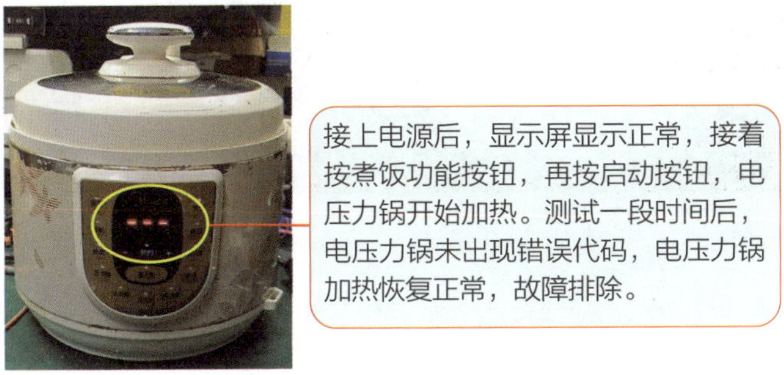

图 10-24　测试电压力锅

10.5.3　苏泊尔智能电压力锅加热十几秒就停止加热故障维修

（1）故障现象

一台苏泊尔智能电压力锅接上电源后显示正常，面板操控也正常，设置煮饭功能后开始加热，十几秒后开始进入煮饭完成倒计时，无法正常煮饭，正常应加热

10min 左右，煮开后才会进入倒计时。

（2）故障检测与维修

根据故障现象分析，此故障可能是压力开关故障、温度传感器故障等引起的。接下来重点检查这两个方面。故障维修方法如下。

① 给智能电压力锅通电，查看智能电压力锅故障现象，如图 10-25 所示。

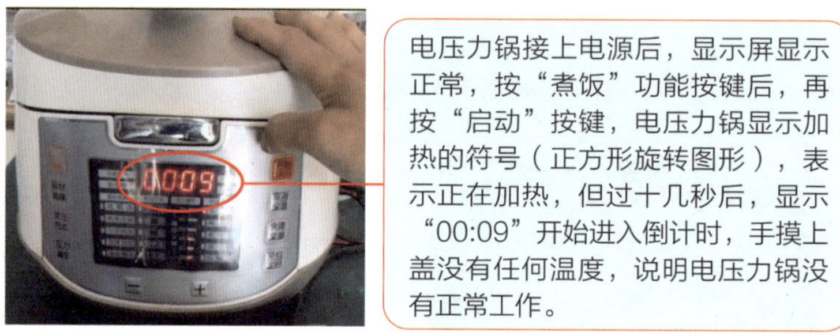

图 10-25 开机查看故障现象

② 由于电压力锅除了加热时间短外，没发现其他故障，怀疑电压力锅压力开关有问题或顶盖温度传感器有问题。接下来先拆开顶盖检查温度传感器是否正常，如图 10-26 所示。

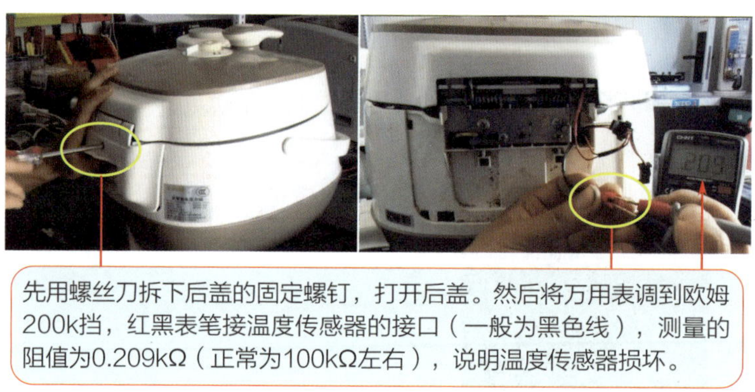

图 10-26 检测温度传感器

③ 拆开电压力锅的上盖，然后拆下温度传感器，如图 10-27 所示。

④ 将新的同规格的温度传感器安装到上盖，然后将电压力锅上盖装好，如图 10-28 所示。

⑤ 装好电压力锅后，然后接上电源，测试电压力锅，如图 10-29 所示。

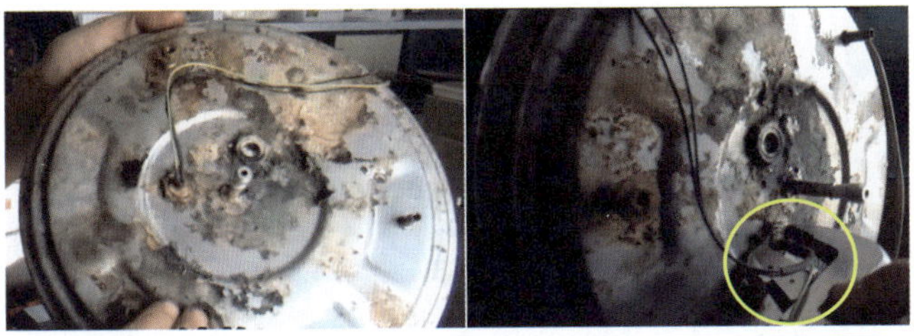

先拆开上盖，然后用扳手将温度传感器拧下来（带线的为温度传感器）。

图 10-27　拆卸温度传感器

用扳手将新的同规格的温度传感器安装到上盖，然后将上盖装到电压力锅中。

图 10-28　安装新温度传感器

电压力锅接上电源后，显示屏显示正常，接着按煮饭功能按钮，再按启动按钮，电压力锅开始加热。测试一段时间后，电压力锅未出现不加热故障，电压力锅恢复正常，故障排除。

图 10-29　测试电压力锅

10.5.4　苏泊尔智能电压力锅通电显示正常运行但不加热故障维修

（1）故障现象

一台苏泊尔智能电压力锅接上电源后显示正常，按功能菜单并按启动键后，显示屏显示正在加热（矩形框一直转动），但过一会后，用手摸锅盖并没有温度，说明电压力锅并没有加热。

（2）故障检测与维修

根据故障现象分析，此故障可能是控制电路板故障引起的，接下来重点检查控制电路板中的继电器等元器件。故障维修方法如下。

① 将智能电压力锅通电，查看智能电压力锅故障现象，如图 10-30 所示。

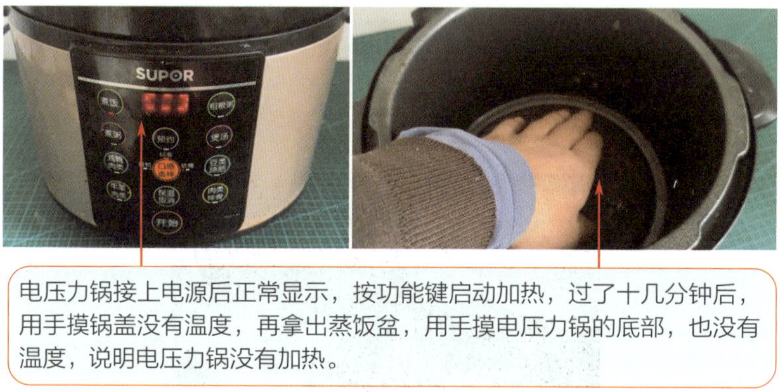

图 10-30　开机查看故障现象

② 拆开电压力锅底壳，检查各个接口及电路板中元器件是否正常，如图 10-31 所示。

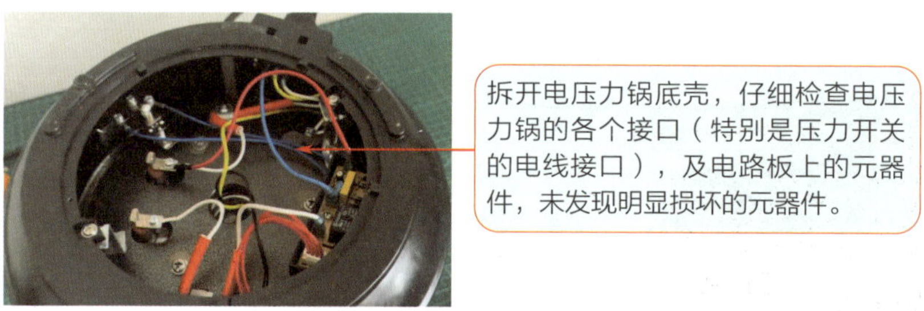

图 10-31　检查电压力锅电路板元器件及接口

③ 考虑到电压力锅没有加热可能是电源没有供给加热盘，接着给电压力锅通电，然后用万用表检测电压力锅加热盘的供电电压是否正常，如图 10-32 所示。

④ 由于加热元件的 220V 供电是由控制电路中的继电器控制的，接着通电测量继电器线圈的 12V 供电电压是否正常，如图 10-33 所示。

⑤ 用电烙铁拆下损坏的继电器，然后更换一个同型号的继电器，如图 10-34 所示。

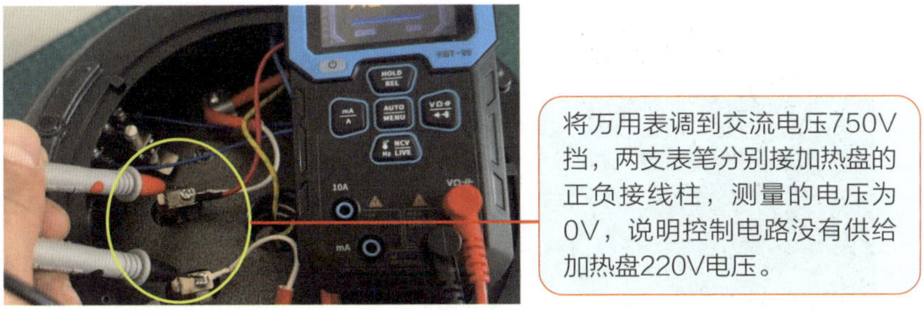

图 10-32　检测 220V 供电电压

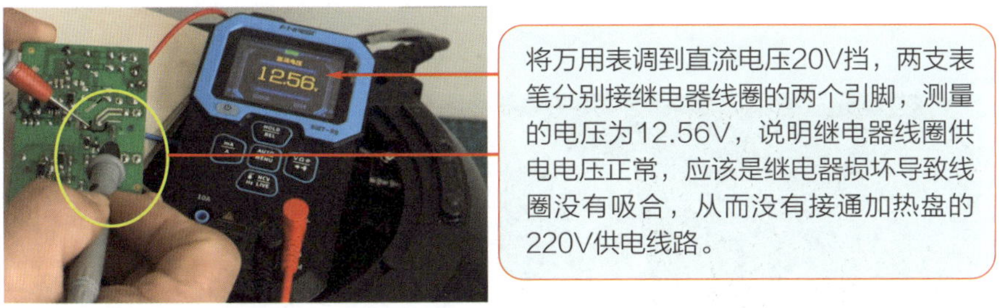

图 10-33　测量继电器的供电电压

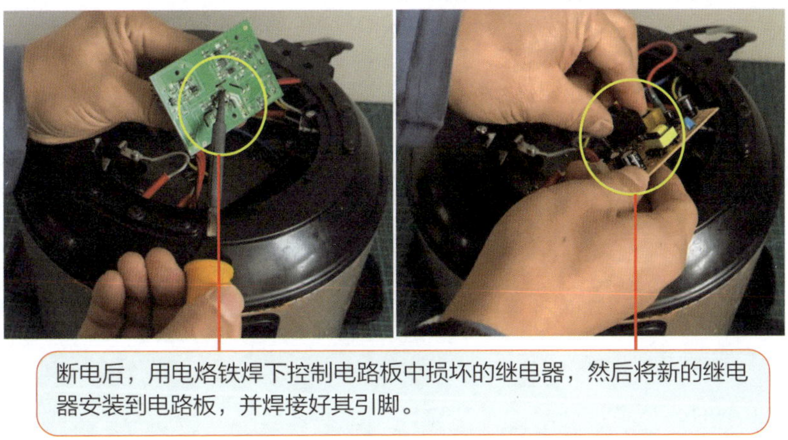

图 10-34　更换继电器

⑥ 更换继电器后，安装好控制电路板，然后通电测量加热盘的供电电压是否正常，如图 10-35 所示。

⑦ 将电压力锅底盖装好，然后接上电源，测试电压力锅，如图 10-36 所示。

将万用表调到交流电压750V挡，两支表笔分别接加热盘的正负接线柱，测量的电压为228.1V，供电电压恢复正常。

图 10-35 测量加热盘供电电压

接上电源后，显示屏显示正常，接着按“煮饭”功能按钮，再按启动按钮，等几分钟后，用手摸电压力锅的锅盖，已经非常热，说明电压力锅恢复正常，故障排除。

图 10-36 测试电压力锅

10.5.5 九阳智能电压力锅不加热发出报警声故障维修

（1）故障现象

一台九阳智能电压力锅接上电源后，选好功能，按开始键，发出“叮叮叮”的声音，不能加热，无法使用。

（2）故障检测与维修

根据故障现象分析，此故障可能是控制电路板故障、微动开关故障、干簧管磁控开关故障等引起的，接下来重点检查这几个方面。故障维修方法如下。

① 将智能电压力锅通电，查看智能电压力锅故障现象，如图 10-37 所示。

② 由于电压力锅没有加热且发出报警声，怀疑控制电路板可能有故障，接下来先拆开电压力锅的底壳，测量控制电路板的 5V 供电电压是否正常，如图 10-38 所示。

③ 再测量控制电路板的 15V 供电电压是否正常，如图 10-39 所示。

图 10-37　开机查看故障现象

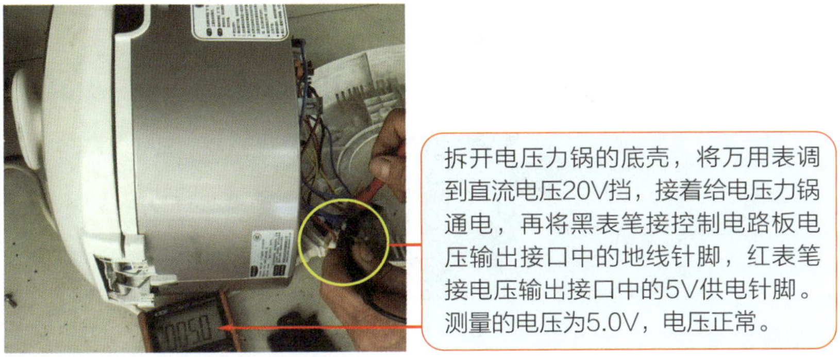

图 10-38　测量控制电路板 5V 供电电压

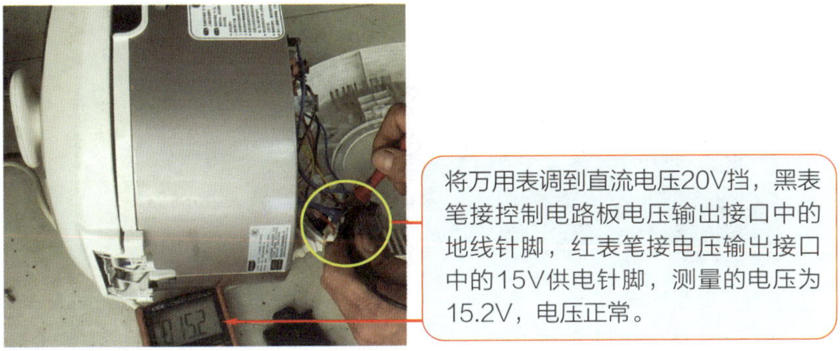

图 10-39　测量控制电路板 15V 供电电压

④ 由于控制电路板的 5V 和 15V 供电电压正常，说明控制电路工作应该正常，故障可能是由顶盖中的微动开关、传感器等部件引起，接着先拆开顶盖，如图 10-40 所示。

⑤ 拆开顶盖外壳后，发现顶盖内部很脏，然后检查微动开关、干簧管磁控开关信号线接口，如图 10-41 所示。

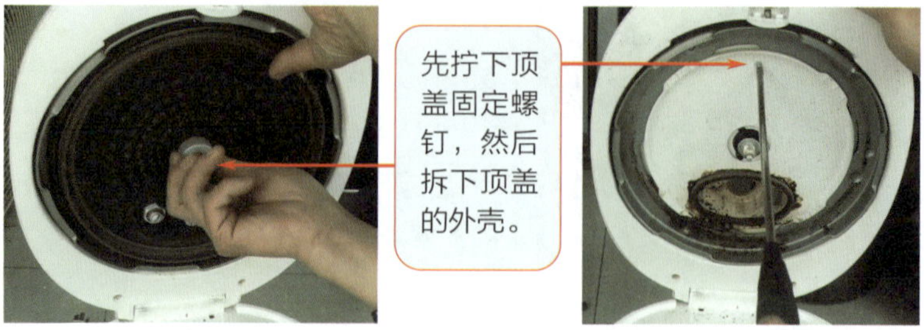

图 10-40　拆开顶盖外壳

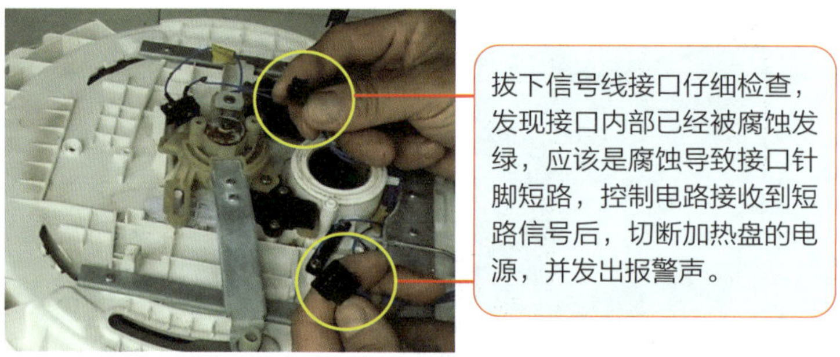

图 10-41　检查信号线接口

⑥ 检测微动开关和干簧管磁控开关是否正常，如图 10-42 所示。

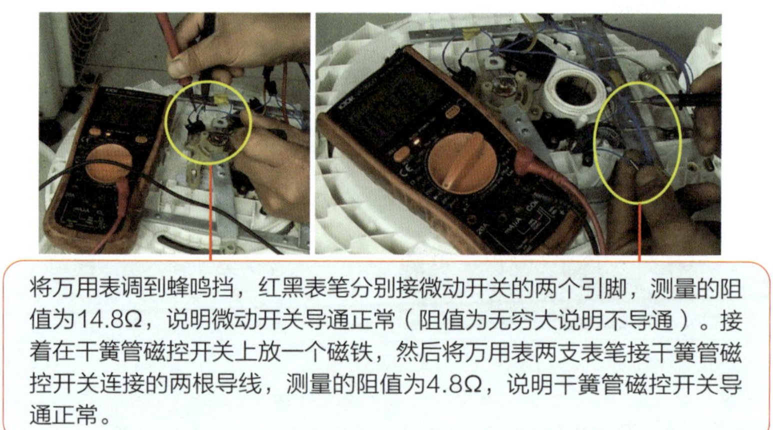

图 10-42　检测微动开关和磁控开关

⑦ 清洁开关的各个接口，如图 10-43 所示。

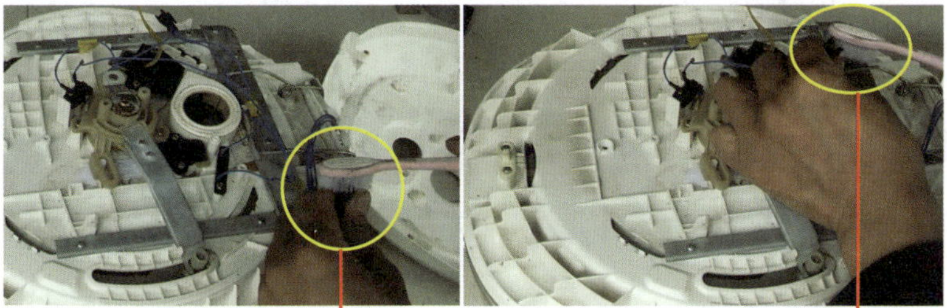

图 10-43　清洁接口

⑧ 将电压力锅底壳和顶盖装好，然后接上电源，测试电压力锅，如图 10-44 所示。

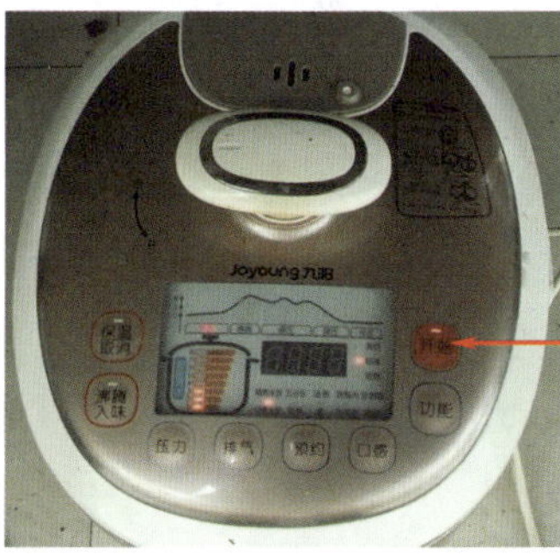

图 10-44　测试电压力锅

第 11 章

智能电磁炉故障维修实战

智能电磁炉中故障率较高的是整流电路、IGBT 驱动电路、低压电源电路、电流检测电路等，因此在维修智能电磁炉时，要重点掌握这几个方面的故障维修诊断技巧。本章将重点讲解智能电磁炉易坏元件、故障检测点、故障检修流程、常见故障维修和故障维修实战案例等内容。

11.1 智能电磁炉易坏元件

智能电磁炉易坏元器件主要有保险电阻、整流二极管、滤波电容、集成开关管的电源控制芯片、开关变压器、稳压器、整流桥堆、IGBT 管、三极管、滤波电感、按键、分压电阻、康铜丝、可调电阻器等，如图 11-1 所示。

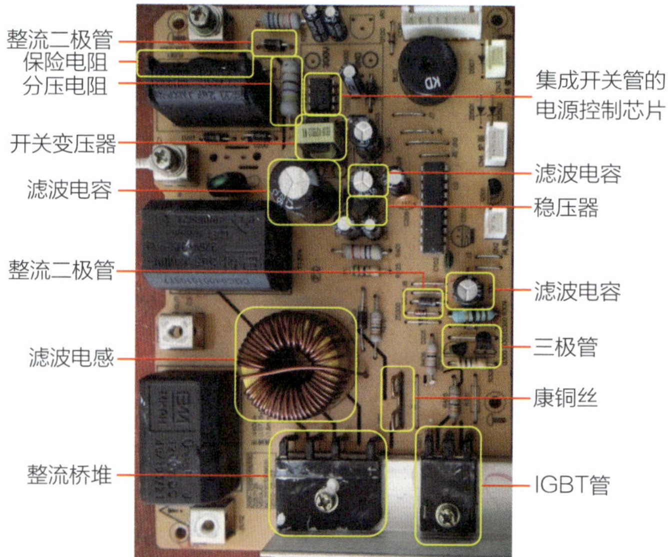

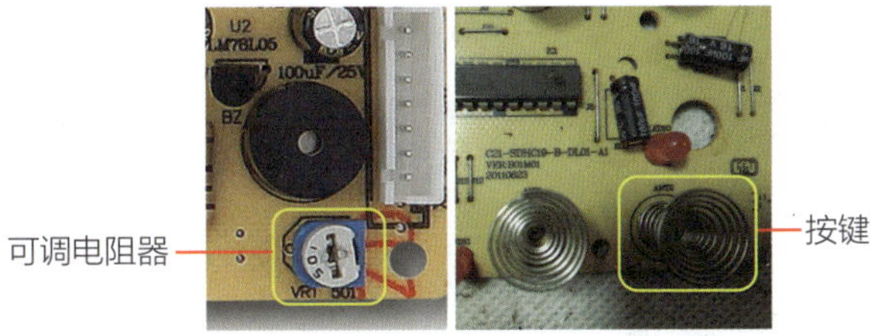

图 11-1　智能电磁炉易坏元件

11.2 智能电磁炉故障检测点

由于智能电磁炉的关键元件工作在高温、高压的环境中，极易引起一些元件损坏，如电路板中的 IGBT 管性能下降、电容器击穿损坏、按键脏污等。因此在进行故障检测时，要重点检测这些易坏元器件，以便快速找到故障原因。图 11-2 所示为智能电磁炉关键元件检测点。

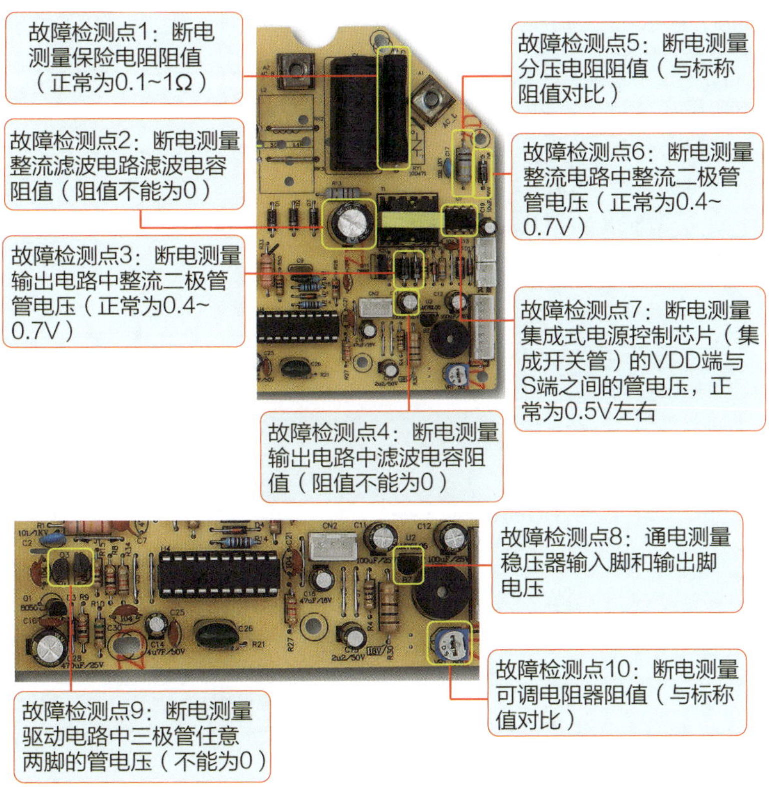

图 11-2

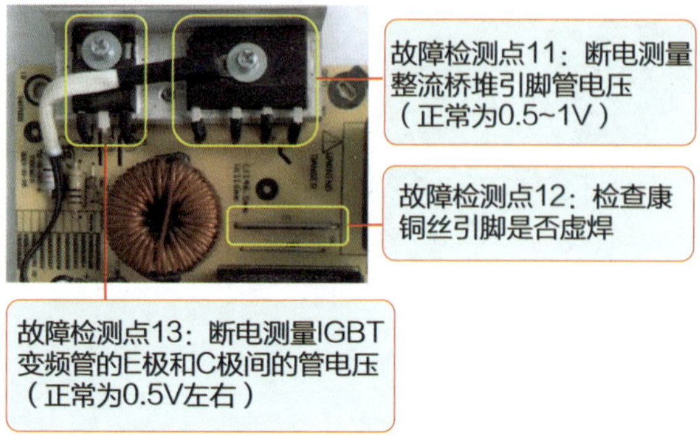

图 11-2　智能电磁炉关键元件检测点

11.3 智能电磁炉故障诊断流程

智能电磁炉常见故障主要表现为不通电、不加热等。造成智能电磁炉故障的原因可能是 IGBT 管损坏、整流桥堆损坏、驱动三极管损坏、电源控制芯片损坏、整流二极管损坏、滤波电容损坏等。图 11-3 所示为智能电磁炉通电没反应故障检修流程。

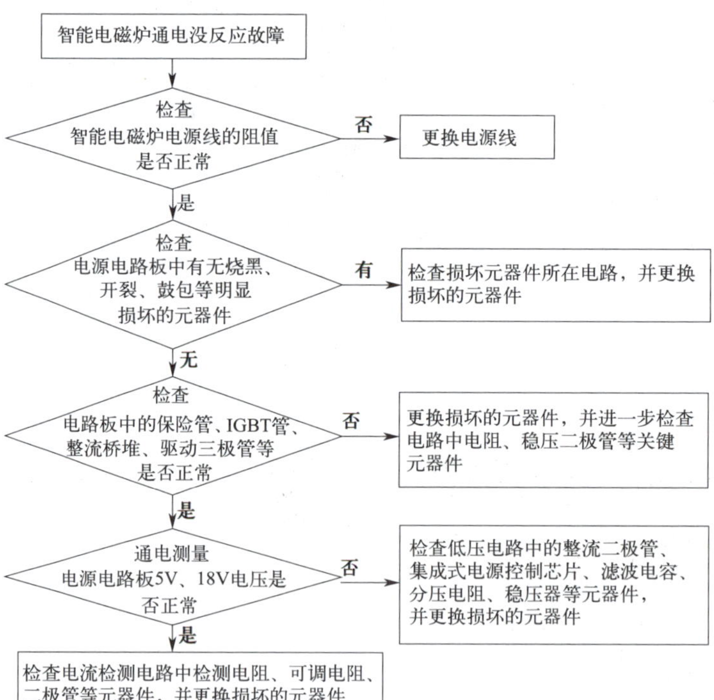

图 11-3　智能电磁炉故障检修流程

11.4 快速诊断智能电磁炉故障

智能电磁炉工作在高压、高温的环境下，IGBT 管、整流桥堆、驱动三极管、电流检测电路中检测电阻等容易出现损坏，引起智能电磁炉不通电、不加热、间断加热等故障。本节将重点讲解智能电磁炉故障的维修方法。

智能电磁炉通电没反应故障维修方法如下。

① 拆开智能电磁炉的外壳，检测智能电磁炉内部电源电路板、按键电路板等有无明显损坏的元器件，如图 11-4 所示。

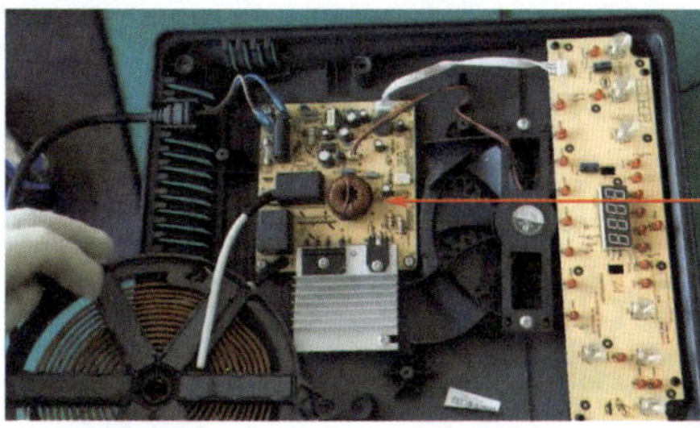

拆开智能电磁炉外壳，仔细检查电路板中的元器件（如保险管、电容等），看是否有烧黑、开裂、鼓包等明显损坏的元器件。如果有，则应重点检查相关电路中的元器件。

图 11-4　检查电路板

② 测量电源电路板中的保险管是否正常，如图 11-5 所示。

将数字万用表调到蜂鸣挡，两支表笔分别接保险管的两端，测量其阻值，正常为0.1~1Ω。如果阻值为无穷大，说明保险管损坏。

图 11-5　测量保险管

③ 排除了保险管后，接着测量电源线是否正常，如图 11-6 所示。

将指针万用表调到欧姆×10k挡，两支表笔接电磁炉电源线插头的两个铜片，观察万用表表针的摆动。如果表针向右摆动，说明电源线阻值正常。如果用数字万用表测量，则使用欧姆4M挡，如果测量的阻值为1MΩ左右，则说明电源线阻值正常。

图 11-6　检测电源线

④ 如果保险管和电源线均正常，接着测量电源电路板中 IGBT 管是否正常，如图 11-7 所示。

图 11-7　检测 IGBT 管

⑤ 检测整流桥堆是否正常，如图 11-8 所示。

图 11-8　检测整流桥堆

⑥ 检测完整流桥堆和 IGBT 管之后，再检测驱动电路中的三极管，如图 11-9 所示。

图 11-9　检测驱动电路中三极管

⑦ 如果上面检测均正常，接着检测低压电路（5V 和 18V）中的元器件是否正常，如图 11-10 所示。

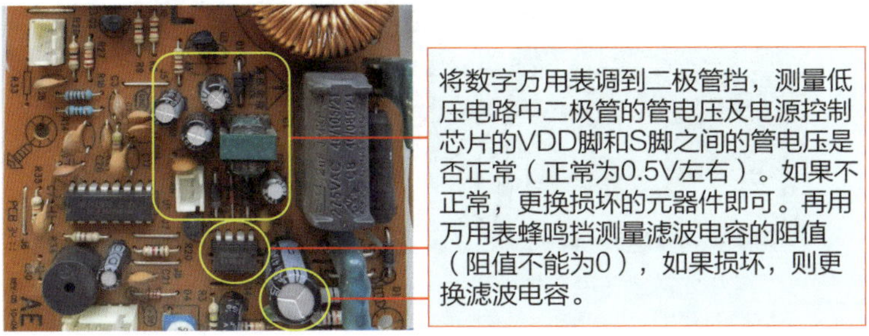

图 11-10　检测低压电路中的元器件

11.5 动手维修：智能电磁炉故障维修实战

智能电磁炉故障的维修方法，前面章节已经做了分析，本节将通过几个典型实例来讲解智能电磁炉故障的检测维修过程。

11.5.1　美的智能电磁炉无法正常使用故障维修

（1）故障现象

一台美的智能电磁炉接上电源后，按“开关”键，然后按“煲汤”功能键，电磁炉自动跳到“蒸煮”功能键位置，无法正常加热。

（2）故障检测与维修

根据故障现象分析，此故障可能是按键故障、按键控制电路故障、按键供电电压不正常等引起的，接下来重点检查这几个方面。故障维修方法如下。

① 将智能电磁炉通电，查看智能电磁炉故障现象，如图 11-11 所示。

图 11-11　开机查看故障现象

② 拆开电磁炉的上盖，检查上盖按键孔及控制电路板是否正常，如图 11-12 所示。

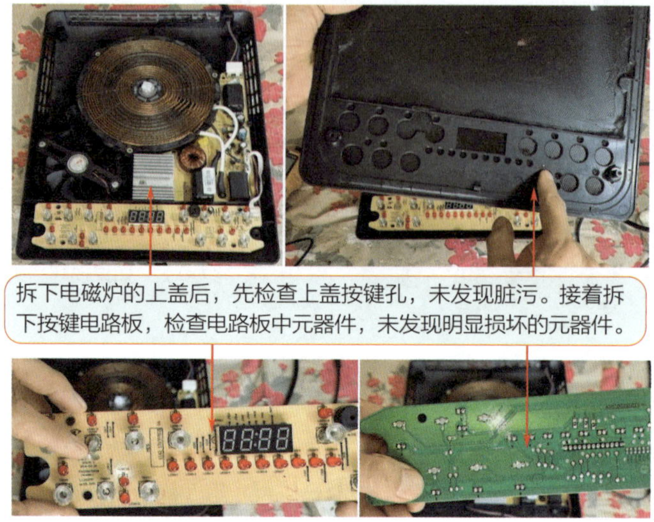

图 11-12　检查按键电路板

③ 用万用表检测“蒸煮”按键电路是否有问题，如图 11-13 所示。

图 11-13　检测按键电路

④ 怀疑“蒸煮”按键有短路问题，接下来先将“蒸煮”按键拆下，如图 11-14 所示。

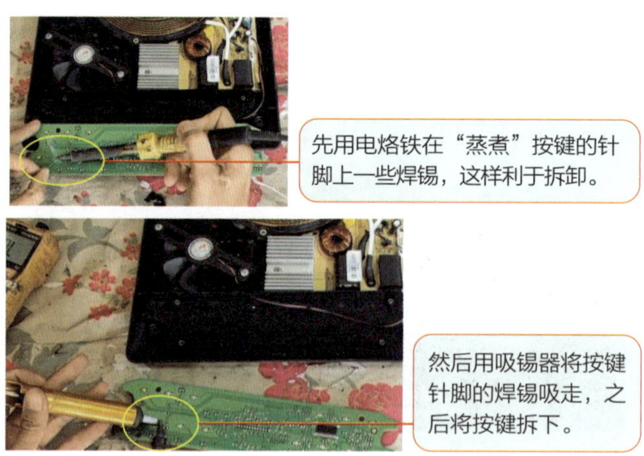

图 11-14　拆卸“蒸煮”按键

⑤ 拆下“蒸煮”按键后，将控制电路板安装回电磁炉，然后通电测试，看拆除按键后故障是否消失，如图 11-15 所示。

图 11-15　通电测试

⑥ 由于故障与“蒸煮”按键没有关系，怀疑控制电路板的控制电路有问题，接着先测量控制电路板的供电电压是否正常，如果供电电压正常，则说明电磁炉控制电路有问题，如图 11-16 所示。

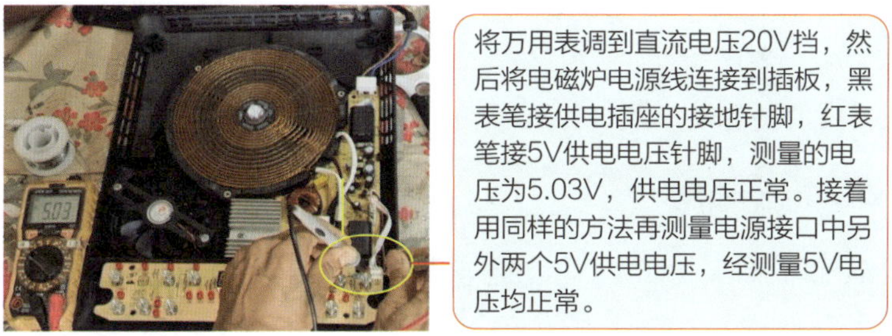

图 11-16　测量供电电压

⑦ 由于控制电路板的供电电压正常，“蒸煮”按键也正常，故障应该是控制芯片损坏引起的。由于手头没有同型号控制芯片，接下来直接更换控制电路板，如图 11-17 所示。

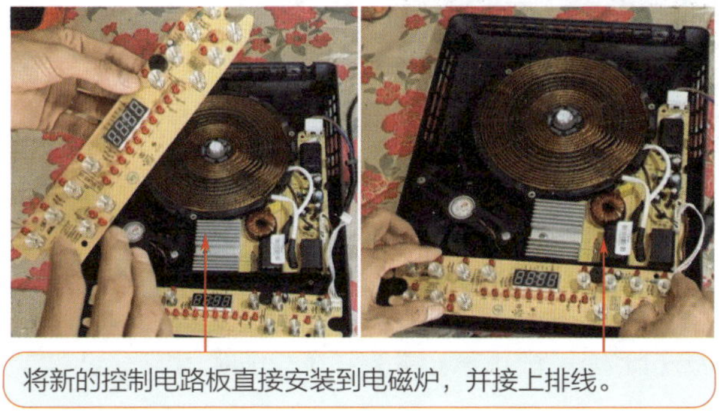

图 11-17　更换控制电路板

⑧ 换好控制电路板后，将电磁炉装好，然后通电测试，如图 11-18 所示。

图 11-18　测试电磁炉

11.5.2　苏泊尔智能电磁炉不通电故障维修

（1）故障现象

一台苏泊尔智能电磁炉接上电源线后，按“开关”键，没有任何声音，指示灯也不亮，按“煲汤”功能键后，风扇不转，无法正常加热。

（2）故障检测与维修

根据故障现象分析，此故障可能是电源板故障引起的，接下来重点检查电源板。故障维修方法如下。

① 将智能电磁炉通电，查看智能电磁炉故障现象，如图 11-19 所示。

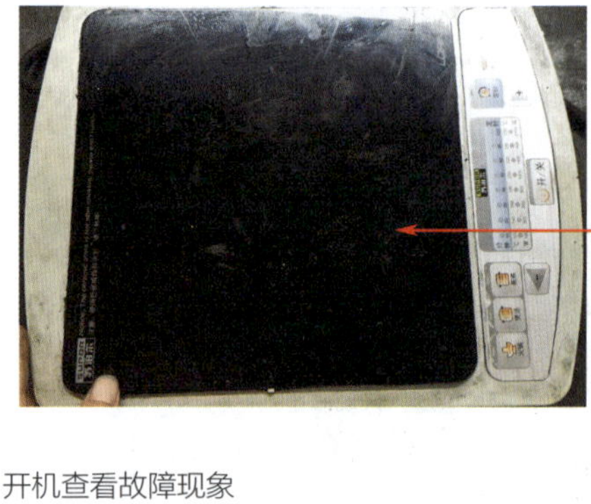

图 11-19　开机查看故障现象

② 检查电源线的阻值是否正常，如图 11-20 所示。

将指针万用表调到欧姆×10k挡，两支表笔接电磁炉电源线插头的两个铜片，观察到万用表的表针没有摆动（阻值为无穷大），正常会有摆动。

图 11-20　检查电磁炉的电源线

③ 电磁炉电源线的阻值不正常，可能是电源线断路，或电源电路板中保险管熔断损坏，接着拆开电磁炉检查，如图 11-21 所示。

拆下电磁炉的上盖，检查电磁炉电源电路板中的元器件，未发现烧黑、开裂、鼓包等明显损坏的元器件。

图 11-21　检查电磁炉内部

④ 检测电源电路板中的保险管是否正常，如图 11-22 所示。

将数字万用表调到蜂鸣挡，两支表笔分别接保险管的两端，测量的阻值为0，说明保险管正常（保险管损坏后阻值为无穷大）。

图 11-22　检测保险管

⑤ 排除了保险管后，怀疑电源线断路损坏，更换一条新的电源线进行测试，如图 11-23 所示。

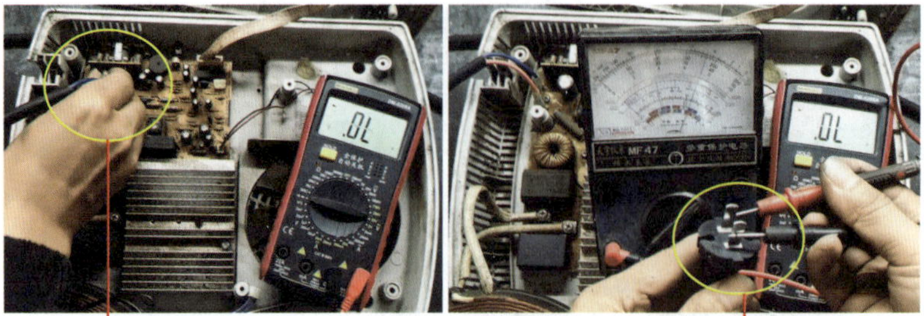

图 11-23　更换新电源线

⑥ 将电磁炉的上盖装好，然后通电测试，如图 11-24 所示。

图 11-24　测试电磁炉

11.5.3　大功率智能电磁炉通电开机没反应故障维修

（1）故障现象

一台高功率智能电磁炉接上电源后，按“开关”键，没有任何声音，显示屏不显示，无法加热。

（2）故障检测与维修

根据故障现象分析，此故障可能是电源板故障引起的，接下来重点检查电源板。故障维修方法如下。

① 将智能电磁炉通电，查看智能电磁炉故障现象，如图 11-25 所示。

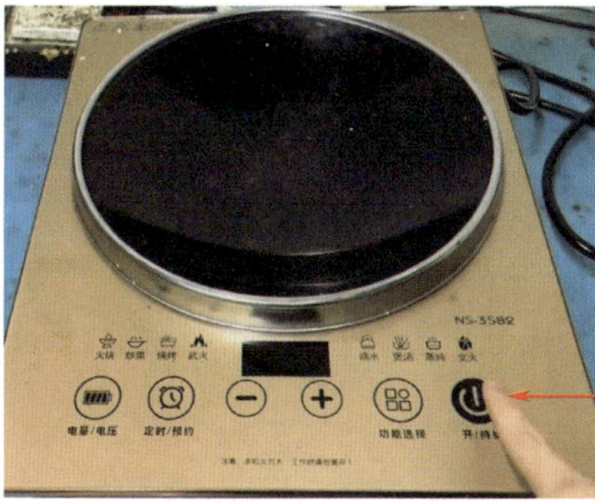

图 11-25　开机查看故障现象

② 拆开电磁炉的上盖，检查电源电路板上的元器件是否正常，如图 11-26 所示。

图 11-26　检查电路板上的元器件

③ 检测电源电路板中的保险管是否正常，如图 11-27 所示。

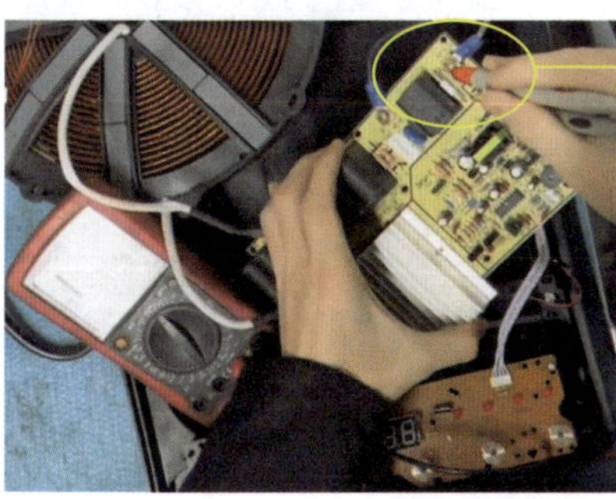

图 11-27　检测保险管

④ 保险管被击穿通常是由于集成式 PWM 控制芯片及周围的电阻等元器件损坏，或整流桥堆损坏，或 IGBT 功率管损坏引起的，接下来先检测整流桥堆和

IGBT 管是否正常，如图 11-28 所示。

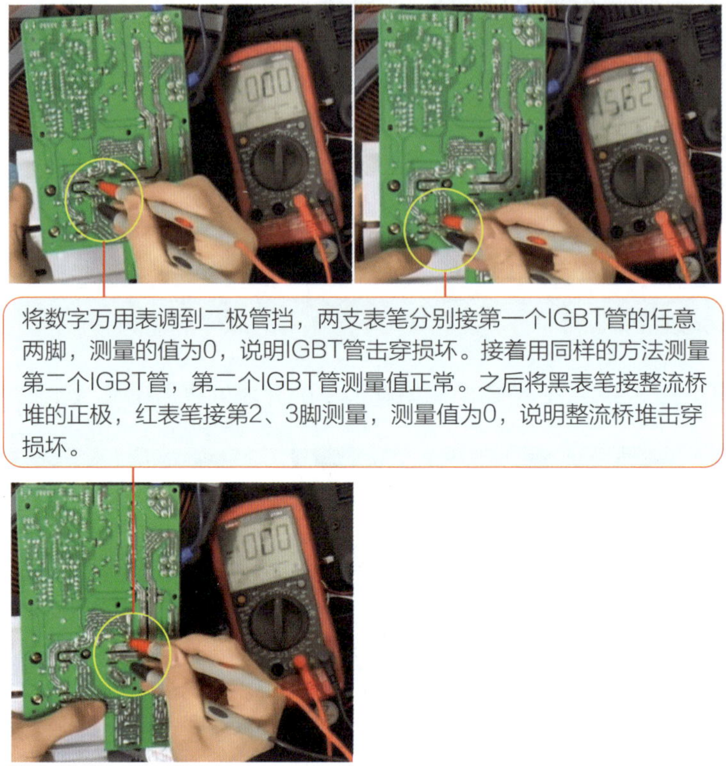

图 11-28　检测整流桥堆和 IGBT 管

⑤ 将整流桥堆和 IGBT 管的散热片拆下，如图 11-29 所示。

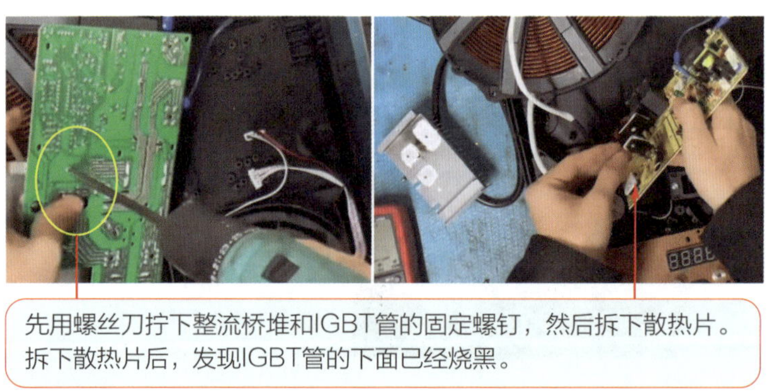

图 11-29　拆卸散热片

⑥ 拆下 IGBT 管，由于 IGBT 管击穿后，可能会影响整流桥堆的测量值，因

此拆下 IGBT 管后，再次检测整流桥堆是否正常，如图 11-30 所示。

先用电烙铁拆下损坏的IGBT管，然后用万用表二极管挡再次检测整流桥堆，黑表笔接整流桥堆的正极，红表笔接第2、3脚测量，测量值为0，确认损坏。

图 11-30　拆下 IGBT 管后再次检测整流桥堆

⑦ 检测 IGBT 管驱动电路中的元器件，如图 11-31 所示。

将万用表调到二极管挡，两支表笔接驱动电路中三极管的第1、3脚，测量值为0.035（正常为0.5左右），说明三极管击穿损坏。接着用同样的方法测量驱动电路中其他三极管，其他三极管均正常。

图 11-31　检测驱动电路中三极管

⑧ 将损坏的整流桥堆、三极管、保险管拆下，然后更换所有损坏的元器件，如图 11-32 所示。

用电烙铁拆下所有损坏的元器件，然后更换同规格的新的元器件。

图 11-32

图 11-32　更换损坏的元器件

⑨ 接着将电磁炉的上盖装好，然后通电测试，如图 11-33 所示。

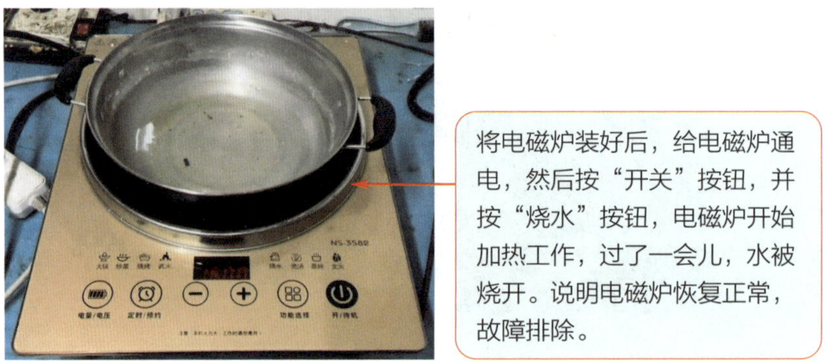

图 11-33　测试电磁炉

11.5.4　美的智能电磁炉工作时间歇性加热故障维修

（1）故障现象

一台美的智能电磁炉接上电源后，按“开 / 关”键开机，按功能键选择烧水，电磁炉开始工作，但电磁炉并没有一直加热，而是加热一下，停一下，工作不正常。

（2）故障检测与维修

根据故障现象分析，此故障可能是康铜丝故障或可调电阻故障引起的，接下来重点检查这两个元器件。故障维修方法如下。

① 将智能电磁炉通电，查看智能电磁炉故障现象，如图 11-34 所示。

图 11-34　开机查看故障现象

② 拆开电磁炉的上盖，检查电源电路板上的元器件是否正常，如图 11-35 所示。

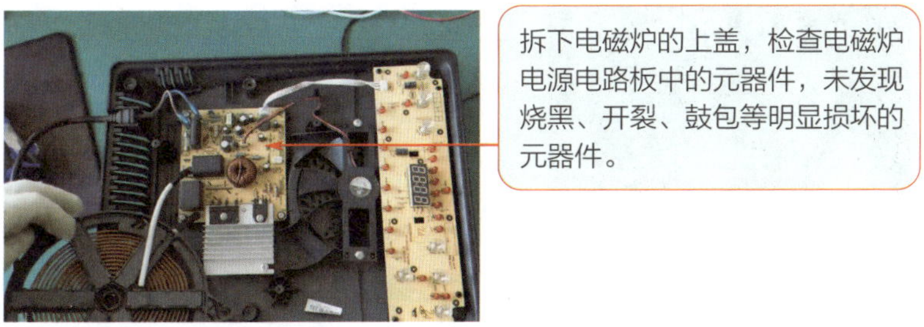

图 11-35　检查电路板上的元器件

③ 检查康铜丝电阻是否正常，如图 11-36 所示。

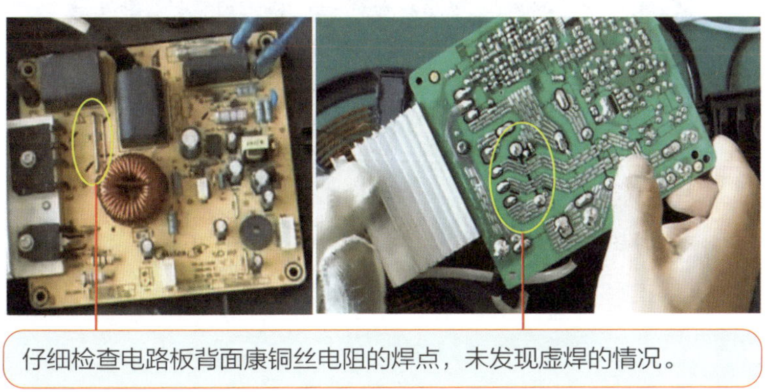

图 11-36　检查康铜丝电阻

④ 康铜丝电阻焊点正常，怀疑可调电阻可能有问题，接下来将可调电阻拆下，测量可调电阻的阻值，如图 11-37 所示。

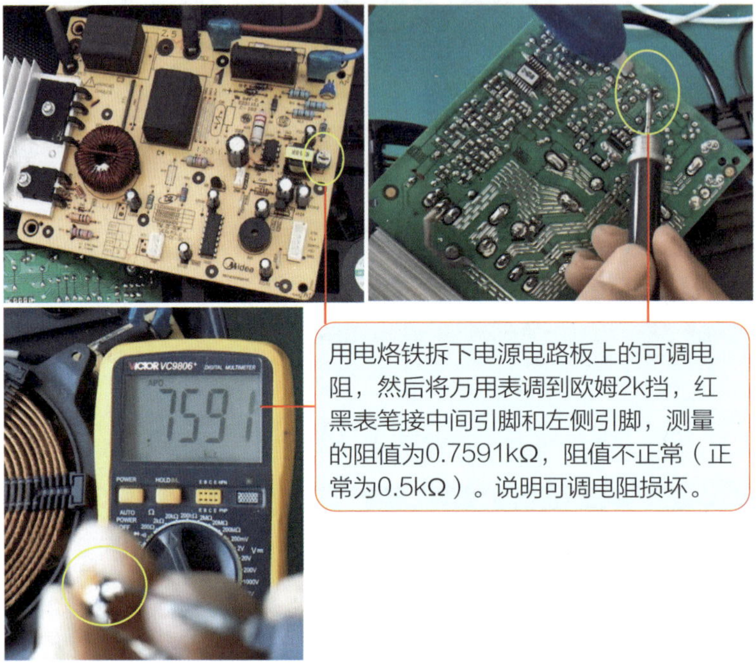

图 11-37　测量可调电阻阻值

⑤ 将新的同型号的 501 可调电阻焊接到电路板，如图 11-38 所示。

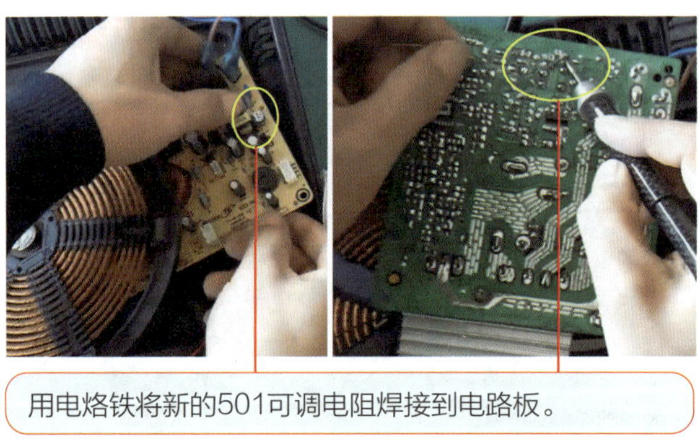

图 11-38　更换可调电阻

⑥ 将电磁炉的电路板装好，然后通电测试，如图 11-39 所示。

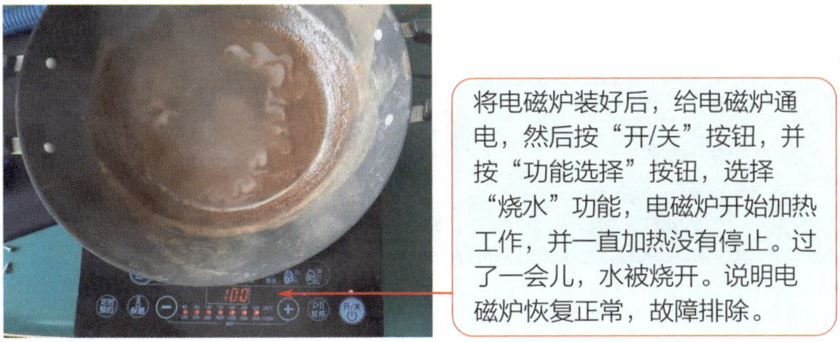

图 11-39　测试电磁炉

11.5.5　美的智能电磁炉按键没反应故障维修

（1）故障现象

一台美的智能电磁炉接上电源后，听见“嘀”响一声，按“开 / 关”键没反应，显示屏没有显示，无法开机。

（2）故障检测与维修

根据故障现象分析，此故障可能是按键故障、按键控制电路故障、按键供电电压不正常等引起的，接下来重点检查这几个方面。故障维修方法如下。

① 将智能电磁炉通电，查看智能电磁炉故障现象，如图 11-40 所示。

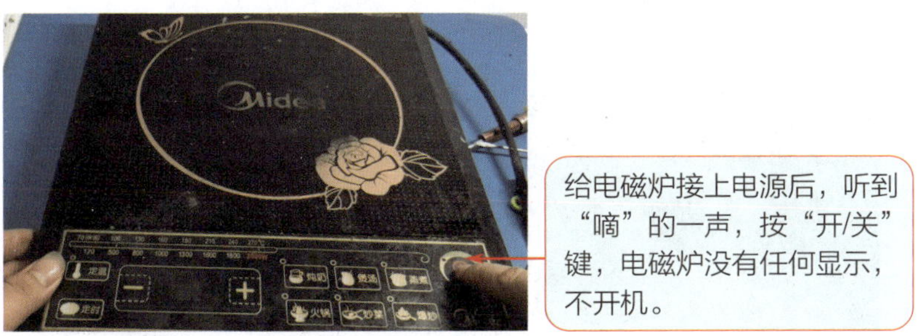

图 11-40　开机查看故障现象

② 由于通电后电磁炉有“嘀”的响声，分析电源电路板应该是正常的，故障可能是按键电路板中按键问题引起的。接下来拆开电磁炉的上盖，检查按键电路板中元器件是否正常，如图 11-41 所示。

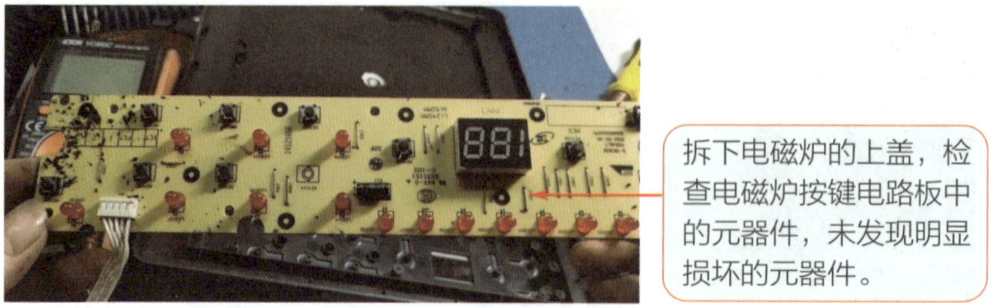

图 11-41　检查按键电路板

③ 检测开关按键是否正常，如图 11-42 所示。

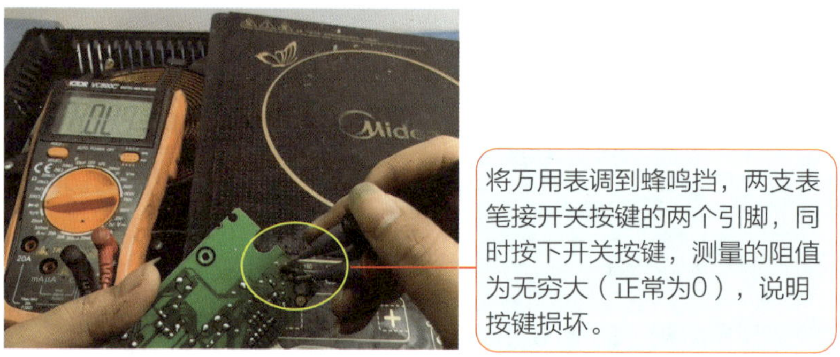

图 11-42　检测开关按键

④ 清洁按键电路板，并更换开关按键，如图 11-43 所示。

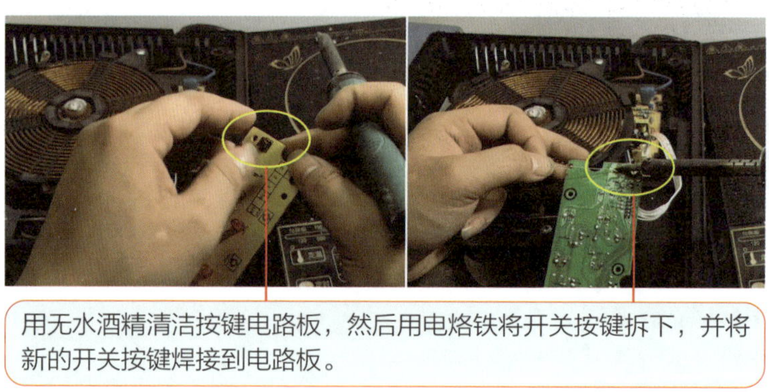

图 11-43　更换开关按键

⑤ 更换按键之后，将按键电路板的排线连接好，然后给电磁炉通电测试，如图 11-44 所示。

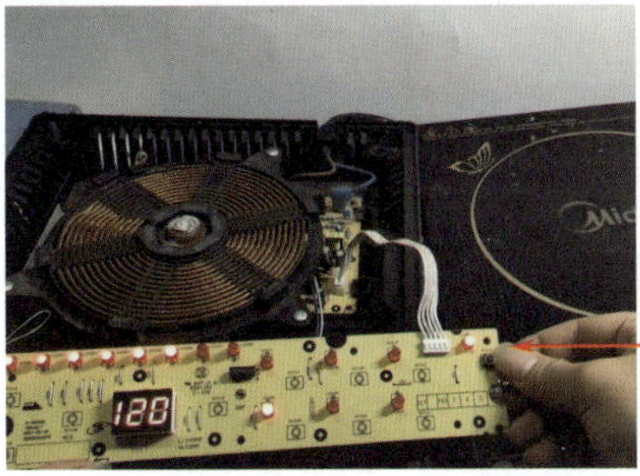

将按键电路板的排线连接好后，给电磁炉通电，并按开关按键，电磁炉可以正常开机了，指示灯点亮，显示数码管正常显示。

图 11-44　测试按键电路板

⑥ 将按键电路板安装好，然后装好电磁炉上盖，测试电磁炉，如图 11-45 所示。

将电磁炉装好后，给电磁炉通电，然后按“开/关”键，指示灯点亮，显示数码管正常显示，之后放上锅，按“炒菜”键，电磁炉开始加热，电磁炉恢复正常，故障排除。

图 11-45　测试电磁炉

第 12 章

智能电烤箱 / 洗碗机 / 空气炸锅 / 扫地机器人故障维修实战

智能电烤箱 / 洗碗机 / 空气炸锅 / 扫地机器人等智能家电在日常生活中也很常见，在使用中也会出现一些故障，本章将重点介绍智能电烤箱 / 洗碗机 / 空气炸锅 / 扫地机器人等智能家电常见故障维修实战案例。

12.1 动手维修：智能电烤箱故障维修实战

12.1.1 美的电烤箱通电无法加热故障维修

（1）故障现象

一台美的电烤箱接上电源后，直接转动“时间”旋钮，看到指示灯亮，但加热管不亮，电烤箱没有温度。

（2）故障检测与维修

根据故障现象分析，此故障可能是加热管故障、加热管连线接口不正常等引起的，接下来重点检查这几个方面。故障维修方法如下。

① 将电烤箱通电，查看电烤箱故障现象，如图 12-1 所示。

给电烤箱接上电源后，旋转“时间”旋钮，发现指示灯点亮，但加热管并没有加热，电烤箱温度没有变化。

图 12-1　开机查看故障现象

② 拆开电烤箱的外壳，检查各种接线是否正常，如图 12-2 所示。

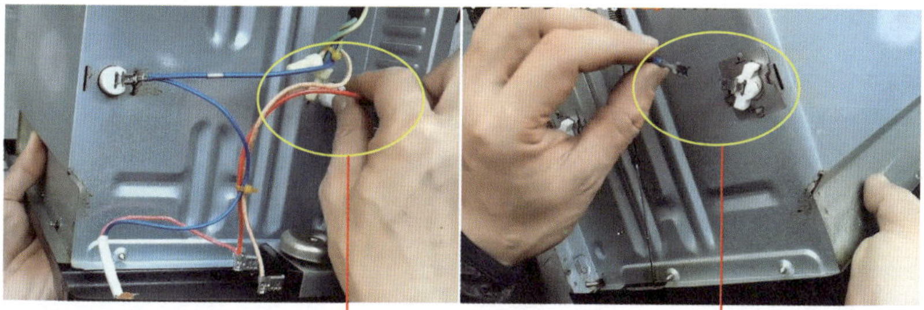

拆开电烤箱的外壳后，检查定时器、加热管的电线，发现有一侧的加热管电源线断开没有连接，怀疑故障是由此电源线断开引起。

图 12-2　检查电烤箱的电源线

③ 将断开的加热管电源线焊接好，如图 12-3 所示。

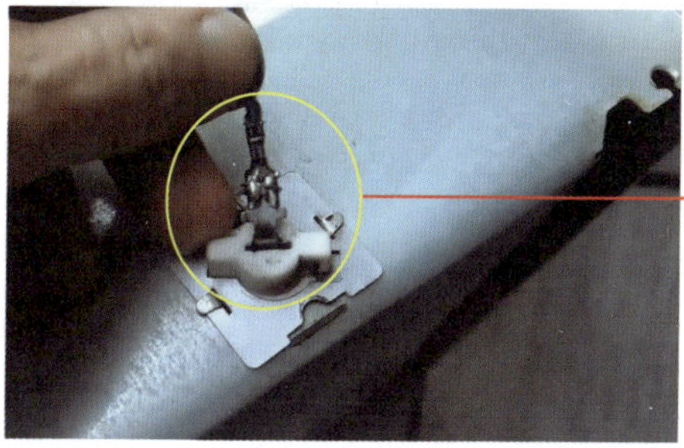

先清洁接头的污垢，然后用电烙铁将电源线接头焊接到加热管接口上。

图 12-3　焊接电源线

④ 焊接好电源线后，装好外壳，然后测试电烤箱，如图 12-4 所示。

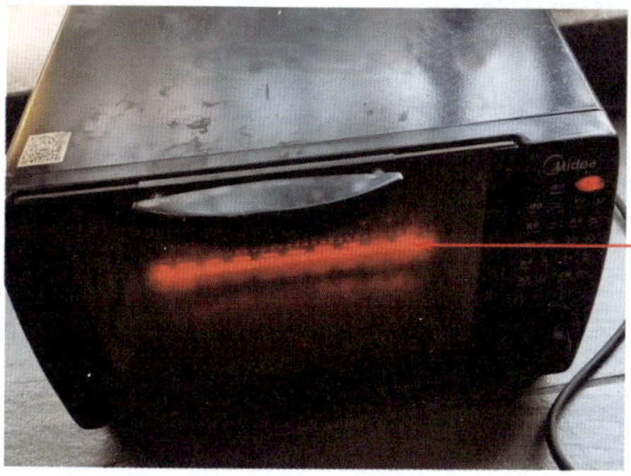

给电烤箱接上电源，再旋转“时间”旋钮，看到指示灯点亮，加热管变红，说明加热管开始加热。过了一会儿，电烤箱外壳温度变高，说明电烤箱恢复正常，故障排除。

图 12-4　测试电烤箱

12.1.2 九阳电烤箱通电跳闸故障维修

（1）故障现象

一台九阳电烤箱接上电源后，家里空气开关直接跳闸，电烤箱无法正常使用。

（2）故障检测与维修

根据故障现象分析，此故障可能是加热管故障、加热管连线接口不正常等引起的，接下来重点检查这几个方面。故障维修方法如下。

① 电烤箱通电后跳闸，说明电烤箱有严重的短路故障，先检测电烤箱的电源线，如图 12-5 所示。

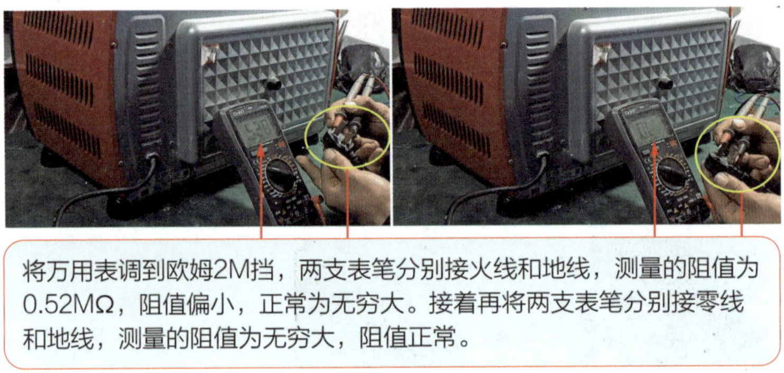

图 12-5　测量电源线的阻值

② 拆开电烤箱的外壳，测量加热管接线柱和外壳间的阻值，如图 12-6 所示。

图 12-6　测量加热管阻值

③ 由于下面两个加热管相连，需要先拆下电源线，再分别测量，接下来拆下加热管的电源线，如图 12-7 所示。

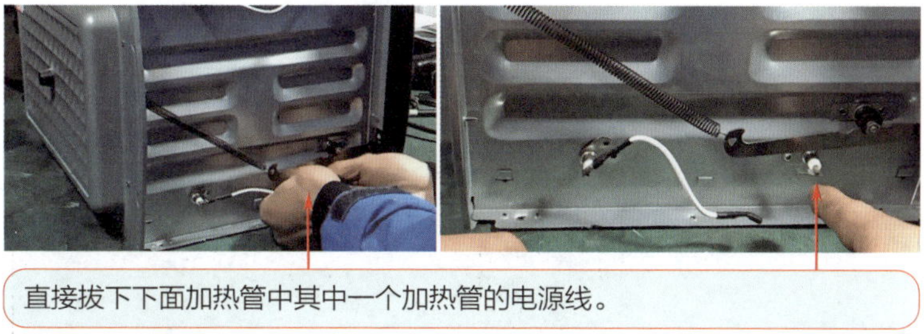

图 12-7　拆下加热管的电源线

④ 用万用表测量下面两个加热管接线柱和外壳间的阻值，如图 12-8 所示。

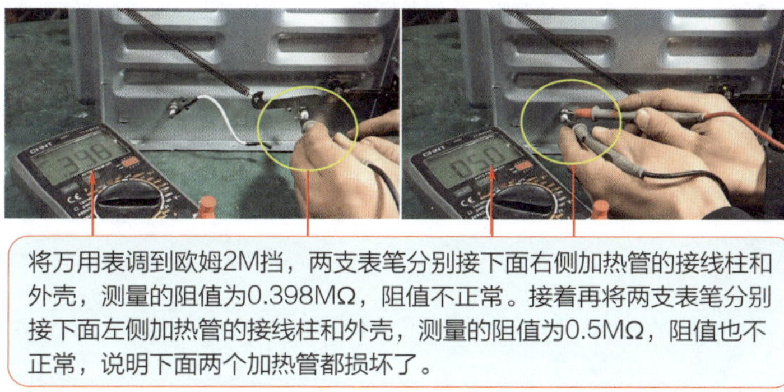

图 12-8　测量下面两个加热管的阻值

⑤ 用切割机将加热管的固定铆钉切掉，然后更换加热管，如图 12-9 所示。

图 12-9　更换加热管

⑥ 将下面两个加热管的电源线插好，然后装好电烤箱的外壳，通电测试，如图 12-10 所示。

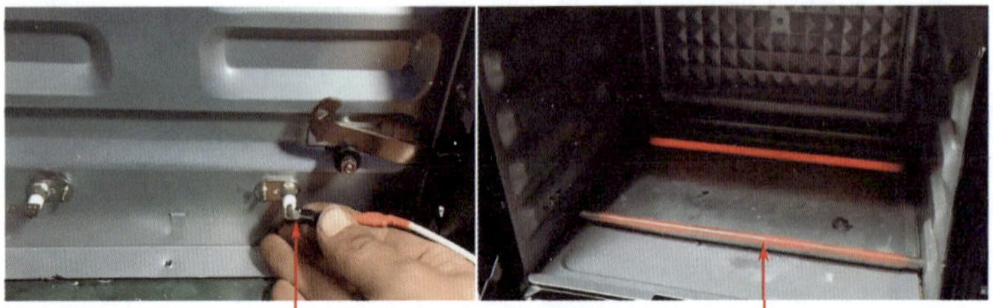

装好电烤箱的外壳后，给电烤箱通电，观察到电烤箱的指示灯被点亮，接着拧“定时”旋钮设置时间，等几分钟后，看到电烤箱的加热管变红，说明加热管开始加热，电烤箱恢复正常，故障排除。

图 12-10　测试电烤箱

12.1.3　长帝电烤箱上管不加热故障维修

（1）故障现象

一台长帝电烤箱接上电源，运行后，下管可以正常加热，上管不加热。

（2）故障检测与维修

根据故障现象分析，此故障可能是加热管故障、加热管电源线连接不正常等引起的，接下来重点检查这几个方面。故障维修方法如下。

① 将电烤箱通电，查看电烤箱故障现象，如图 12-11 所示。

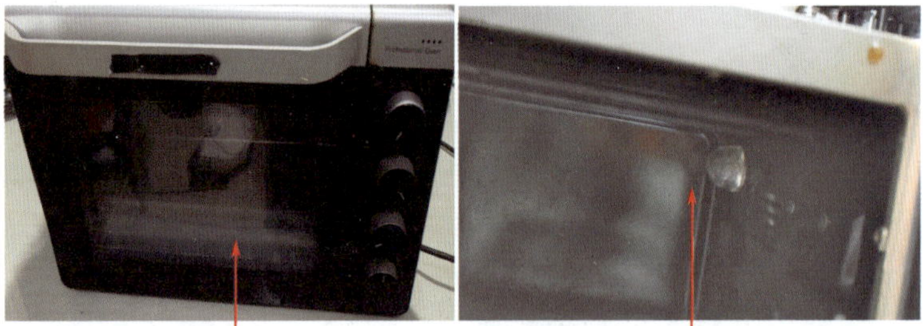

给电烤箱接上电源后，旋转“时间”旋钮，再按“启动”按钮，发现指示灯点亮，但下管变红，上管没有变红，说明上管没有加热。

图 12-11　开机查看故障现象

② 由于下管可以加热，上管没加热，怀疑上管的电源线有问题，接下来拆开电烤箱的外壳，检查上管的电源线，如图 12-12 所示。

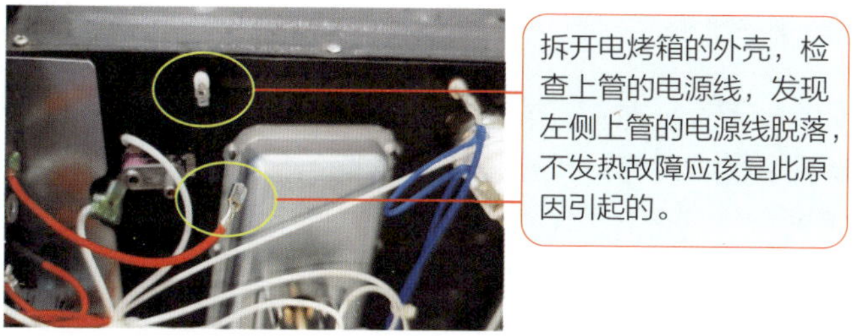

图 12-12　检查上管的电源线

③ 仔细观察发现上管脱落的电源线的接头损坏，接下来更换上管电源线的接头，如图 12-13 所示。

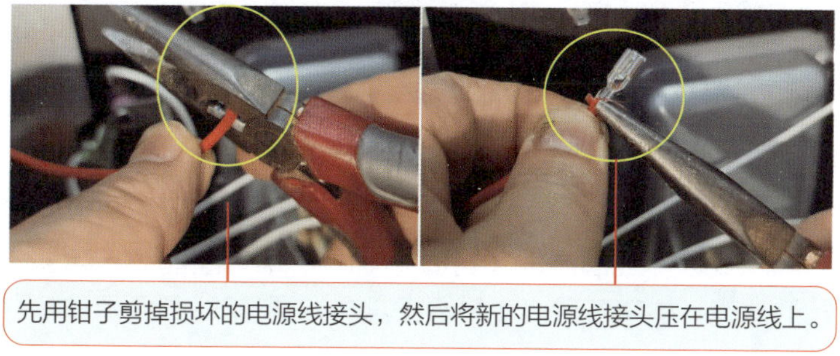

图 12-13　更换电源线接头

④ 将电源线插入上管的接口，然后安装好电烤箱的外壳，通电测试，如图 12-14 所示。

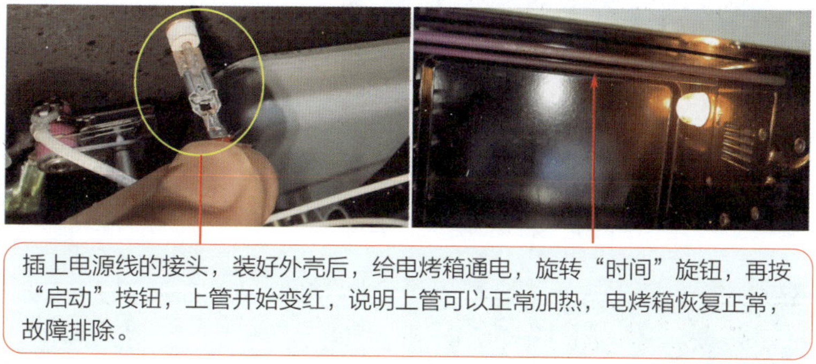

图 12-14　测试电烤箱

12.1.4　海尔蒸汽烤箱通电无反应故障维修

（1）故障现象

一台海尔蒸汽烤箱接上电源，开关指示灯不亮，按“开关”按钮，显示屏没有显示，无法正常使用。

（2）故障检测与维修

根据故障现象分析，此故障可能是电源电路板故障、电源线故障、温控保险故障等引起的，接下来重点检查这几个方面。故障维修方法如下。

① 将电烤箱通电，查看电烤箱故障现象，如图 12-15 所示。

图 12-15　开机查看故障现象

② 由于显示屏没有显示，说明蒸汽烤箱的电源电路板没有供电，可能是电源电路板损坏、电源线损坏或温度传感器损坏（温度传感器通常与电源线相连），接下来拆开烤箱的外壳，检查各种接线是否正常，如图 12-16 所示。

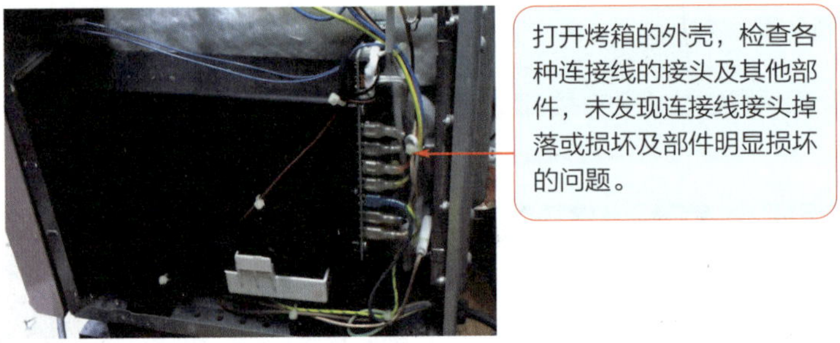

图 12-16　检查蒸汽烤箱

③ 检测电源线是否导通，如图 12-17 所示。

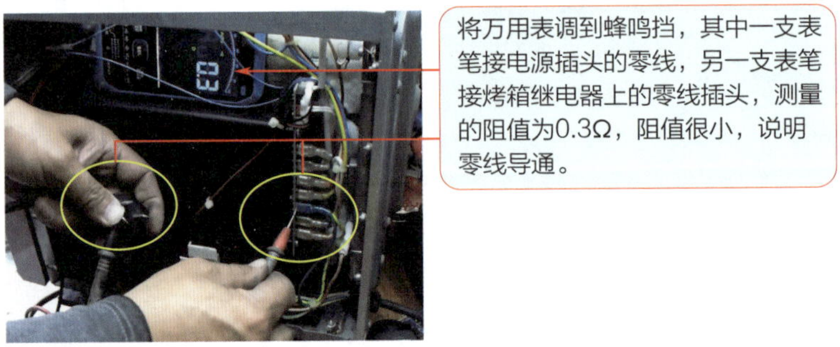

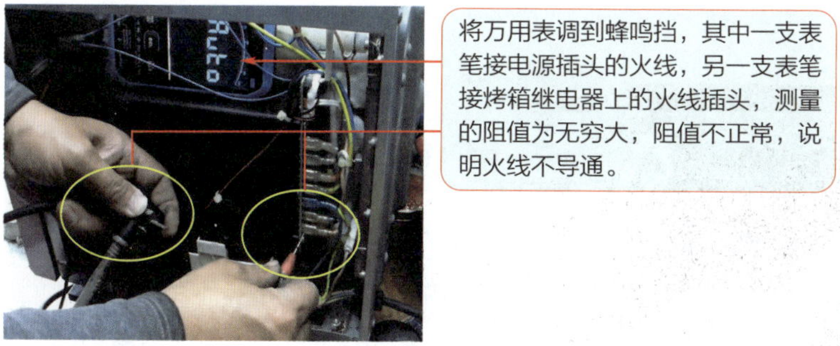

图 12-17　检测电源线

④ 由于火线连接温度传感器，如果传感器损坏，也会导致火线不导通，接下来检测温度传感器，如图 12-18 所示。

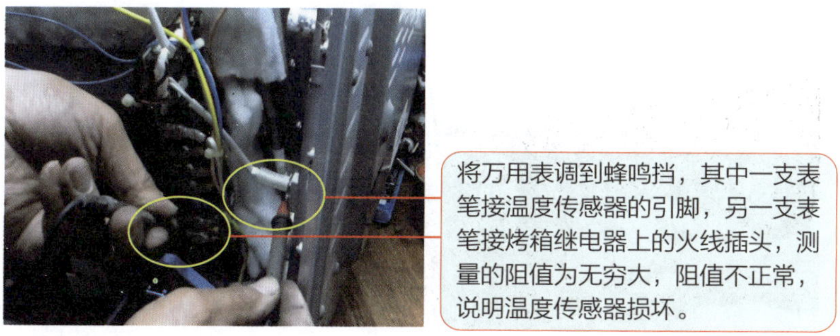

图 12-18　检测温度传感器

⑤ 拆下温度传感器，再次测量温度传感器的阻值，如图 12-19 所示。

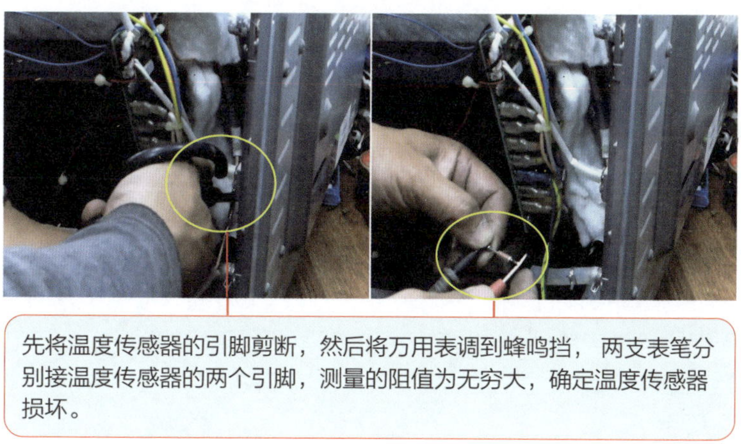

图 12-19　再次检测温度传感器

⑥ 更换温度传感器，如图 12-20 所示。

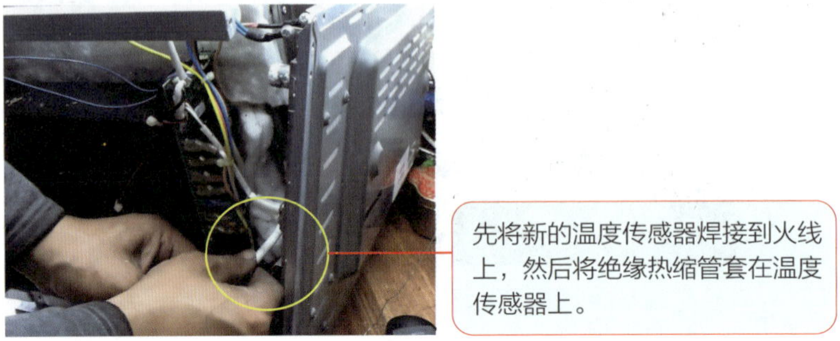

图 12-20 更换温度传感器

⑦ 安装好蒸汽烤箱的外壳，测试蒸汽烤箱，如图 12-21 所示。

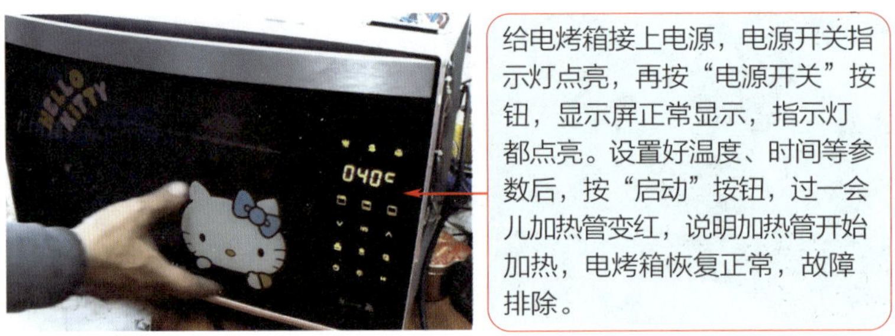

图 12-21 测试蒸汽烤箱

12.1.5 海氏电烤箱通电跳闸故障维修

（1）故障现象

一台海氏电烤箱接通电源后，家里的总闸就会跳，无法正常使用。客户反映出现故障之前，清洗过电烤箱。

（2）故障检测与维修

根据故障现象分析，此故障可能是加热管故障、加热管连线接口不正常、风扇故障、电路板故障等引起的，接下来重点检查这几个方面。故障维修方法如下。

① 由于电烤箱通电跳闸，说明电烤箱内部有严重短路的地方，比如电源线短路、加热管电源线短路、电路板短路等。接下来拆开烤箱的外壳，检查各种接线是否正常，如图 12-22 所示。

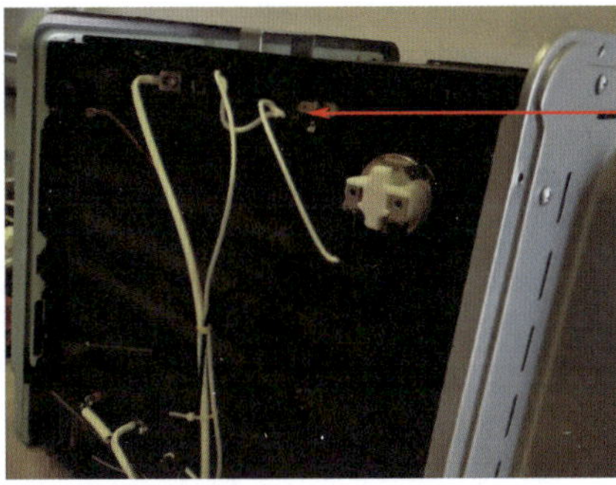

打开电烤箱的外壳，检查各种电源线、连接线的接头，电路板及其他部件，未发现连接线接头掉落或损坏及部件明显损坏的问题。

图 12-22　检查电烤箱

② 测量加热管电源线的阻值，如图 12-23 所示。

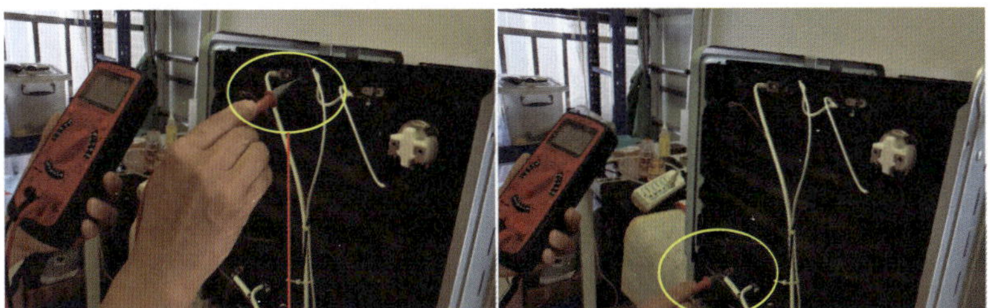

将万用表调到欧姆2M挡，黑表笔接外壳，红表笔分别接上面加热管的接线柱，测量的阻值都为2.8MΩ，阻值正常。接着再将红表笔分别接下面加热管的接线柱，测量的阻值都为2.9MΩ，阻值正常，说明上下加热管都正常。

图 12-23　测量加热管电源线的阻值

③ 测量风扇电机的阻值，如图 12-24 所示。

将万用表调到欧姆2M挡，黑表笔接外壳，红表笔分别接风扇电机两个接线柱，测量的阻值都为2.8MΩ，阻值正常，说明电机没有短路。

图 12-24　测量风扇电机的阻值

④ 检查电路板是否有短路问题，如图 12-25 所示。

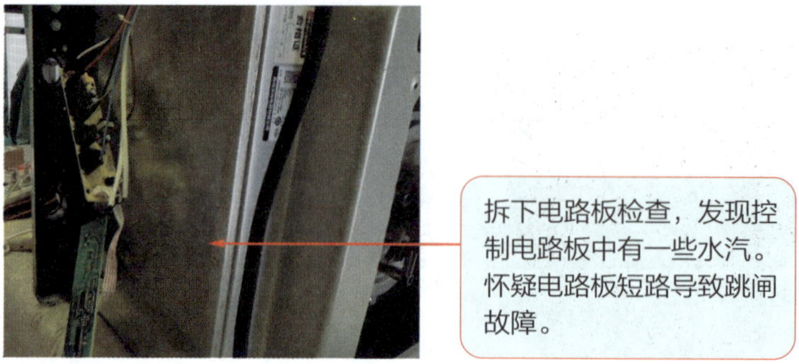

图 12-25　检查电路板

⑤ 用吹风机吹电路板，清除水汽，如图 12-26 所示。

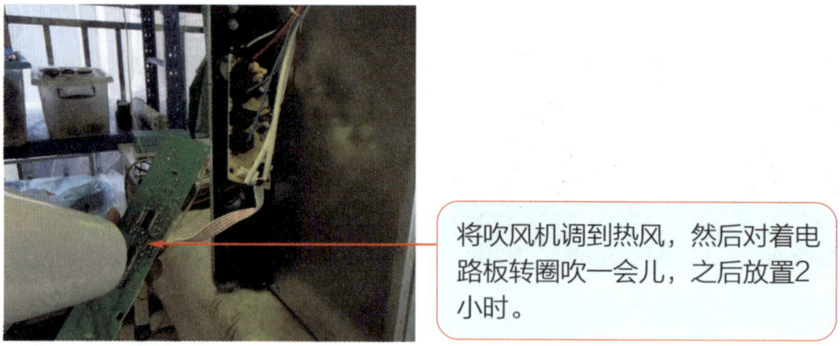

图 12-26　清除电路板的水汽

⑥ 最后将电烤箱外壳装好，然后通电测试，如图 12-27 所示。

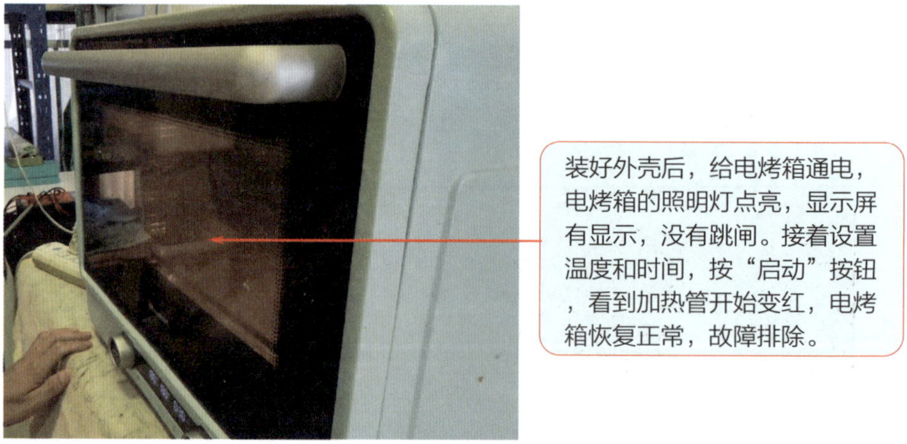

图 12-27　测试电烤箱

12.2 动手维修：智能洗碗机故障维修实战

12.2.1 西门子智能洗碗机报 E15 代码故障维修

（1）故障现象

一台西门子智能洗碗机，按“开机”按钮后，显示“E15”故障代码，无法正常工作。

（2）故障检测与维修

根据故障现象分析，此故障可能是漏水保护系统被启动了，一般是由进水阀内部进水或洗碗机底部进水等问题引起的，接下来重点检查这几个方面。故障维修方法如下。

① 将智能洗碗机通电，查看智能洗碗机故障现象，如图 12-28 所示。

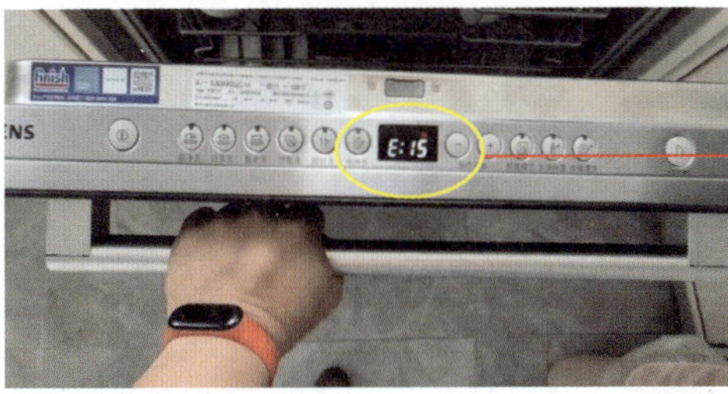

图 12-28　开机查看故障现象

② 将洗碗机从橱柜中拆下（拧下固定螺钉即可取出洗碗机），然后检查进水口内部传感器是否进水，如图 12-29 所示。

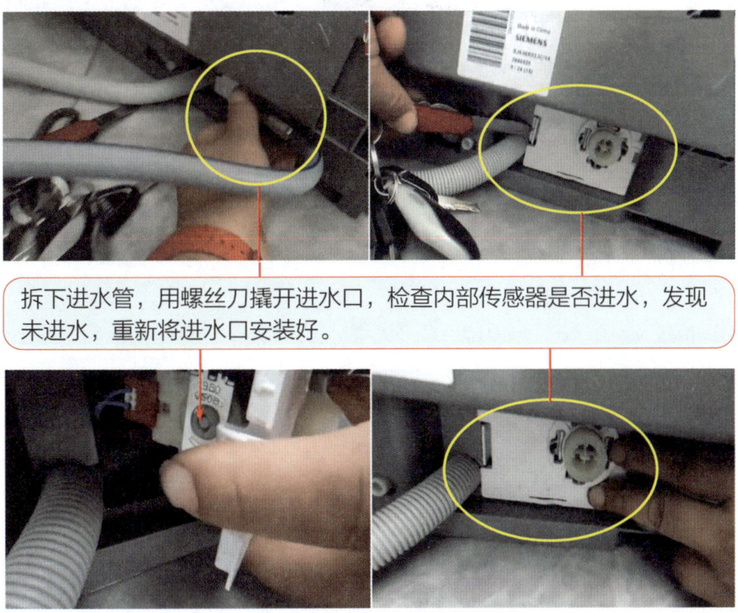

图 12-29　检查进水口传感器

③ 检查底部是否进水，如图 12-30 所示。

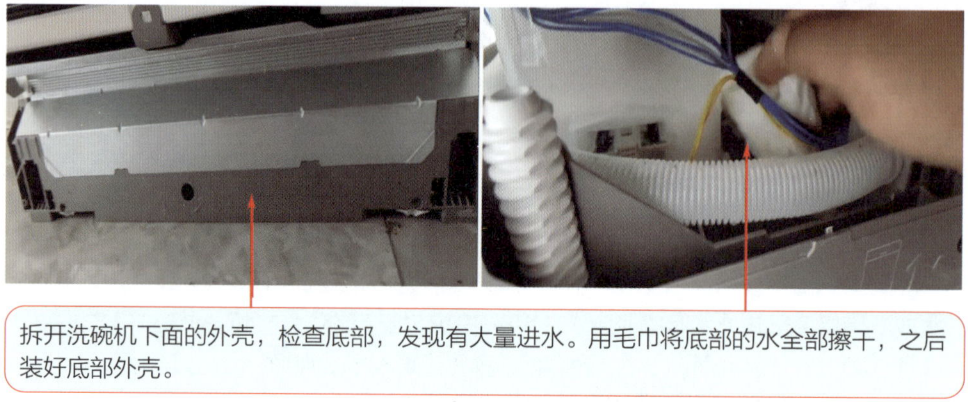

图 12-30　检查底部是否进水

④ 装好洗碗机外壳，然后通电进行测试，如图 12-31 所示。

图 12-31　测试洗碗机

12.2.2　HOBART 智能洗碗机报 F1L 代码故障维修

（1）故障现象

一台 HOBART 智能洗碗机，按“开机”按钮后，显示“F1L”故障代码，一直不停地补水，无法正常使用。

（2）故障检测与维修

根据故障现象分析，此故障可能是水箱的压力传感器故障、水箱故障或进水传感器故障等引起的，接下来重点检查这几个方面。故障维修方法如下。

① 将智能洗碗机通电，查看智能洗碗机故障现象，如图 12-32 所示。

给智能洗碗机接上电源后，按“启动”按键，发现洗碗机的水箱不停地补水，显示屏显示“F1L”故障代码，洗碗机无法正常使用。

图 12-32　开机查看故障现象

② 一般“F1L”故障代码表示进水问题或排水问题，接下来拆开洗碗机的外壳，检查进水箱传感器，如图 12-33 所示。

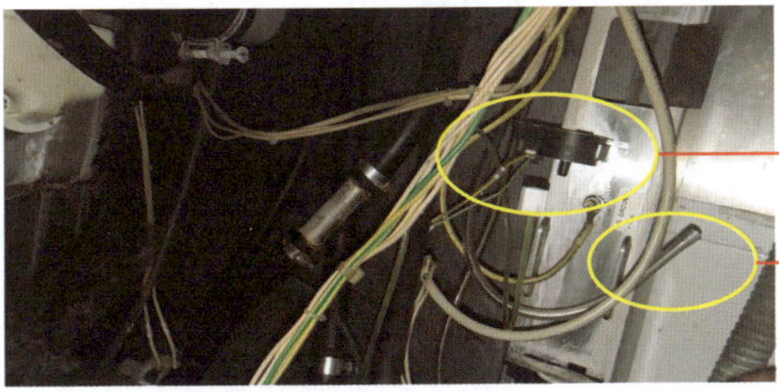

拆开洗碗机的外壳，检查水箱的压力传感器，发现冷水箱的压力传感器连接的水管脱落。这可能引起水箱内部压力检测错误，导致水箱一直不停地补水。

图 12-33　检查进水箱传感器

③ 将压力传感器的进水管安装好，如图 12-34 所示。

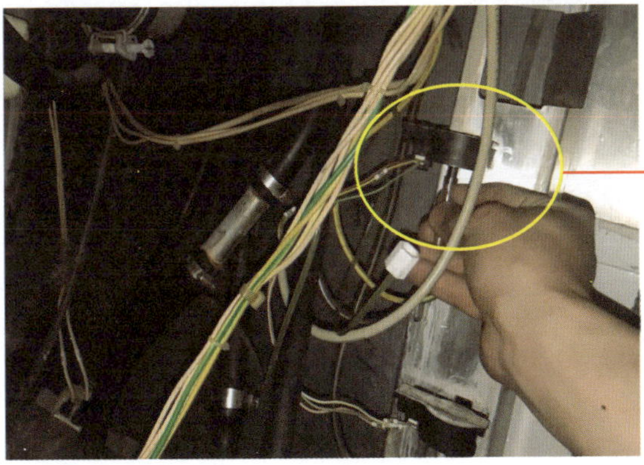

直接将压力传感器连接的水管插入压力传感器水管接口。然后再检查其他部件，未发现损坏的部件。

图 12-34　安装压力传感器的水管

④ 装好洗碗机外壳，然后进行通电测试，如图 12-35 所示。

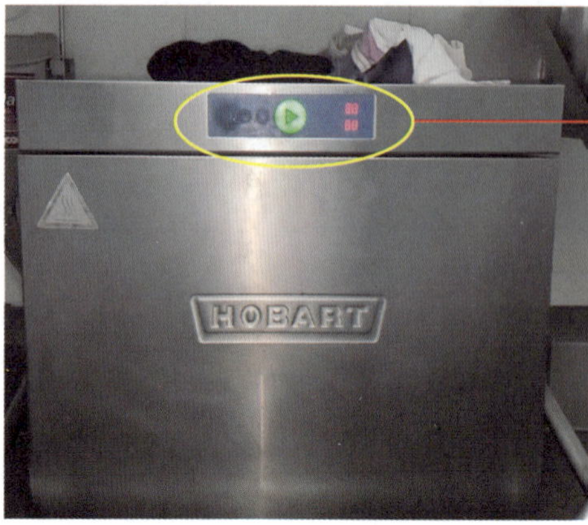

装好洗碗机后，将洗碗机电源线插入电源插板，看到显示屏可以正常显示。等一会儿后看到水箱温度已经加热到70℃左右，然后按“启动”按钮，洗碗机开始清洗，洗碗机恢复正常，故障排除。

图 12-35　测试洗碗机

12.2.3　Steba 商用智能洗碗机工作时不加热故障维修

（1）故障现象

一台 Steba 商用智能洗碗机，通电后洗碗机水箱不加热，其他功能正常。

（2）故障检测与维修

根据故障现象分析，此故障可能是水箱的温度传感器故障、加热器故障或加热器电线接触不良等引起的，接下来重点检查这几个方面。故障维修方法如下。

① 将智能洗碗机通电，查看智能洗碗机故障现象，如图 12-36 所示。

给智能洗碗机接上电源后，按“电源开关”按键，洗碗机显示屏没有显示加热的符号，说明加热器没有工作。

图 12-36　开机查看故障现象

② 由于水箱没有加热，应先检查加热器相关部件。接下来拆开智能洗碗机的外壳，检查加热器，如图 12-37 所示。

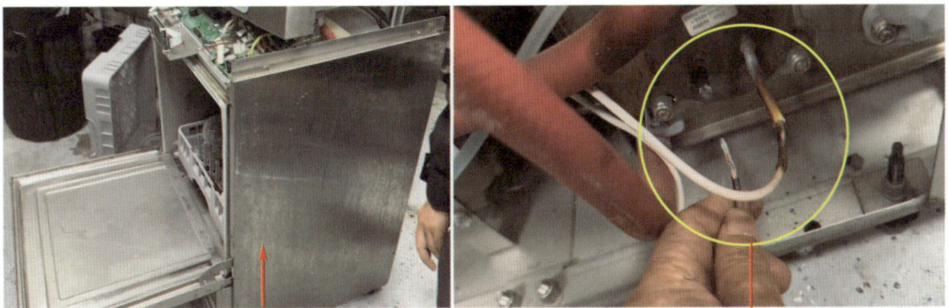

图 12-37　检查加热器

③ 检测加热器是否正常，如图 12-38 所示。

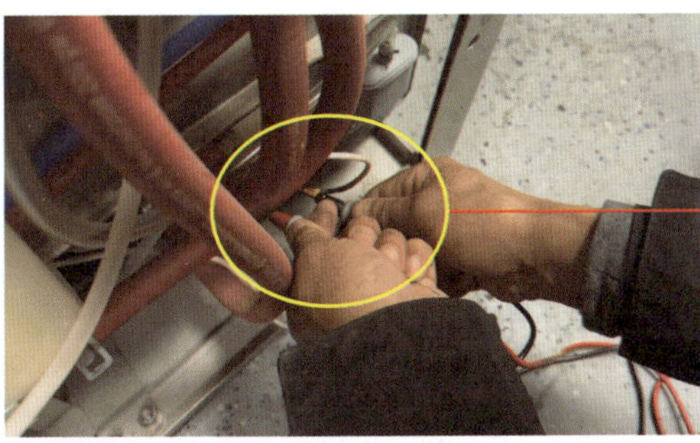

图 12-38　测量加热器

④ 更换加热器，如图 12-39 所示。

图 12-39　更换加热器

⑤ 将洗碗机的外壳装好，然后给洗碗机通电，进行测试，如图 12-40 所示。

装好洗碗机后，将洗碗机电源线插入电源插板，然后按“电源开关”按钮，显示屏显示加热符号，加热温度不断上升。再按“启动”按钮，洗碗机开始清洗，洗碗机恢复正常，故障排除。

图 12-40 测试洗碗机

12.2.4 云米智能洗碗机工作时漏水故障维修

（1）故障现象

一台云米智能洗碗机，在洗碗的过程中提示漏水故障，无法正常使用。

（2）故障检测与维修

根据故障现象分析，此故障可能是水管损坏、水管连接不良或传感器故障等引起的，接下来重点检查这几个方面。故障维修方法如下。

① 将智能洗碗机通电，查看智能洗碗机故障现象，如图 12-41 所示。

按洗碗机的“电源开关”按键，显示屏提示漏水故障，然后停止工作。

图 12-41 开机查看故障现象

② 洗碗机提示漏水故障，一般与进水管故障有关，拆开洗碗机的外壳，检查

进水管，如图 12-42 所示。

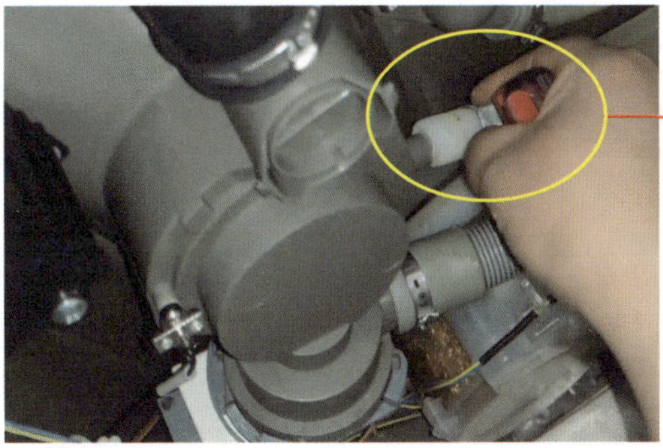

图 12-42　检查进水管

③ 检查进水管是否有裂缝，如图 12-43 所示。

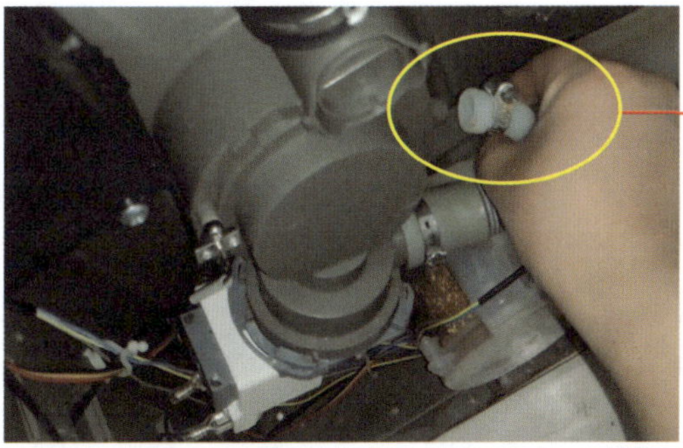

图 12-43　检查进水管是否有裂缝

④ 检查完进水管后，将进水管安装好，如图 12-44 所示。

图 12-44　安装进水管

⑤ 将洗碗机的外壳装好，然后通电进行测试，如图 12-45 所示。

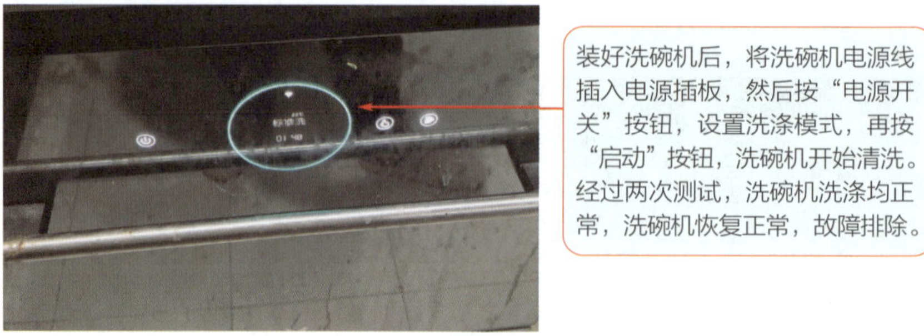

图 12-45　测试洗碗机

12.2.5　美的智能洗碗机不喷水故障维修

（1）故障现象

一台美的智能洗碗机，启动 2min 后就不喷水了，无法正常使用。

（2）故障检测与维修

根据故障现象分析，此故障可能是水泵故障、水泵的连接线故障、启动电容损坏、水管故障或传感器故障等引起的，接下来重点检查这几个方面。故障维修方法如下。

① 将智能洗碗机通电，查看智能洗碗机故障现象，如图 12-46 所示。

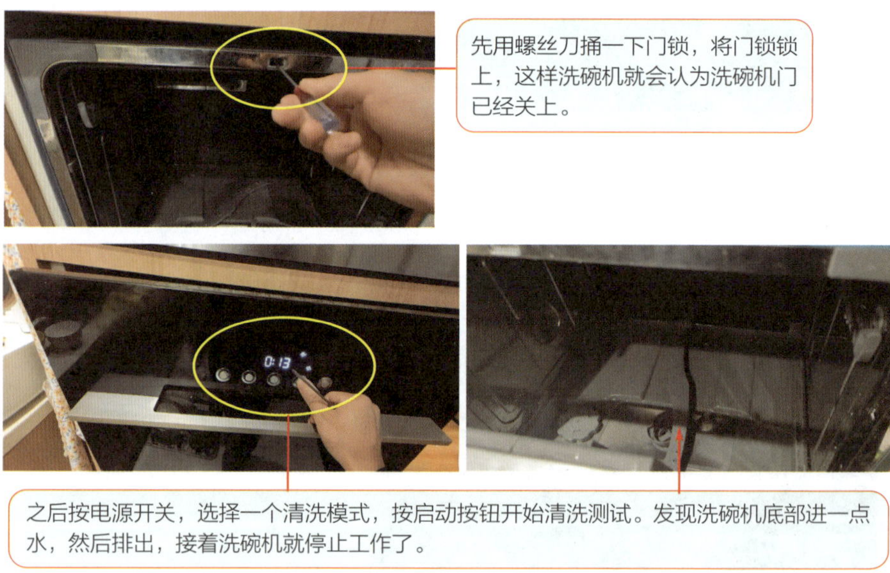

图 12-46　开机查看故障现象

② 由于不喷水故障多数都与水泵有关，接下来拆开洗碗机的外壳，检查水泵

的连接线等是否有明显损坏的情况，如图 12-47 所示。

图 12-47　检查水泵

③ 一般启动电容损坏的情况较多，接下来检查水泵的启动电容，如图 12-48 所示。

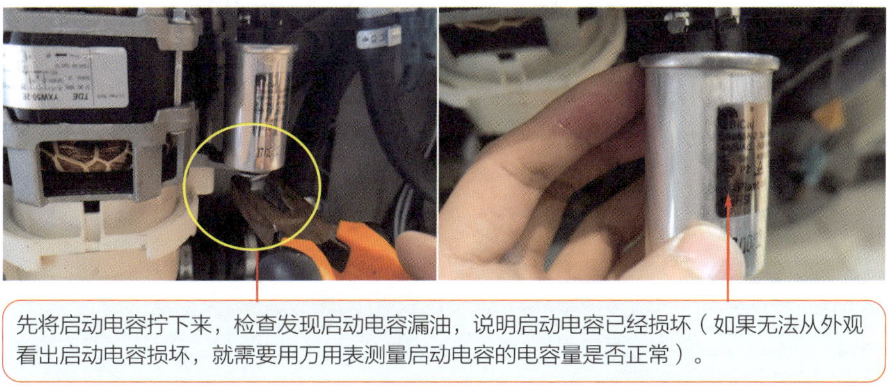

图 12-48　检查启动电容

④ 更换一个同型号的启动电容，如图 12-49 所示。

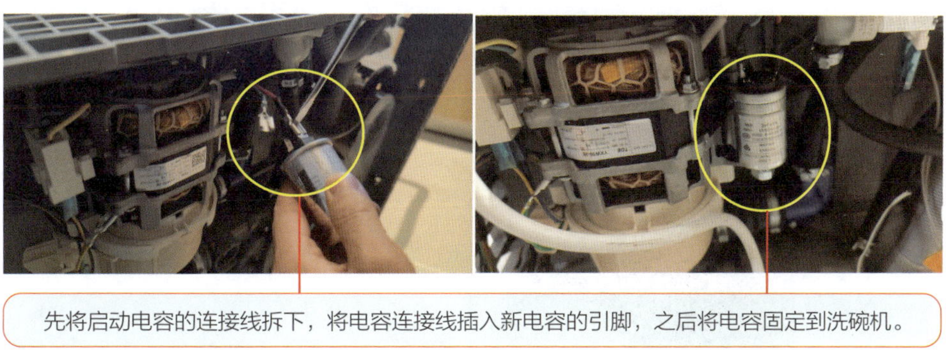

图 12-49　更换启动电容

⑤ 将洗碗机的外壳装好，然后用一个钩子工具将门锁卡扣拉出，将洗碗机的门关上，通电测试洗碗机，如图 12-50 所示。

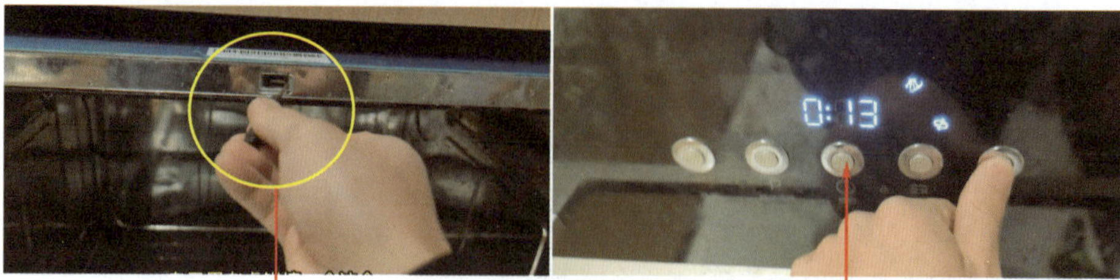

装好洗碗机外壳后，将洗碗机电源线插入电源插板，然后用一个钩子工具将门锁卡扣拉出。之后按“电源开关”按钮，设置洗涤模式，再按“启动”按钮，洗碗机开始清洗，听到喷水的声音，经过两次测试，洗碗机洗涤均正常，洗碗机恢复正常，故障排除。

图 12-50 测试洗碗机

12.3 动手维修：智能空气炸锅故障维修实战

12.3.1 山本智能空气炸锅不通电故障维修

（1）故障现象

一台山本智能空气炸锅，将电源线插入电源插板后，显示屏没有任何显示，按功能按钮，也没有任何反应，空气炸锅无法正常使用。

（2）故障检测与维修

根据故障现象分析，此故障可能是电路板故障、微动开关故障或温度保险故障等引起的，接下来重点检查这几个方面。故障维修方法如下。

① 将智能空气炸锅通电，查看智能空气炸锅故障现象，如图 12-51 所示。

给智能空气炸锅接上电源后，看到空气炸锅显示屏黑屏，没有显示，按任何按键都没有反应。

图 12-51 开机查看故障现象

② 拆开智能空气炸锅的外壳，检查内部电源线及元件是否有明显损坏，如图 12-52 所示。

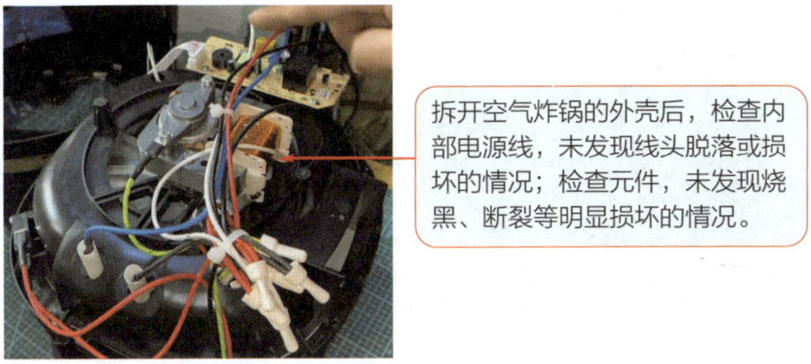

图 12-52　检查空气炸锅内部电源线及元件

③ 给空气炸锅通电，测量电路板的输入电压是否正常，如图 12-53 所示。

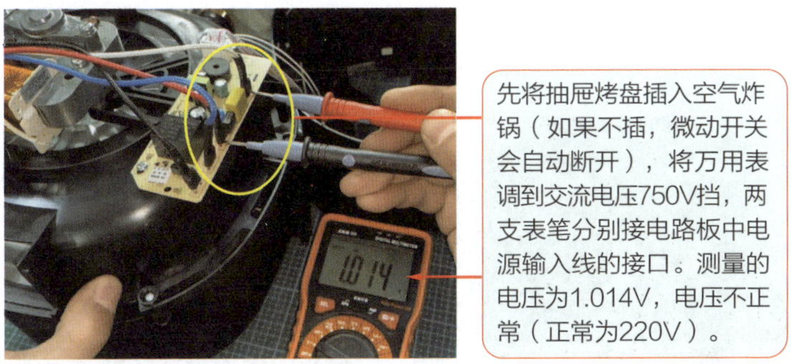

图 12-53　测量电路板输入电压

④ 电路板的输入电压不正常，可能是微动开关损坏引起，也可能是温度保险故障引起，接着检测微动开关是否断路损坏，如图 12-54 所示。

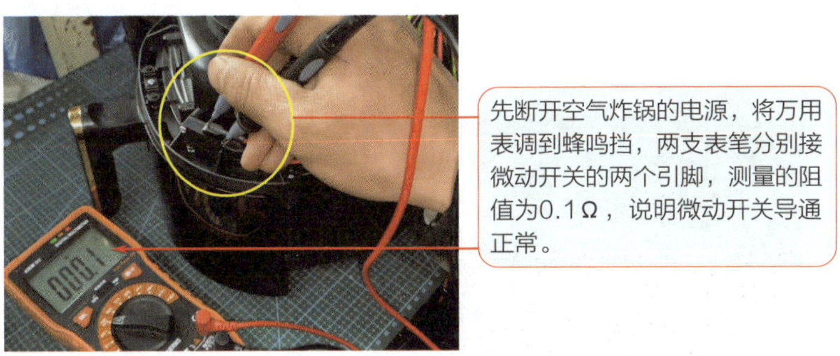

图 12-54　检测微动开关

⑤ 微动开关正常的情况下，怀疑温度保险可能损坏，接着检测温度保险，如图 12-55 所示。

将万用表调到蜂鸣挡，两支表笔分别接零线连接的温度保险的两端，测量的阻值为无穷大，说明温度保险断路损坏。接着再将两支表笔分别接火线连接的温度保险的两端，测量的阻值为0.2Ω，说明温度保险正常。

图 12-55　检测温度保险

⑥ 将损坏的温度保险拆下，更换新的温度保险，如图 12-56 所示。

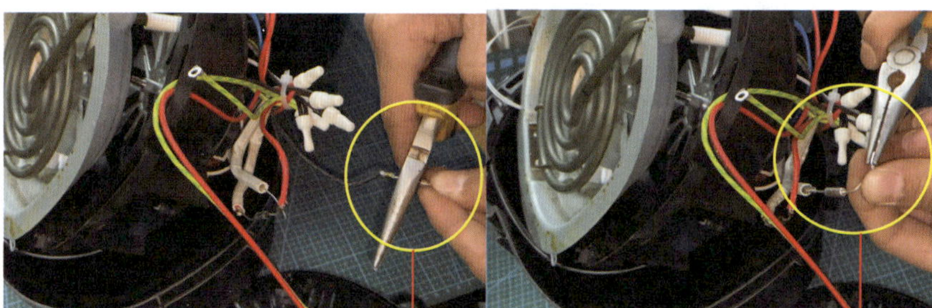

用钳子将损坏的温度保险拆下，然后将新的温度保险和零线连接好。

图 12-56　更换温度保险

⑦ 更换好温度保险后，装好空气炸锅的外壳，然后通电进行测试，如图 12-57 所示。

装好空气炸锅的外壳后，给空气炸锅通电，空气炸锅的显示屏正常显示。之后按启动按钮，空气炸锅的风扇开始转动，烤盘的温度升高，空气炸锅恢复正常，故障排除。

图 12-57　测试空气炸锅

12.3.2　利仁智能空气炸锅使用中突然不工作故障维修

（1）故障现象

一台利仁智能空气炸锅在使用过程中突然停止工作，指示灯不亮，无法再加热。

（2）故障检测与维修

根据故障现象分析，此故障可能是定时器故障、温控开关故障或温度保险故障等引起的，接下来重点检查这几个方面。故障维修方法如下。

① 将智能空气炸锅通电，查看智能空气炸锅故障现象，如图 12-58 所示。

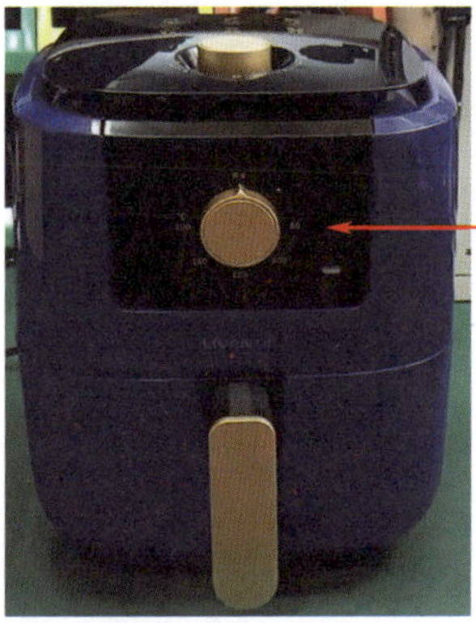

图 12-58　开机查看故障现象

② 拆开智能空气炸锅的外壳，检查内部电源线及元件是否有明显损坏，如图 12-59 所示。

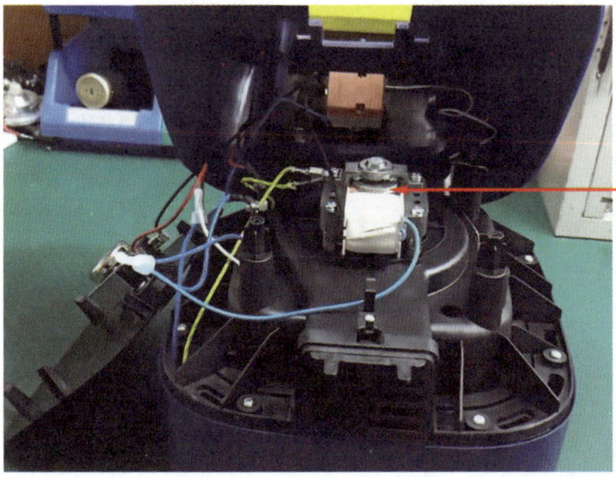

图 12-59　检查空气炸锅内部电源线及元件

③ 断电检测定时开关是否断路损坏，如图 12-60 所示。

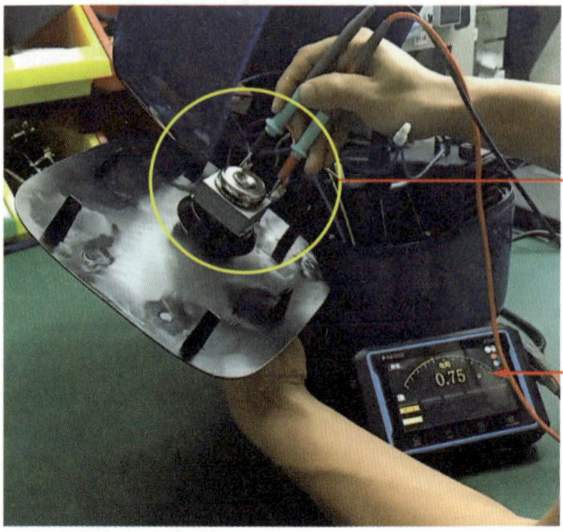

图 12-60　检测定时开关

④ 怀疑温控开关可能损坏，接着检测温控开关是否断路损坏，如图 12-61 所示。

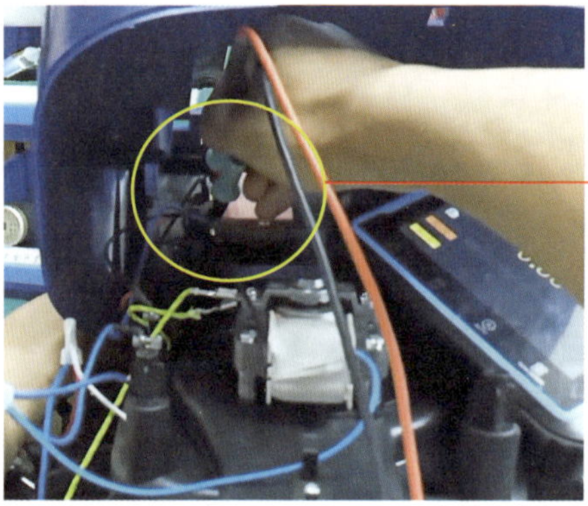

图 12-61　检测温控开关

⑤ 如果温度保险损坏，也会引起空气炸锅不工作，接着检测温度保险，如图 12-62 所示。

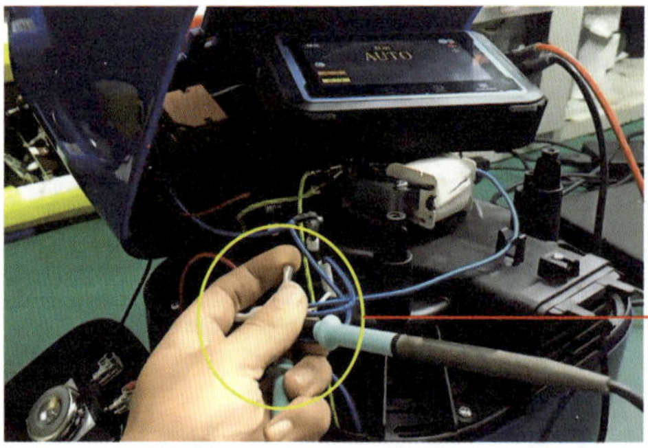

图 12-62　检测温度保险

⑥ 将损坏的温度保险拆下，更换新的温度保险，如图 12-63 所示。

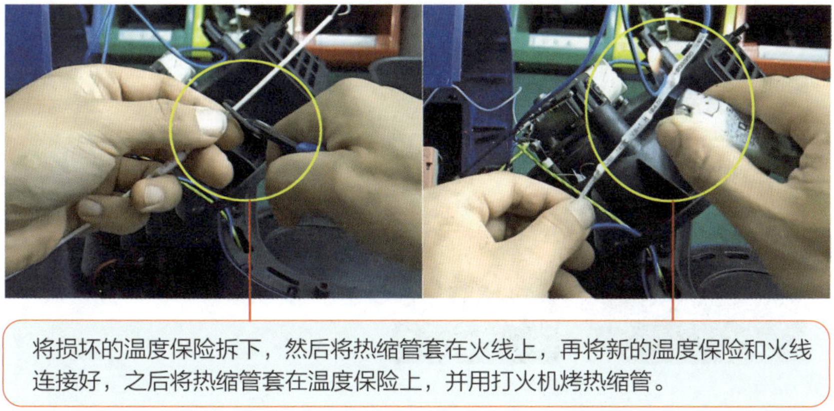

图 12-63　更换温度保险

⑦ 更换好温度保险后，装好空气炸锅的外壳，然后测试空气炸锅，如图 12-64 所示。

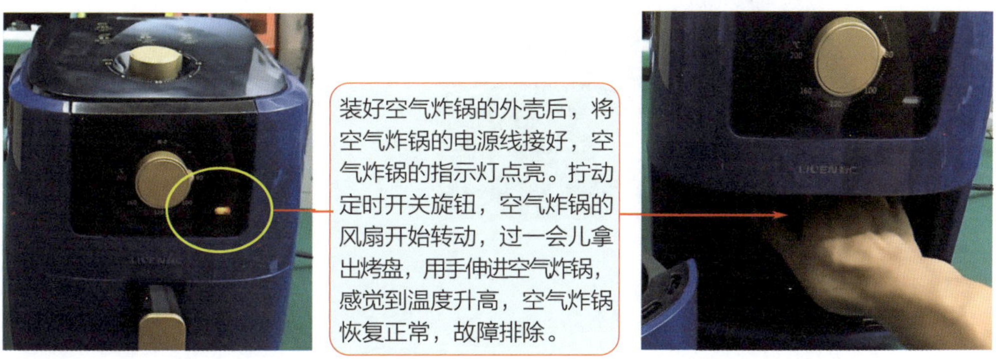

图 12-64　测试空气炸锅

12.3.3　科帅智能空气炸锅通电跳闸故障维修

（1）故障现象

一台科帅智能空气炸锅，把电源线插入电源插板后，立刻跳闸，空气炸锅无法正常使用。

（2）故障检测与维修

根据故障现象分析，此故障可能是加热管故障或散热风扇故障等引起的，接下来重点检查这两个方面。故障维修方法如下。

① 空气炸锅通电后立刻跳闸，说明空气炸锅内部有严重的短路故障，接下来先检测空气炸锅的电源线，如图 12-65 所示。

图 12-65　检测电源线

② 拆开空气炸锅的外壳，测量加热管接线柱和外壳间的阻值，如图 12-66 所示。

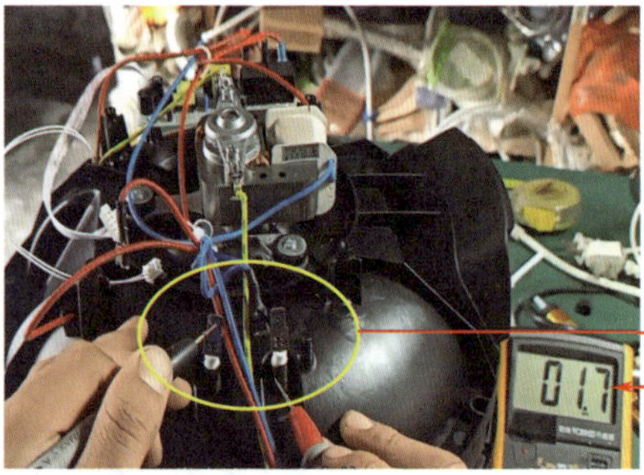

图 12-66　测量加热管阻值

③ 更换加热管，如图 12-67 所示。

图 12-67　更换加热管

④ 更换好加热管后，装好空气炸锅的外壳，然后通电进行测试，如图 12-68 所示。

装好空气炸锅的外壳后，给空气炸锅通电，显示屏正常显示。之后按启动按钮，空气炸锅的风扇开始转动，烤盘的温度升高，空气炸锅恢复正常，故障排除。

图 12-68　测试空气炸锅

12.3.4　美菱智能空气炸锅通电风扇不转故障维修

（1）故障现象

一台美菱智能空气炸锅在使用的过程发现可以正常加热，但风扇不转，控制按键均正常。

（2）故障检测与维修

根据故障现象分析，此故障可能是风扇故障或风扇温度保险故障等引起的，接下来重点检查这两个方面。故障维修方法如下。

① 将智能空气炸锅通电，查看智能空气炸锅故障现象，如图 12-69 所示。

给智能空气炸锅接上电源后，显示屏正常显示温度。设置温度和时间后，按开始按钮，空气炸锅显示屏显示倒计时时间，但听不到风扇转动的声音，过一会儿用手摸空气炸锅外壳，可以感觉到温度升高了。

图 12-69　开机查看故障现象

② 风扇不转通常与风扇故障、温度保险故障有关，接下来拆开智能空气炸锅的外壳，测量风扇线圈的阻值是否正常，如图 12-70 所示。

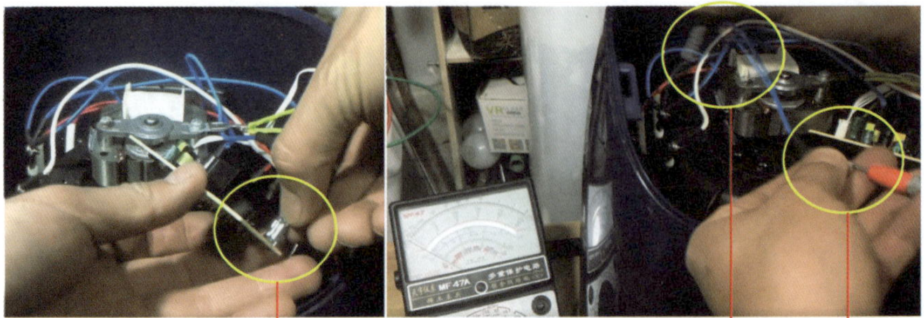

图 12-70　测量风扇线圈阻值

③ 拆下风扇的线圈，然后拆开温度保险的封贴，找到温度保险，如图 12-71 所示。

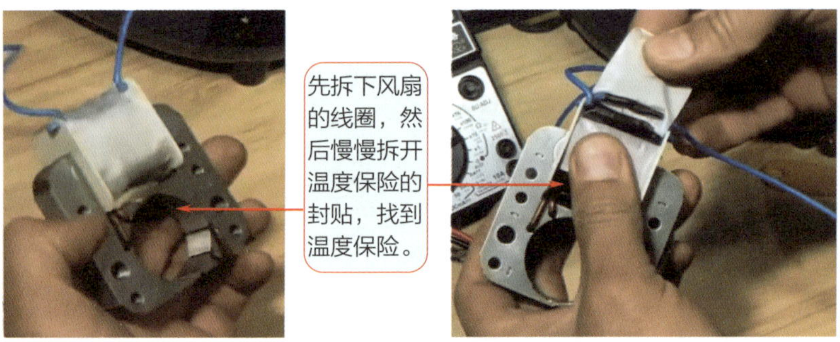

图 12-71　拆下风扇线圈

④ 再次测量风扇线圈的阻值，如图 12-72 所示。

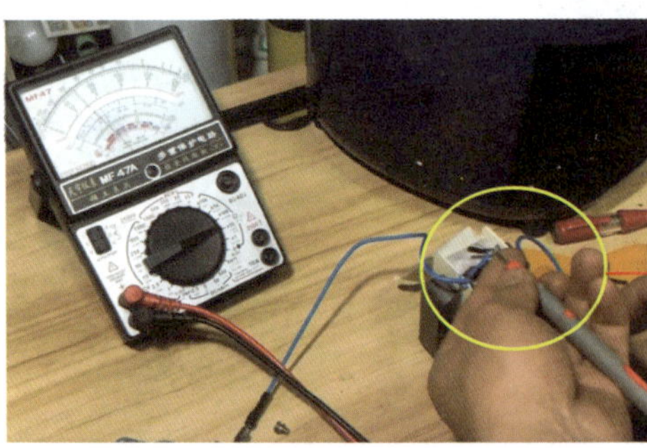

图 12-72　再次测量风扇线圈的阻值

⑤ 由于风扇线圈正常，怀疑风扇连接的温度保险损坏，接下来更换温度保险，如图 12-73 所示。

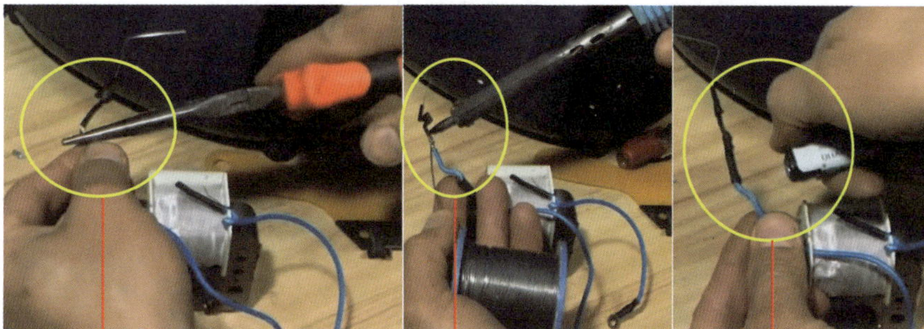

图 12-73　更换温度保险

⑥ 将风扇的线圈装好，并装好空气炸锅的外壳，通电进行测试，如图 12-74 所示。

图 12-74　测试空气炸锅

12.3.5　荣事达智能空气炸锅通电不显示故障维修

（1）故障现象

一台荣事达智能空气炸锅，将电源线插入电源插板后，显示屏没有任何显示，按功能按钮，也没有任何反应，空气炸锅不通电，无法正常使用。

（2）故障检测与维修

根据故障现象分析，此故障可能是电路板故障、微动开关故障或温度保险故障等引起的，应重点检查这几个方面。故障维修方法如下。

① 将智能空气炸锅通电，查看智能空气炸锅故障现象，如图 12-75 所示。

图 12-75 开机查看故障现象

② 拆开智能空气炸锅的外壳，检查内部电源线及元件是否有明显损坏，如图 12-76 所示。

图 12-76 检查空气炸锅内部电源线及元件

③ 怀疑温控开关或温度保险可能损坏，接着检测温控开关和温度保险，如图 12-77 所示。

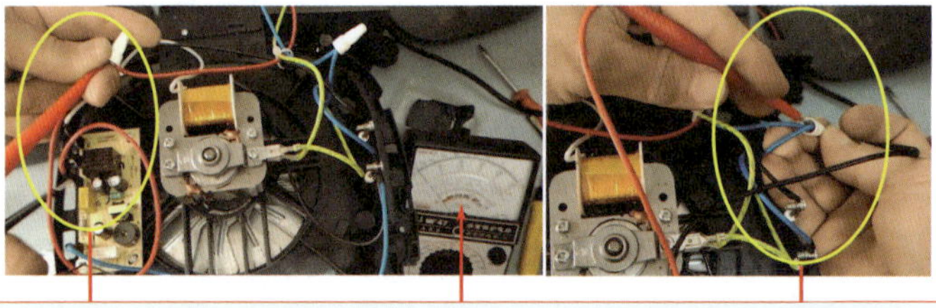

图 12-77 检测温度保险

④ 将损坏的温度保险拆下，更换新的温度保险，如图 12-78 所示。

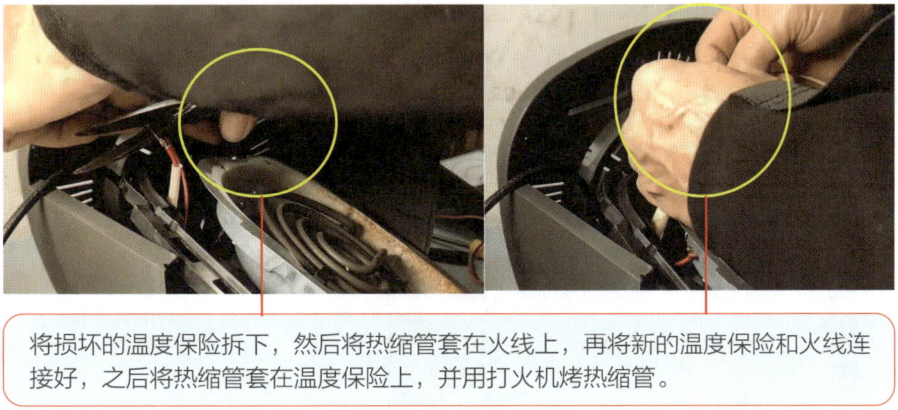

图 12-78　更换温度保险

⑤ 更换好温度保险后，装好空气炸锅的外壳，然后通电进行测试，如图 12-79 所示。

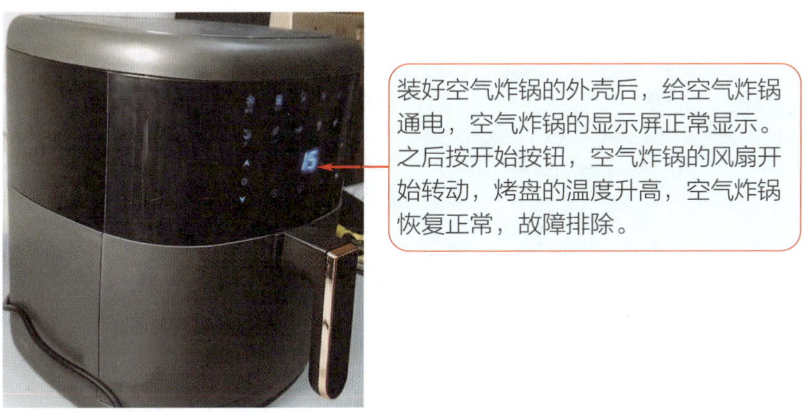

图 12-79　测试空气炸锅

12.4 动手维修：智能扫地机故障维修实战

12.4.1　小米智能扫地机报错误 1 故障维修

（1）故障现象

一台小米智能扫地机开始清扫时，语音报错误 1，请拨动程测激光头，确认无遮挡或卡住，之后无法继续正常工作。

（2）故障检测与维修

根据故障现象分析，此故障可能是激光头脏污或被遮挡、传感器脏污等引起的，接下来重点检查这两个方面。故障维修方法如下。

① 运行智能扫地机开始清扫，查看智能扫地机故障现象，如图 12-80 所示。

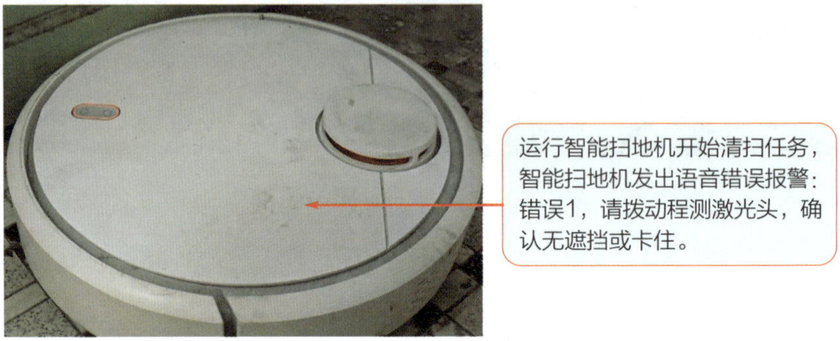

图 12-80　开机查看故障现象

② 根据故障现象，怀疑激光头被遮挡或脏污、传感器脏污。接着先检查激光头是否正常，如图 12-81 所示。

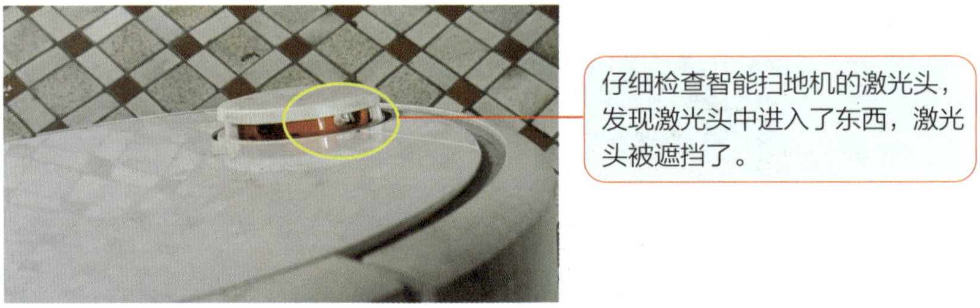

图 12-81　检查激光头

③ 清理激光头中的遮挡物，并清洁激光头，如图 12-82 所示。

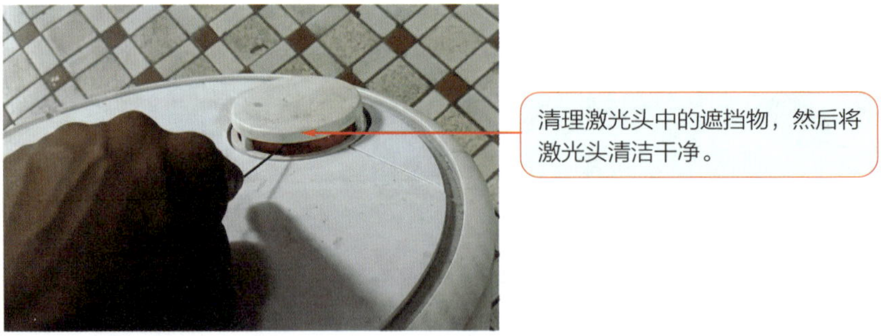

图 12-82　清理激光头

④ 清洁传感器，如图 12-83 所示。

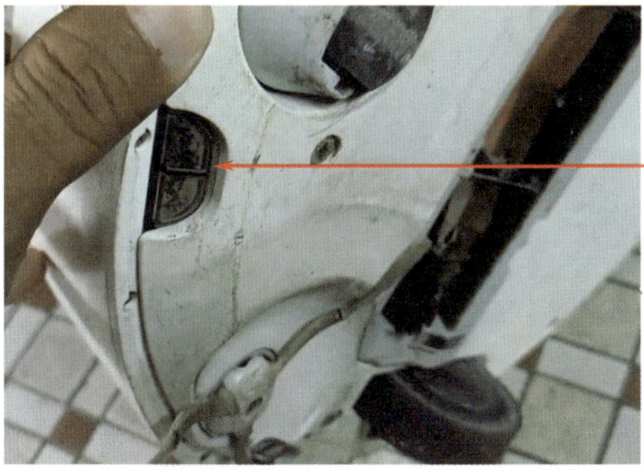

图 12-83　清洁传感器

⑤ 测试智能扫地机，如图 12-84 所示。

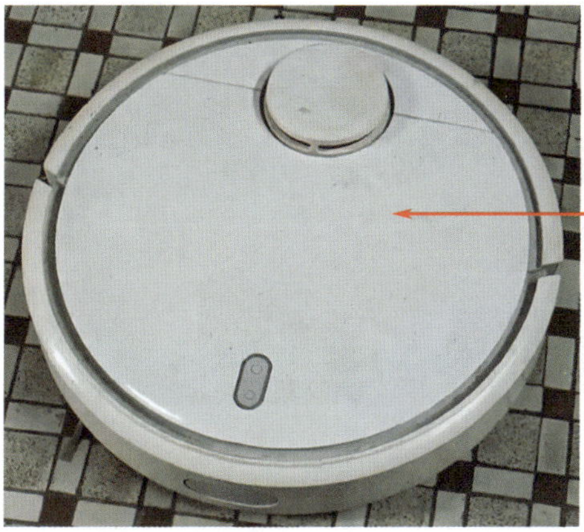

图 12-84　测试智能扫地机

12.4.2　llife 智能扫地机不充电故障维修

（1）故障现象

一台 llife 智能扫地机无法充电，按启动清扫没有反应，无法正常工作。

（2）故障检测与维修

根据故障现象分析，此故障可能是电池故障、电池接口接触不良、充电控制电路故障或充电触点故障等引起的，应重点检查这几个方面。故障维修方法如下。

① 运行智能扫地机开始清扫，查看智能扫地机故障现象，如图 12-85 所示。

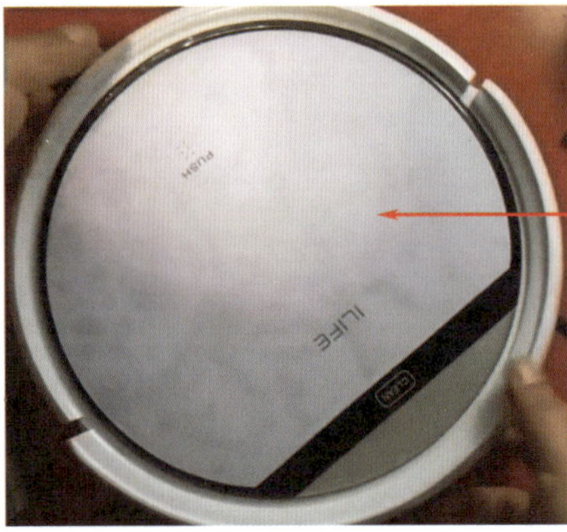

将智能扫地机放在充电座上，没有提示开始充电，指示灯也没有闪烁。接着按启动按钮，开始清扫任务，智能扫地机没有移动，不能正常工作。

图 12-85　开机查看故障现象

② 由于智能扫地机没有充电，没有开机工作，怀疑电池损坏、电池接口接触不良、充电控制电路故障或充电触点脏污等引起。接下来先检查充电触点和电池是否正常，如图 12-86 所示。

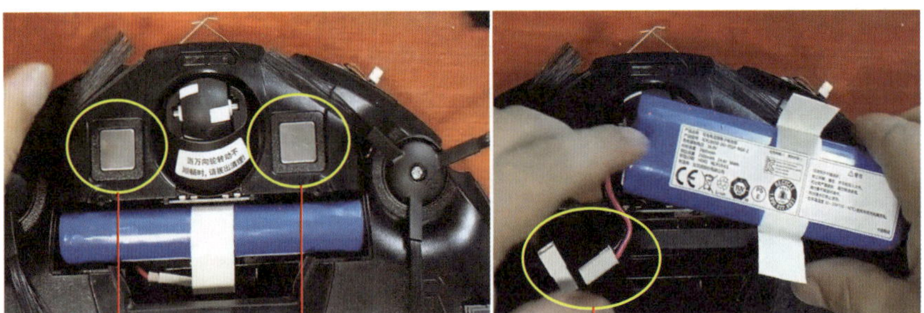

先检查充电触点，未发现脏污现象。接着将电池的外壳拆下，检查电池的接口，未发现接触不良的问题。

图 12-86　检查充电触点和电池接口

③ 检查电池是否正常，如图 12-87 所示。

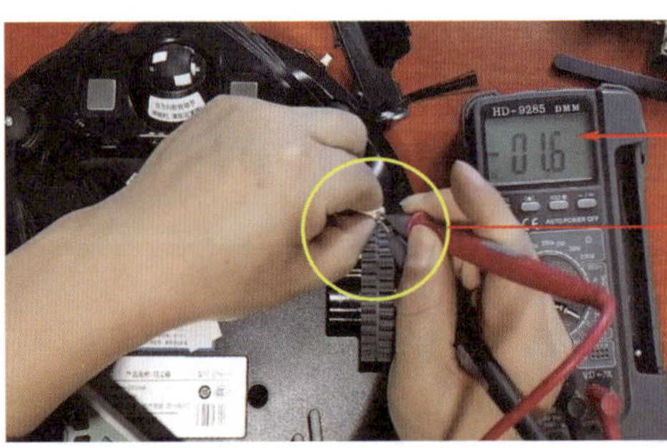

将万用表调到直流电压20V挡，两支表笔分别接电池的正负极，测量电压为1.6V，电压严重偏低（正常为15V左右），说明电池已经损坏。

图 12-87　测量电池电压

④ 更换同规格的电池，然后装好智能扫地机，通电进行测试，如图 12-88 所示。

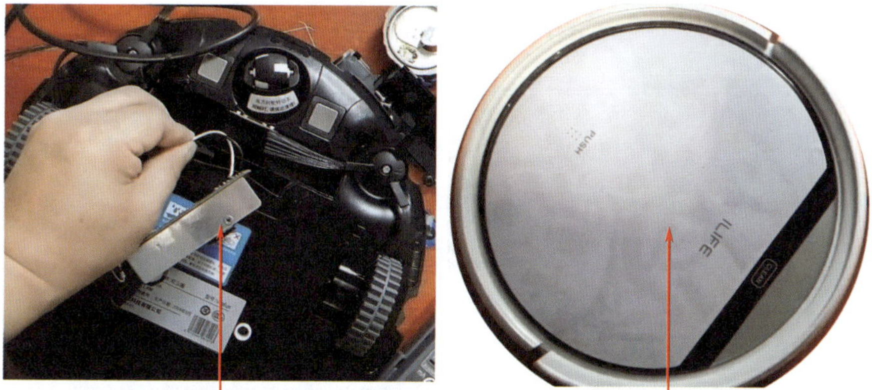

先更换电池，然后装好智能扫地机，之后将智能扫地机放在充电座上进行充电测试。智能扫地机提示开始充电，充一会儿电后，按启动按钮，智能扫地机开始清扫。测试一段时间，扫地机运行正常，未出现故障，说明扫地机恢复正常，故障排除。

图 12-88　测试智能扫地机

12.4.3　科沃斯智能扫地机原地打转故障维修

（1）故障现象

一台科沃斯智能扫地机启动清扫后，原地打转，无法正常清扫。

（2）故障检测与维修

根据故障现象分析，此故障可能是滚轮故障或滚轮驱动电路故障等引起的。应重点检查这两个方面。故障维修方法如下。

① 运行智能扫地机开始清扫，查看智能扫地机故障现象，如图 12-89 所示。

② 智能扫地机原地打转通常是由于一个滚轮不转动引起的，接着检测扫地机的滚轮是否转动，如图 12-90 所示。

③ 拆开扫地机的外壳，检查右侧滚轮的信号线及接口是否正常，如图 12-91 所示。

④ 在滚轮信号线正常的情况下，接着检测滚轮电机的驱动电路是否正常，如图 12-92 所示。

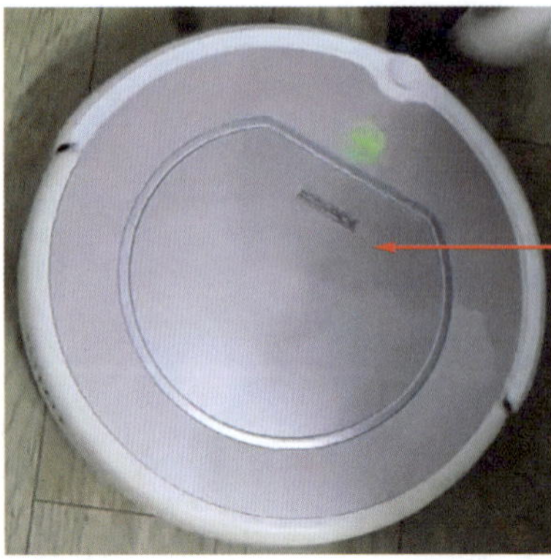

图 12-89　开机查看故障现象

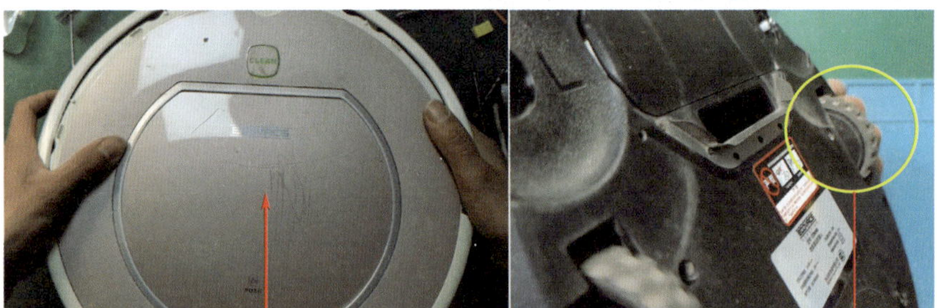

图 12-90　检测滚轮转动情况

图 12-91　检测右侧滚轮的信号线及接口

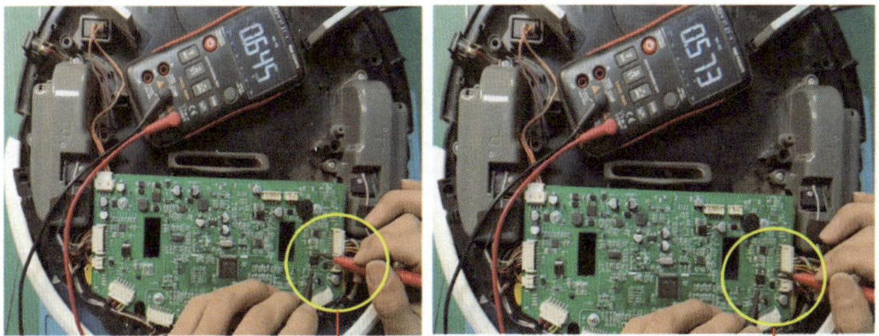

用万用表分别检测滚轮驱动电路中的MOS管、保险电阻、滤波电容、信号线接口的供电线引脚及电源控制芯片，发现电源控制芯片的几个引脚对地短路，可能损坏。

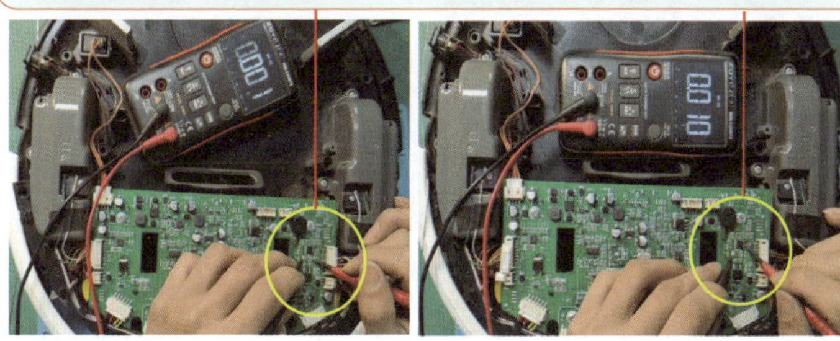

图 12-92　检测滚轮驱动电路

⑤ 将电源控制芯片拆下，更换同规格的电源控制芯片，如图 12-93 所示。

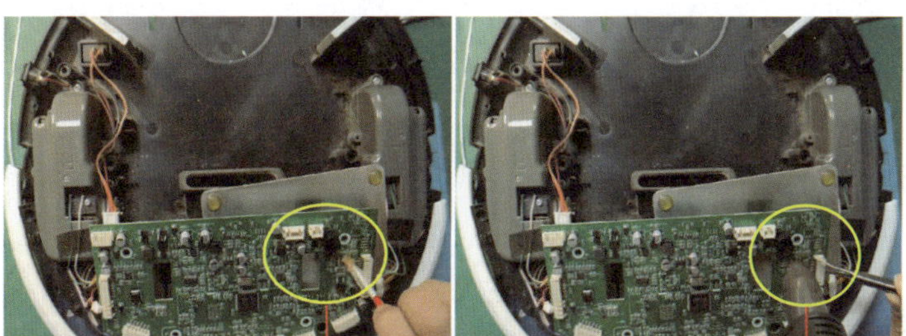

先在电源控制芯片上涂一些焊油，然后用热风枪将电源控制芯片拆下。

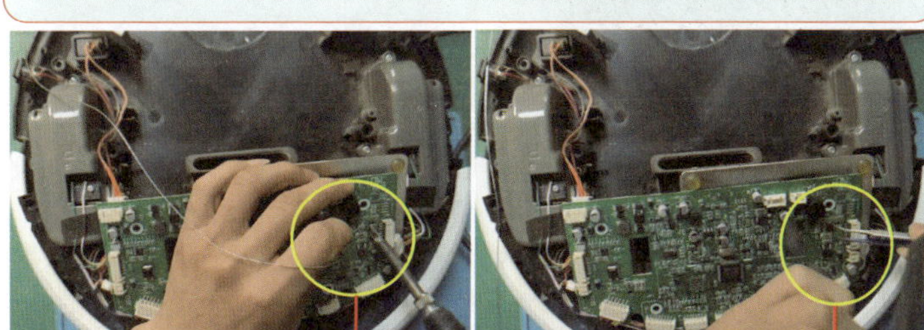

之后用电烙铁整流焊盘，接着将新的同型号电源控制芯片用热风枪焊接到电路板上，并用洗板水清洁焊盘。

图 12-93　更换电源控制芯片

⑥ 装好智能扫地机外壳，然后通电进行测试，如图 12-94 所示。

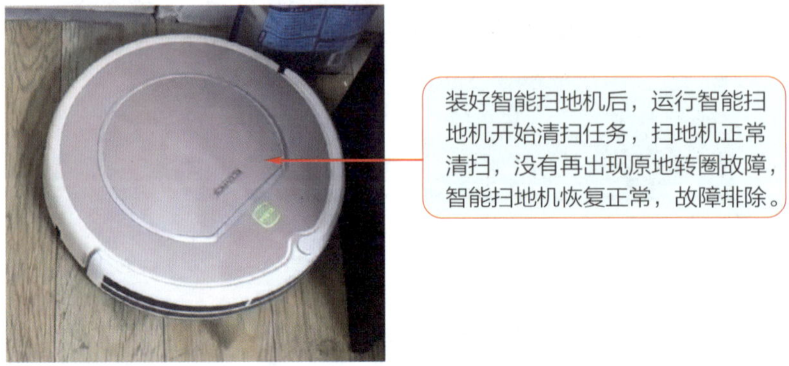

图 12-94　测试智能扫地机

12.4.4　科沃斯智能扫地机提示悬空故障维修

（1）故障现象

一台科沃斯智能扫地机启动清扫后，提示：“我悬空了，请将我放回地面”，无法正常清扫。

（2）故障检测与维修

根据故障现象分析，此故障可能是悬空开关故障、滚轮信号线接口故障或电路板故障等引起的，应重点检查这几个方面。故障维修方法如下。

① 运行智能扫地机开始清扫，查看智能扫地机故障现象，如图 12-95 所示。

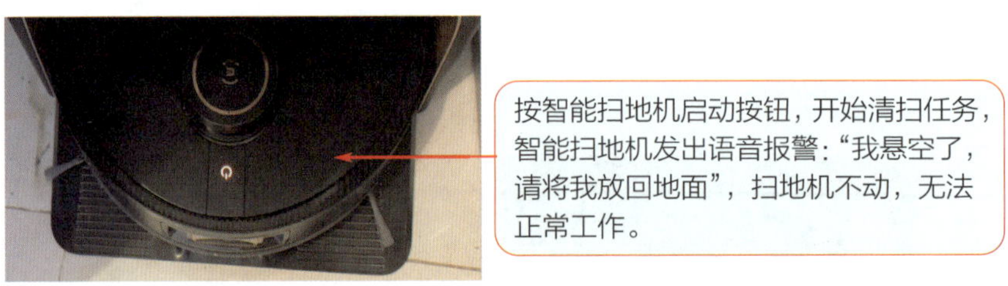

图 12-95　开机查看故障现象

② 智能扫地机滚轮着地，并提示悬空故障，可能是悬空开关故障、滚轮检测电路故障、滚轮信号线损坏或接口损坏导致的。接着拆开扫地机的外壳，检查滚轮的信号线及接口是否正常，如图 12-96 所示。

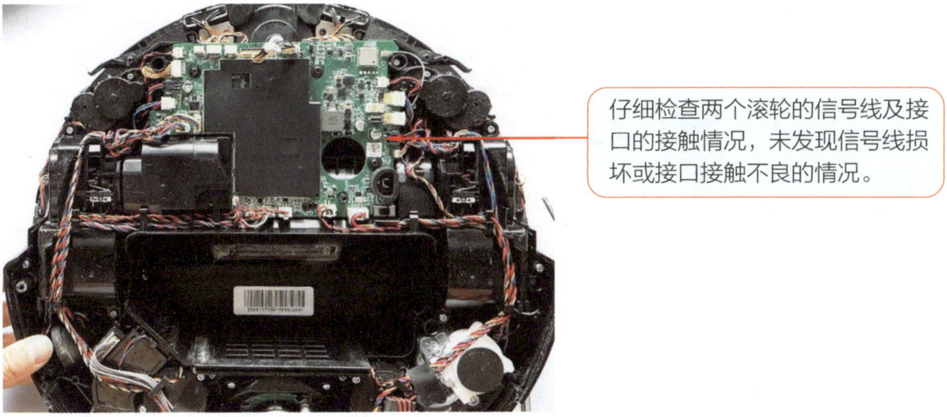

图 12-96 检查滚轮的信号线及接口

③ 拆下电路板检查滚轮的接口是否正常，如图 12-97 所示。

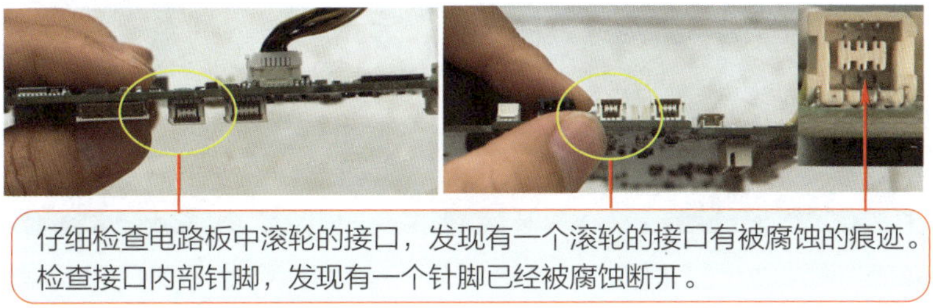

图 12-97 拆下电路板检查滚轮接口

④ 接着再检查滚轮信号线接口及滚轮悬空检测开关是否正常，如图 12-98 所示。

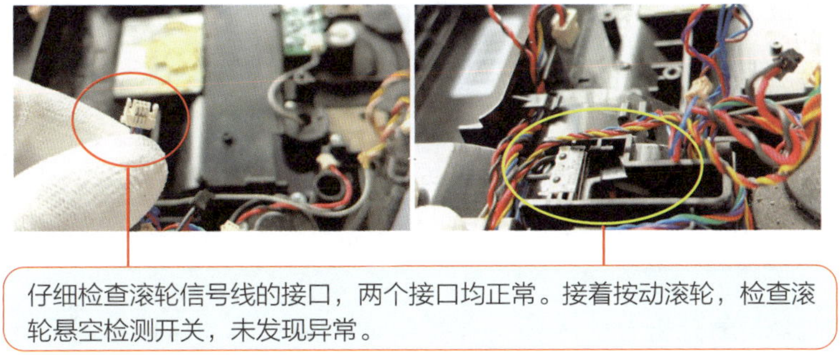

图 12-98 检查滚轮信号线接口及悬空检测开关

⑤ 更换电路板中被腐蚀损坏的接口，如图 12-99 所示。

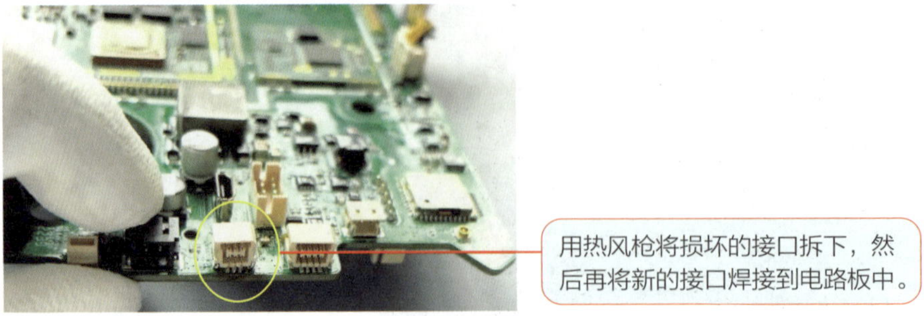

图 12-99　更换接口

⑥ 将电路板装到扫地机，装好外壳，然后开机测试，如图 12-100 所示。

图 12-100　测试智能扫地机

12.4.5　小米智能扫地机无法充电故障维修

（1）故障现象

一台小米智能扫地机移动到充电座后，不断地移动，无法充电。

（2）故障检测与维修

根据故障现象分析，此故障可能是电池故障、电池接口接触不良、充电控制电路故障或充电触点故障等引起的，应重点检查这几个方面。故障维修方法如下。

① 运行智能扫地机开始清扫，查看智能扫地机故障现象，如图 12-101 所示。

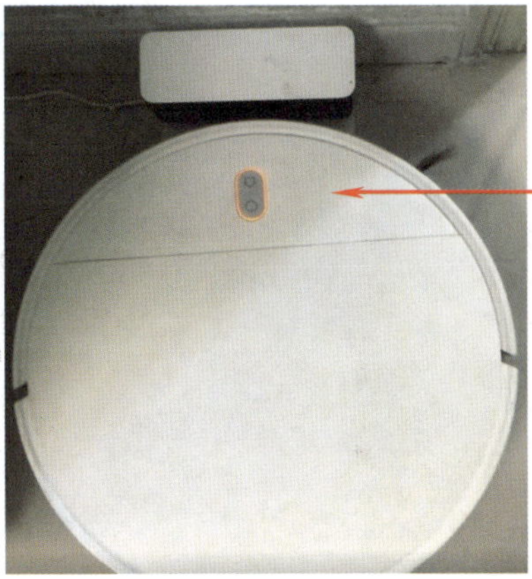

先将智能扫地机放在充电座上，没有语音提示开始充电，黄色指示灯闪烁，说明没有充电。

图 12-101　开机查看故障现象

② 由于智能扫地机没有充电，怀疑电池损坏、电池接口接触不良、充电控制电路故障或充电触点脏污引起。接着先检查充电触点是否正常，如图 12-102 所示。

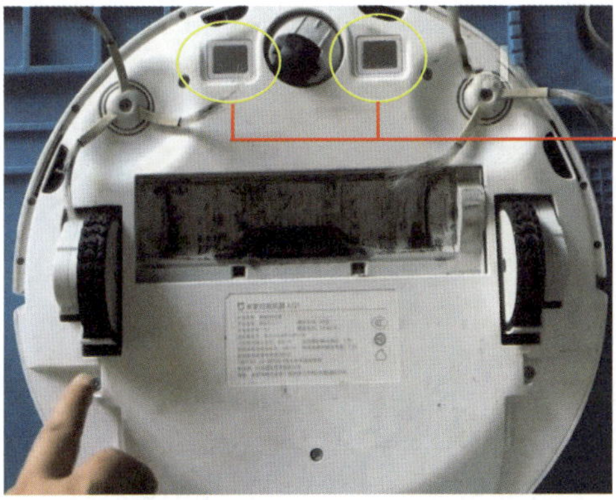

先检查充电触点，未发现脏污现象。接着用无水酒精擦一下充电触点，然后再次进行充电测试，故障依旧，说明故障不是充电触点问题引起的。

图 12-102　检查充电触点

③ 检查电池是否正常，如图 12-103 所示。

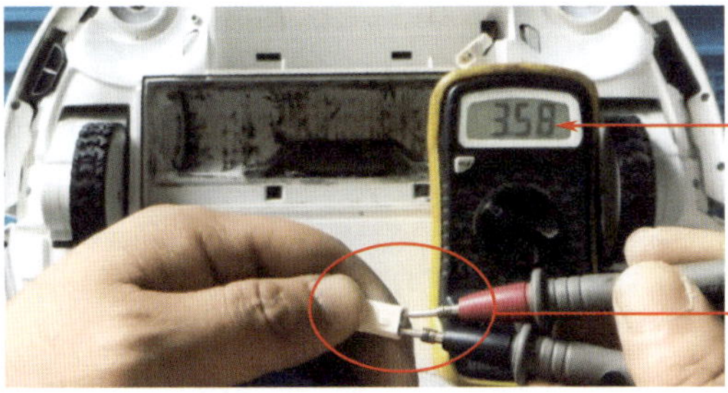

将万用表调到直流电压20V挡，两支表笔分别接电池的正负极，测量电压为3.58V，电压严重偏低（正常为15V左右），说明电池已经损坏。

图 12-103　测量电池电压

④ 由于扫地机的电池通常由多节充电电池组合而成，接下来拆开充电电池，检查各单个充电电池的电压，找出损坏的电池，如图 12-104 所示。

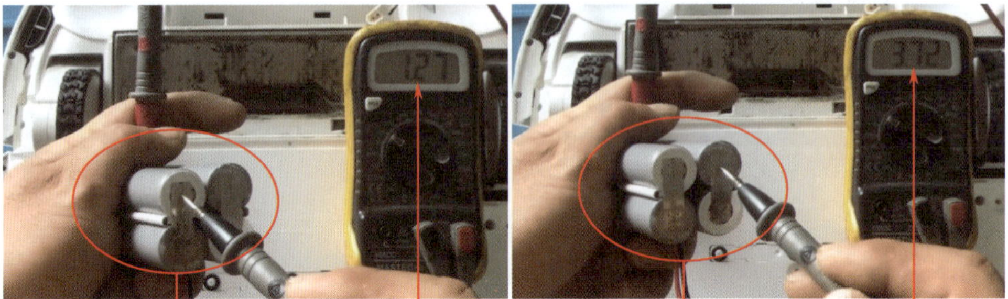

图 12-104　测量电池中每个电池的电压

⑤ 找出损坏的电池后，更换同规格的新电池，如图 12-105 所示。

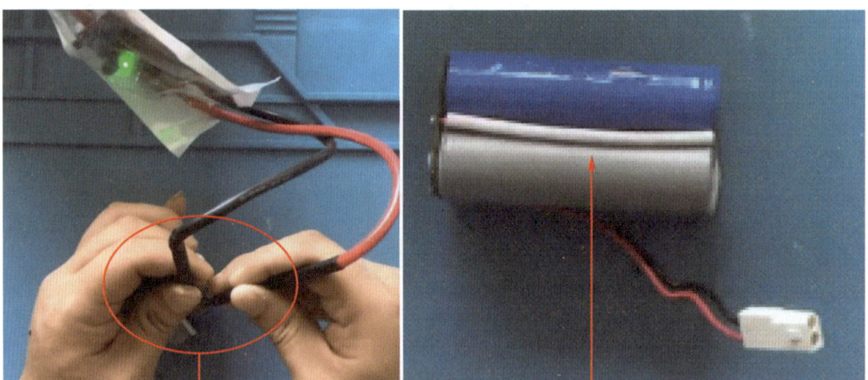

图 12-105　更换电池

⑥ 更换好电池后，测量电池电压，如图 12-106 所示。

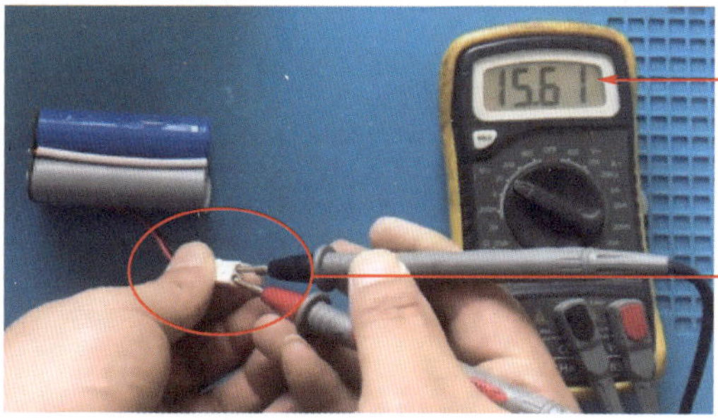

将万用表调到直流电压20V挡，两支表笔分别接电池的正负极，测量电压为15.61V，电压正常。

图 12-106　测量电池电压

⑦ 修复电池后，将电池安装到智能扫地机，然后开机测试，如图 12-107 所示。

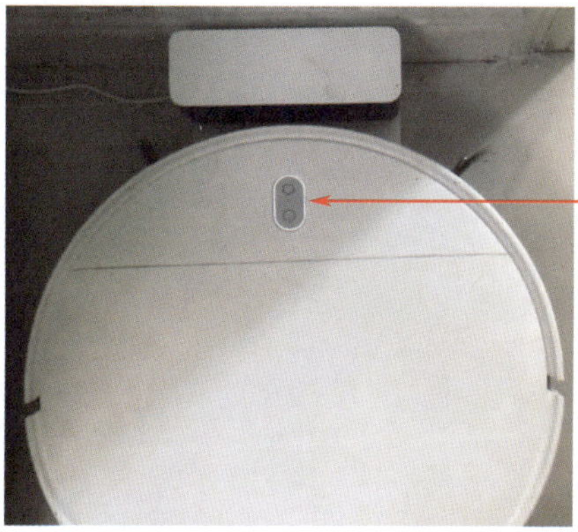

装好智能扫地机，将智能扫地机放在充电座上进行充电测试。智能扫地机提示开始充电，白色指示灯闪烁。充一会儿电后，按启动按钮，智能扫地机开始清扫。之后再次进行充电测试，测试一段时间，未出现充电故障，说明扫地机恢复正常，故障排除。

图 12-107　测试智能扫地机